中国科学院大学研究生教材系列

气候统计方法和应用

严中伟 华丽娟 钱 诚 等 编著

科学出版社

北 京

内 容 简 介

本书是中国科学院大学为气候研究相关专业研究生开设的一门专业核心课的教材，包含三部分内容。第一部分基础知识：首先从动力学系统理论的新视角引入统计分析的意义，继而精练总结气候统计分析必需的基本概念和常用的显著性检验等知识。第二部分经典方法：包括回归分析、气候趋势、气候场分析和时间序列的信号分解等。第三部分前沿问题：包括非正态变量的趋势检验、气候场趋势及其成因分析、非线性信号分解、跃变检测、非平稳极值拟合、随机天气发生器和极端气候事件的可预测性、气候序列均一化、气候变化检测归因以及机器学习等。

本书不仅可以为气象、海洋、环境、水文、生态、地理等专业研究生教学提供参考，也可以成为相关专业大学生和科研人员的参考读物。

审图号：GS 京（2024）1291 号

图书在版编目（CIP）数据

气候统计方法和应用 / 严中伟等编著. -- 北京：科学出版社，2024.
8. -- (中国科学院大学研究生教材系列). -- ISBN 978-7-03-079279-2

Ⅰ. P467

中国国家版本馆 CIP 数据核字第 202410JS96 号

责任编辑：杨帅英　赵　晶 / 责任校对：郝甜甜
责任印制：赵　博 / 封面设计：图阅社

科 学 出 版 社 出版

北京东黄城根北街 16 号
邮政编码：100717
http://www.sciencep.com

涿州市般润文化传播有限公司印刷
科学出版社发行　　各地新华书店经销
*

2024 年 8 月第 一 版　　开本：787×1092 1/16
2024 年 11 月第二次印刷　　印张：15 1/4
字数：360 000
定价：**158.00 元**
（如有印装质量问题，我社负责调换）

本书编写组

主　　编：严中伟

主要作者：华丽娟　钱　诚　魏文广　夏江江

前　　言

本书是中国科学院大学为气候研究相关专业研究生开设的一门专业核心课的教材。课程目的是为研究生正确运用统计方法提供必要的知识基础，通过研究案例传授方法应用经验，并引导探索气候统计分析领域前沿问题。

本书基于 2014 年以来逐年改进的授课材料整理而来，可分为三部分内容。第一部分基础知识：首先从气候跃变这一特殊现象及其动力学系统理论背景的新视角引入统计分析的重要性（第 1 章），继而介绍统计分析必需的基本概念，如统计量、概率分布以及气候分析常用的一些显著性检验（第 2 章、第 3 章）。第二部分经典方法：包括回归分析（第 4 章）、气候场趋势（第 5 章、第 6 章）、气候场分析（第 6 章、第 7 章）和时间序列的信号分解（第 8 章）等。第三部分前沿问题：包括气候场趋势及其成因分析（第 6 章）、非线性信号分解（第 8 章）、跃变检测（第 9 章）、极值分析（第 10 章）、极端事件可预测性（第 11 章）、气候序列均一化（第 12 章）、气候变化检测归因（第 13 章）和机器学习（第 14 章）等。

教师团队及分工如下。首席教授严中伟是来自中国科学院大气物理研究所的二级研究员，他主笔第 1 章、第 6 章、第 9～12 章，共同主笔第 7 章并统稿全书；主讲中国科学院大学华丽娟主笔第 2～4 章、第 7 章，共同主笔第 5 章、第 8～9 章；主讲中国科学院大气物理研究所钱诚主笔第 5 章、第 8 章、第 13 章；曾任助教夏江江主笔第 14 章；曾任助教魏文广共同主笔第 4 章、第 6 章、第 11 章并协助统稿全书。李珍博士和涂锴博士提供了部分素材；邱源博士和刘娜奇女士为图片编辑做了贡献。

本书编写团队基于多年教学和研究经验，针对每届选修该课程的一百多位研究生（主要来自地学、资源环境等学院和相关研究所，以及中国气象科学研究院等联合培养单位），深入浅出地介绍相关研究中涉及的非正态变量序列趋势、广义加法模型、广义线性模型、集合经验模分解、随机天气发生器、非平稳极值拟合，以及近年来兴起的检测归因和机器学习等。这些前沿方法多出现于近年来的科研论文中，而极少见于以往地学领域教材。

本书在编写过程中考虑了不同学科研究生的知识水平，在概述方法原理的基础上，加强启发式的应用案例介绍。期望本书不仅可以作为中国科学院大学的研究生教材，也可以成为气象、海洋、环境、水文、生态、地理及更广泛的相关专业大学生和科研人员的参考读物。由于时间仓促，书中难免有不当或疏漏之处，敬请读者批评指正。

感谢中国科学院大学教材出版中心资助。

严中伟

2023 年 9 月

目　　录

第1章 引论——从气候跃变说起

在传统的气象学语境里，气候是所有天气现象的平均状态。贯穿本书的一个更完善的定义是：气候是所有天气现象的综合表述，不仅关注平均状态，还关注极端天气。在最新的气候系统语境里，气候不仅包括大气现象，还包括海洋、陆地、冰雪圈乃至生物圈的各种相关现象。在这个新的语境里，气候应该是包括所有这些不同圈层相关"天气"现象的综合表述。何谓"综合表述"？一个简明的办法是：用一套概率分布函数来表述各种"天气"的发生概率。显然，气候学从其基本概念开始就与统计方法密切关联。

近年来，随着气候变化科学的发展，更多问题需要运用恰当的统计方法来加以解决。本章从气候跃变这一特殊的气候变化现象出发，引导读者了解该领域涉及的统计分析方法，也为整个教程做一导引。

1.1 理 论 背 景

1.1.1 气候变率的周期观

气候研究的终极目标在于预测气候。出于预测的目的，人们总是试图了解各种时间尺度上的气候变率是否具有周期性。在气候观测序列研究中，常见的谱分析就是为了探究序列中有无某些时间尺度的周期性变化。长期以来这类研究层出不穷，可见在气候界（至少在潜意识里）普遍存在着"周期观"。

周期性变化是可预测的。短期的如中高纬地区的季节循环（seasonal cycle），冬去春来，总是对的；长期的如第四纪地质时期万年以上尺度的冰期–间冰期循环（glacial-interglacial cycle），冰期过后是间冰期，也几乎无疑义。类似于季节循环，冰期循环也和地球轨道参数周期性变化所致不同纬度带太阳辐射分布的周期性变化有关，这就是著名的米兰科维奇理论。

然而，实际气候变率远非周期性所能概括。即使是那些具有很强准周期性的气候现象，也具有难以预测的变化特征；而恰恰这些特征才是气候研究更需要面对和解决的。例如，长江中下游一带的初夏梅雨，年复一年而至，"周期性"不可谓不强；但梅雨预报却一直是困扰气象界的一大难题。

对于更普遍存在的较弱的准周期性气候现象，预测就更难了。例如，华北一带历史记录显示有十到百年尺度的旱涝气候交替变化（严中伟等，1993），这类周期不太确定的中长期气候振荡现象有时也被称为气候"韵律"。如果韵律永存，那么华北一带迄今已持续多年的偏旱气候终将结束而进入一个偏涝期，但我们却难以断言"华北旱期何时了"。

1.1.2 Lorenz 系统的启示

20 世纪中后期，随着混沌、多平衡态、系统突变等新概念及有关理论在各种学科研究中获得越来越多的应用和验证，人们也开始重新审视气候变化的一些基本特征。

Lorenz（1963）系统是从热带大气运动方程组简化而来的一个 3 维非线性动力学系统。围绕该系统的相关研究极大地推动了复杂系统动力学理论和非线性时间序列分析等多学科的发展。尽管该简化系统不能直接比拟任何实际气候现象，但我们却可以通过其随时间的变化特征，来帮助理解实际气候过程及其预测困难。

图 1-1 是 Lorenz 系统的解在一个 2 维子相空间的演变轨迹。在动力学系统研究中，常用的"相空间"是以系统的自变量为坐标构成的一种虚拟空间，系统演变则可由该空间中的"点"随时间变化的"轨迹"来直观地展示。例如，定常解在相空间中是一个点；单摆类的周期运动在相空间中是一个圆；而混沌系统在其相空间的演变轨迹则是非常复杂的形态。由图 1-1 可见，Lorenz 系统的演变轨迹几乎充满了一个类似蝴蝶翅膀的范围，每个翅膀都有无数个相对稳定的类似周期变化（即沿着翅膀转圈）的轨迹。"几乎充满"意味着在任意小的范围内都有无数条演变轨迹，而不同轨迹终将分道扬镳。因而，只要初始状态有细微误差，就难以预测一定时间后的未来状态。

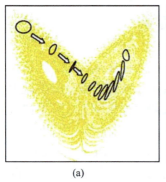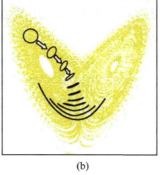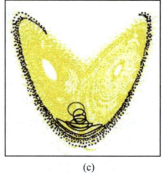

| (a) | (b) | (c) |

图 1-1 Lorenz 系统的解在一个 2 维子相空间的演变轨迹（Slingo and Palmer，2011）

图 1-1 展示了三种典型的动力学系统演变轨迹。用一个小黑圈代表系统的某个初始状态的邻域，箭头指出从这个初始邻域开始随时间的演变轨迹。图 1-1（a）中的轨迹始于左翅膀的一个小范围，终于右翅膀的一个小范围，代表一种易于预测的演变过程；图 1-1（b）的轨迹同样始于左翅膀，虽有一段轨迹尚可预测，但终点却难以预料是处于左翅膀还是右翅膀；图 1-1（c）中轨迹从两个翅膀交错的位置出发，迅速散开而不知所踪，代表一种几乎完全不可预测的情况。

一般说来，在混沌系统和实际天气气候预测中遭遇图 1-1（a）完全可预测和图 1-1（c）完全不可预测情况的概率为零，而绝大部分情况都类似于图 1-1（b）的情况，即具备有限的可预测性。这里关于动力学系统的特征表述，就用到概率统计的知识。零概率事件是存在的，只是你几乎没有机会遭遇之。

　　下面从时间序列来进一步理解上述混沌系统的预测难度。图 1-2 是 Lorenz 系统变量 x 的一个数值解时间序列。数值解并非精确解，但仍可从中理解混沌系统的一些演变特点。该序列开始在 10 附近上下振荡，代表系统在图 1-1 正位相的右翅膀空心附近转圈形成的类似周期的变化；序列接着忽然到–10 附近上下振荡，代表系统忽然转移到负位相的左翅膀空心附近转圈；然后又忽然回到右翅膀转圈……如此来回在两个"翅膀"之间不断转移，其转移的方式具有突然性，几乎无规律可循。

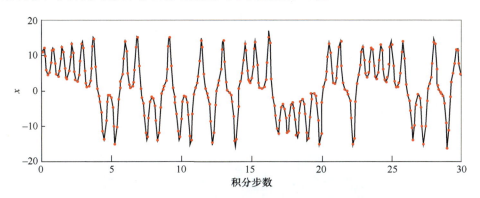

图 1-2　Lorenz 系统变量 x 的一个数值解时间序列

数值解法为 4 阶 Runge-Kutta 法（积分步长 0.01）。曲线上的点代表 10 个积分步长的 x 平均值，相当于"定期观测"的气候变量序列

　　上述变化特征是复杂动力学系统所共有的，在实际气候序列中也时有体现。毫无疑问，气候系统是高度复杂的非线性系统，其变量的时间序列必然是非平稳的、非周期的、时而跃变的。而人们最关心又难以预测的一类气候现象，正是那些从某个相对稳定的气候态忽然转移到另一个相对稳定的气候态的变化。例如，梅雨何时忽然降临？华北干旱何时了？显然这类问题的本质不是周期性，而更像复杂动力学系统特有的状态突变。受到各种外强迫影响的气候系统还要更为复杂。为了避免简单类比抽象理论中的"突变"，气候研究中常称这类现象为"气候跃变"。

1.2　气候跃变定义及实例

　　气候跃变（climatic jump）泛指气候从一种到另一种相对稳定状态的迅速（跳跃性）转变的现象。

　　文献中也能看到对这类现象的其他表述，如突变（abrupt change）、快变（rapid change）等。"突变"的提法较早出现在一些地质气候变化的研究中，如 Berger 和 Labeyrie（1987）主编的 *Abrupt Climatic Change* 一书，主要反映长期地质气候过程中的有关现象，特别指在一些地质沉积序列中发现的全新世开始阶段全球气候变暖过程中发生的新仙女木（Younger Dryas）之类的突然变冷事件。后来有研究者认为实际气候过程不可能是突然发生的，因而建议用"快变"。

　　Yamamoto 等（1986）最早指出，气候序列中普遍存在跃变。严中伟等（1990）从全球气候要素场分析中揭示了 20 世纪 60 年代自北非、印度西北到华北一带的夏季风北缘地带的降水减少的大尺度气候跃变格局，表明低纬夏季风系统整体发生了跃变性的减弱。近 30 年来，越来越多的研究从跃变观出发，揭示了各地气候变化中存在的跃变特征。下面就来看几个典型的跃变例子。

1.2.1 冰期循环中的跃变

图 1-3 对比显示了南极冰芯资料反演的冰期循环尺度的气候冷暖振荡和米兰科维奇理论计算的地球轨道参数周期性变化导致的 65°N 夏季入射太阳辐射强度变化。

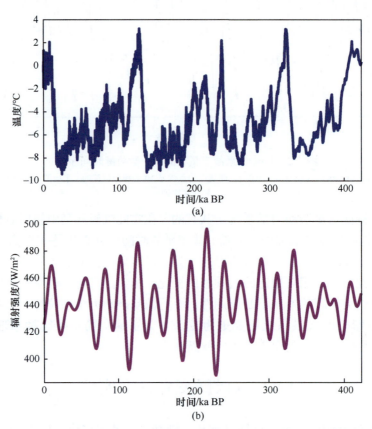

图 1-3　距今 40 万年以来的南极 Vostok 冰芯资料反演的南极温度（相对于近代气候的）距平序列（a）（Petit et al.，1999）和 7 月中旬 65°N 入射太阳辐射强度变化（Berger and Loutre，1991）（b）

显然，地球轨道参数演变具有很强的周期性。然而，气候系统进入间冰期的方式更多的是跃变性的，而此后的降温过程中也不乏一个接一个的跃变性变冷过程。

图 1-4 显示了最近 1.8 万年格陵兰中部冰芯记录的气候跃变事件。距今最近的一个冰期极盛期于 1.5 万年前后结束，全球变暖进入全新世；然而在距今 1.2 万年前后却发生了一次急剧变冷事件，就是著名的新仙女木事件。在相对温暖的全新世期间还有更多较小尺度的变冷事件，如图 1-5 中距今 8200 年前后。

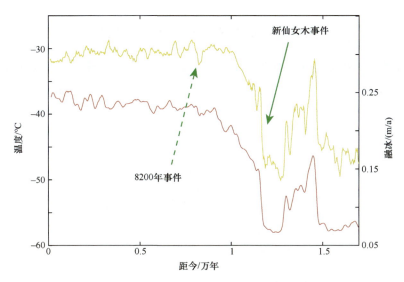

图 1-4　距今 1.8 万年以来格陵兰中部冰芯记录的全球变暖过程中的新仙女木突然变冷事件

图 1-5 给出距今 8200 年变冷事件的一种动力学机制解释，即淡水脉冲。模式模拟过程中第 550～570 年在北大西洋关键海域注入适量淡水，代表全球变暖导致格陵兰冰盖消融的后果。多个模拟结果显示，淡水强迫可导致北大西洋经圈翻转流急剧变弱，跃变后经百年或者千年之久才可能回到原状；还有一种情况是跃变后再也没有恢复到原状。这个案例展现了一个非线性气候系统可能出现的多种跃变后果。

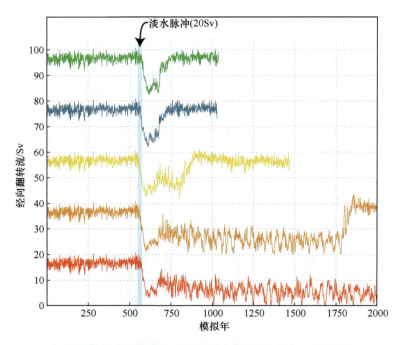

图 1-5　距今 8200 年的跃变性变冷事件的淡水脉冲机制及其后果（改自 Renssen et al.，2002）
5 个集合模拟成员的北大西洋经向温盐环流强度序列，每个模拟试验都在第 550～570 年在 Labrador 海域加入淡水脉冲（20Sv），结果都导致温盐环流减弱的跃变，但后续演变各异

知识框：大洋环流与气候跃变及突变

　　很多情况下，英文气候文献里 abrupt change 特指全球变暖过程中，北大西洋经向温盐环流（如大洋环流示意图）停顿而导致向北热输送锐减，从而引发的相对突然的气候变冷事件。近年来，有人建议用 rapid change 更贴切。

大洋环流示意图

　　中文语境里，"突变"似乎更深入人心。然而，基于对物理意义和英文语境的理解，在气候研究领域"跃变"是更普适的一个术语。

1.2.2　现代气候观测中的年代际气候跃变

　　20 世纪 60 年代北非撒赫尔（Sahel）地区降水量跃变性地减少（图 1-6）是导致当地呈现干旱化趋势的直接气候背景。这个过程和同期印度西北以及中国华北一带的夏季风降水减少过程近于同步，反映了 60 年代低纬夏季风系统的一次整体减弱跃变（严中伟等，1993）。

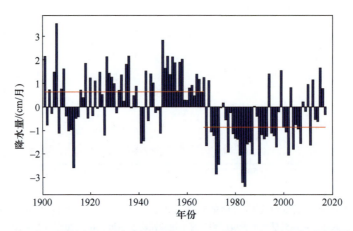

图 1-6　北非撒赫尔地区降水距平序列（20 世纪 60 年代发生减少跃变）

资料来源：http://research.jisao.washington.edu/data_sets/sahel/

在季节尺度上，也可观测到诸如热带季风爆发的季节性跃变现象。每年 5 月下旬开始，从中南半岛到印度一带，大范围平均的云顶温度相继跃变性地降低，说明大规模的对流云发展，季风降水迅速降临。很多气候指标都能反映出这类季节性的跃变过程。

需要强调的是，虽然夏季风是很强的季节性现象，但每年季风爆发的时间都有所不一，季风强弱程度也难以预料。而困扰气候预报的难点之一正与其中的跃变特征有关。

1.3　本书内容概要

为研究气候跃变现象，首先需要利用统计方法从观测资料中分辨跃变信号。跃变检测为气候变化统计分析开拓了新的思路，也丰富了气候统计分析的内涵。

现有研究中常用的气候跃变检测方法包括：滑动 T-test（均值检验）、滑动 F-test（方差检验）、滑动符号检验法、Mann-Kendall 检测、小波分析等。后面有章节专门介绍这些方法及其应用案例。

要注意的是，气候跃变在时间序列的表现形式上十分类似气候序列的非均一性。后者是局地的长期气候观测过程中不可避免的观测系统变更所引起的子序列之间的系统性偏差。其不同的是，气候跃变不会仅仅体现在个别站点观测中，而是呈现出大尺度的时空分布结构，这种结构则是由全球和区域气候系统特征及其变化规律决定的。

本书试图从气候研究的应用角度出发，介绍在该领域常用的统计分析方法，在简要总结一些基础性的统计概念和统计检验知识（第 2 章、第 3 章）后，着重讲解若干常用的传统气候变化分析方法，包括线性回归、趋势及跃变检测（第 4 章、第 5 章、第 9 章）、基于周期观的谐波分析和小波分析（第 8 章）、气候变量场的时空结构分解（第 7 章）及其应用案例。这些统计基础知识和传统分析方法也适用于更广泛的地学领域的有关分析。

本书还介绍近年来在气候变化研究领域日益受到重视的一些特殊问题的分析方法。例如，可用于拟合区域气候变量场中的趋势分布格局的广义加法模型（GAM）以及探索气候变化趋势格局与"外强迫"联系的广义线性模拟（GLM）（第 6 章）、分辨时间序列中自然振荡信号及非线性趋势的集合经验模分解（EEMD）（第 8 章）、反映极端天气气候事件的气候极值以及随时间演变的非平稳极值统计方法（第 10 章）、可用于评估气候变化影响和可预测性研究的天气发生器（第 11 章），以及气候序列的均一化（第 12 章）等。还有一些新方法仍在发展并已开始在气候变化领域获得广泛应用，如检测和归因、机器学习等，它们已在上述部分章节中提及，也将在本书中分别介绍（第 13 章、第 14 章）。

近年来，气候变化及其影响和应对正日益成为区域可持续发展的决策因素之一，也是国际论坛的一个重要议题。然而，气候研究领域涉及大量不确定性，这是导致相关决策困难乃至国际争议的源泉。恰当运用统计方法，有助于消减和诠释关键的不确定性，为决策提供科学基础，这也是本书的一个期望所在。

思 考 题

1. 列举并解释传统统计分析中表现出"周期性"但实际应用中却难以预测的气候现象。

2. 假如你获得一个气候序列，其中两段子序列均值（或其他统计指标）显著不同，如何判断这是气候跃变，还是非均一的数据问题？

第 2 章　统计量和概率分布

气候统计分析的对象是各类气候数据，首先需要运用恰当的统计量和概率分布来刻画数据所反映的基本气候态及其变化特征和不确定性。本章介绍常用的一些统计量和概率分布，结合图例演示分析思路和原理，以加深理解如何将其应用于气候研究。本章涉及的统计量计算和图例分析大都可用统计软件（如 MATLAB 的相应统计软件包）实现。

2.1　中心统计量

对于单个气候变量的大量数据而言，哪个数值最适于体现该变量的基本量级？哪个部分（或数据的概率分布中特定位置）的数据能代表该变量的基本气候态？与这类问题有关的统计量可称为中心统计量，如平均数、中位数、众数、剪裁平均值、几何平均值以及调和平均值等。

平均数或均值是最常用的描述气候变量基本态的统计量。如果数据遵循正态分布（高斯分布），则均值对应最大概率的数值，代表最可能发生的天气气候状态。实际应用中，计算气候平均态要考虑平均时段如何选取。世界气象组织（WMO）推荐基于最近三个年代的记录来计算当前气候平均态的估计值。对于一般气候分析来说，如有 n 个样本 x_i（$i = 1$，2，3，$\cdots$，n），则随机变量 x 的均值估计为

$$\bar{x} = \frac{1}{n} \sum_{i=1}^{n} x_i \tag{2-1}$$

然而，如果数据远非正态分布，则简单的平均会失去中心统计量的意义。在统计分析中，还需要考虑异常值（outliers，中文表述还可见极端值/界外值/离群值等）对统计量的影响，也即统计结果的稳健性。这要求数据中的小部分（甚至较大部分）有变化的情形下，中心统计量的计算结果不会大变。在很多情况下，中位数是一个更稳健的中心统计量。

中位数顾名思义就是某个变量 x 的样本数据由小到大排列后位于中间位置的那个数。其由于给出了任意分布于中央位置的数据信息，所以比平均数具有更好的稳健性，不受异常值影响。对于样本量为 n 的情形，其计算公式为

$$q_{0.5} = \begin{cases} x_{[(n+1)/2]}, & n = \text{奇数} \\ \dfrac{x_{(n/2)} + x_{[(n/2)+1]}}{2}, & n = \text{偶数} \end{cases} \tag{2-2}$$

类似中位数的计算方法，可计算上/下四分位数（即 75% / 25% 位置的数值）以及其他分位数。

　　剪裁平均值是另一种计算数据中心统计量的方法，顾名思义就是裁去样本中的异常值，从而剔除对平均值计算稳定性有较大影响的数据。常用的处理方法有：中位数和上/下四分位数的加权平均，一般取中位数的权重为四分位数权重的 2 倍；或者从样本中直接剔除一定比例的最大值和最小值，再计算剩余数据的平均值。如果数据包含极端异常的数值，则剪裁平均值可以更恰当地表征样本均值；但若数据来自同分布，则剪裁平均值对数据位置信息估计的有效性就降低了。

　　很多实际气候研究案例表明，选择恰当的中心统计量有助于更好地揭示气候变化现象。如图 2-1 所示，研究者利用中国北方半干旱区 30 站每年的日降水极值记录，采用两种数据提取方式：一是选取 30 站的年极大降水记录的中位数，二是选取 30 站的年极大降水记录的极大值，构成两个逐年极端降水变化序列。基于中位数的图 2-1（a）显示，1980～1993 年该区域日极端降水量低于之前的水平，采用 t 分布检验也可发现两个时段的子序列均值存在显著差异（方法在第 3 章介绍）。然而，基于最大值的图 2-1（b）则没有体现该变化特征。

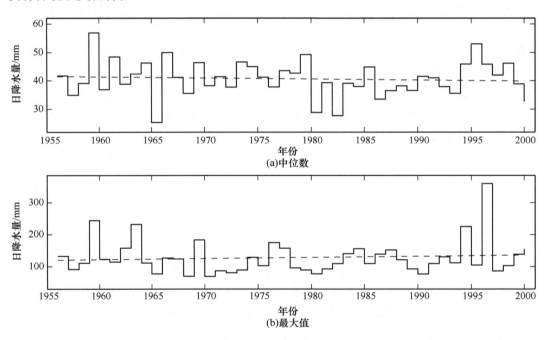

图 2-1　基于中国北方半干旱区 30 站 5～9 月的日降水极大值计算的中位数和最大值序列（Gong et al., 2004）
虚线表示线性趋势

　　气候研究中还经常需要了解某个变量的常见空间分布格局。简单的气候均值等中心统计量不足以表达所期望的物理意义。如图 2-2 所示，相比 1981～2010 年多年平均的北半球 1 月平均海平面气压场，1991 年和 1987 年两年的 1 月气压场有很大不同。尤其是 1987 年的气压场，与长期平均场之间存在较大差异。这是因为平均值难以反映气候要素的年际变化。为了解该变量时空变化的主要模态，需要采用经验正交函数（empirical orthogonal function，EOF）的分析方法（第 7 章）。在满足 North 等（1982）准则下，前几个主模态应比简单气候平均更恰当地表达该变量的常见分布格局。

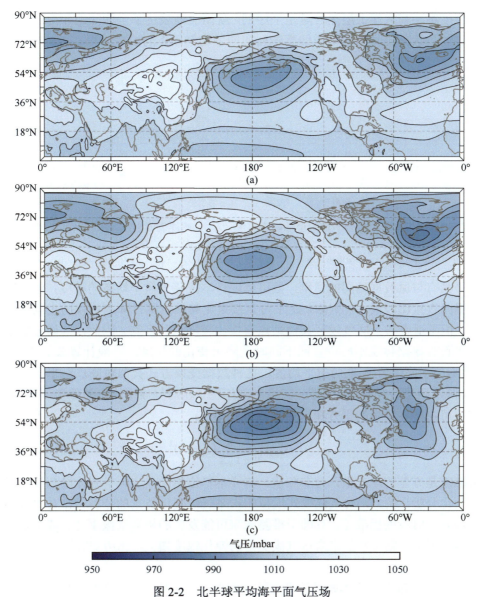

图 2-2　北半球平均海平面气压场

（a）1981～2010 年 1 月平均；（b）1991 年 1 月；（c）1987 年 1 月。1mbar=10^2Pa

2.2　变幅统计量

中心统计量描述了气候变量的基本量级或最可能的状态。变幅统计量则表征一个统计变量可能偏离其分布中心的程度。最常用的变幅统计量是方差或标准差。下面先从气候距平说起。

距平是气候分析中常用的数据变换形式。把一个气候变量的样本值减掉其气候平均值就是距平，即 $x'_i = x_i - \bar{x}$。气候距平反映了偏离气候平均态的程度。把一个气候变量的时间序列减掉某个时期的气候平均值，就变换为一个气候距平序列。图 2-3 所示的全球平均温度距平和大洋上层热含量距平序列，就简明地表达了全球陆地和海洋表面以及大洋上层的热状况随时间越来越偏离序列初期平均气候态的演变过程。

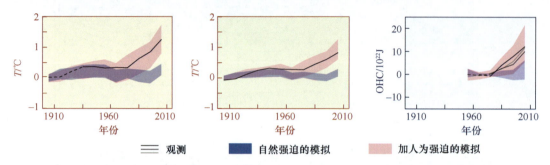

图 2-3　CMIP5 多模式模拟集合平均的全球陆表温度（左）、海洋表面温度（中）以及全球大洋上层热容量（右）的距平序列

温度为相对于 1880～1919 年平均的距平值，热容量为相对于 1960～1980 年平均的距平值（IPCC AR5）

距平具有与原数据相同的量纲，虽可体现样本偏离气候平均态的程度，但不完全适用于数据间直接比较大小。例如，距平可直接量化某站点某日降水量较历史同期偏离的数量值，但不适合与不同气候区其他站点直接比较降水的多寡。因此，气候分析中常用降水距平百分率来体现不同位置或不同时期降水变化的程度。一般计算公式为：（样本值–同期历史平均值）/同期历史平均值。这种数据变换方式类似对降水距平进行了标准化处理。降水距平百分率有正有负，其绝对值体现了相对气候平均态的偏多或偏少程度。

方差可由样本距平的平方和来计算，公式如下：

$$s^2 = \frac{1}{n-1} \sum_{i=1}^{n} (x_i - \overline{x})^2 \tag{2-3}$$

标准差是方差的平方根，为非负值，与样本单位相同。这两个统计量都被广泛应用于气候变化分析。例如，对气候模式模拟的未来气候变化情景的分析中，对比气候变量在历史和未来时段的标准差，有助于推测未来可能发生的极端气候事件。若未来气候变量的标准差增大，则可预估未来该气候变量的变化幅度增大，比历史时期更易于发生极端事件。

由于方差/标准差由样本距平的平方计算而得，因而易受到个别特别异常大（或小）的样本值的影响，从而降低其稳健度。因此，在很多研究中会用到相对更稳健的、不受异常值影响的离散度统计量，如距平绝对值的中位数、四分位数的范围、剪裁方差等。

2.3　分布形态统计量

从统计分布的视角来看，气候就是各种天气事件构成的一个概率分布。根据一个气候变量的大量天气样本数据，可以计算该变量在其取值范围内任意天气值的发生频率/概率，从而推演其概率分布。要表征一个气候概率分布，除了以上介绍的数据中心位置以及变化幅度外，还有第三个重要特征，即相对于中心值的对称性。这可用偏态系数来体现，其计算公式为

$$\gamma = \frac{\dfrac{1}{n-1}\sum_{i=1}^{n}(x_i - \bar{x})^3}{s^3} \tag{2-4}$$

式中，分子可视为距平立方的平均值；分母为标准差的立方。偏态系数相当于标准化的距平立方平均值，为无量纲量，便于不同类型数据相互比较。γ 大于 0 表示数据分布为右/正偏态，其概率分布的右尾较长。例如，对于日降水量而言，由于强降水事件通常较为稀少，因此，其对应的概率分布显示出右尾长（小概率的大正值）的特征，即右/正偏态。

由于用到距平值的三次方，式（2-4）的稳健性较弱，易受到异常或错误样本的影响。一个更为稳健的对称性统计量为 Yule-Kendall 指数，其计算公式如下：

$$\gamma = \frac{(q_{0.75} - q_{0.5}) - (q_{0.5} - q_{0.25})}{q_{0.75} - q_{0.25}} \tag{2-5}$$

式中，$q_{0.75}$、$q_{0.5}$ 和 $q_{0.25}$ 分别为概率分布的第 75（上四分位数）、第 50（中位数）和第 25（下四分位数）百分位数；$q_{0.75} - q_{0.25}$ 为数据分布的四分位范围。

2.4　经　验　分　布

经验分布，即直接利用气候数据本身刻画的分布，通常会用到柱状图、经验累积频率分布图和盒须图等方式。用图例形式描述数据分布特征的方法简单明了，能直观地体现数据的基本特征。例如，为了对比分析不同区域或季节的气候特点，可通过比较各组样本数据的经验分布图来获得直观的判断。

2.4.1　柱　状　图

柱状图是最常见且实用的数据经验分布绘制方式之一。通常其横坐标为数据分布范围，纵坐标为数据发生频次或概率。图 2-4 以柱状图的形式体现了 1961～2010 年北京密云站（蓝色柱）和天津塘沽站（橘红色柱）夏季平均温度的频次分布图。结果显示，两站夏季平均温度分布范围为 23～27℃，密云站出现频次最高的温度集中在 24℃ 左右；而塘沽站总体温度较密云站偏高 1℃ 左右。直观上看，两站温度分布的对称性不明显，这不仅与数据自身特点有关，也与柱中心位置以及柱个数选择有关。进一步分析发现，它们的平均值与中位数基本接近，可通过拟合优度检验是否满足正态分布（第 3 章）。

从上述例子可见，柱状图便于直观对比不同数据分布的特点。应用中要注意的问题之一是，柱状图的柱中心位置的选择具有主观性，可能对结果有影响，特别是在样本较少的情况下需谨慎分析。此外，柱状图不是连续平滑的，柱间距的选择要合理，小间距适用于大样本数据。最后要注意的是，概率正比于柱子的面积而非柱子的高度。

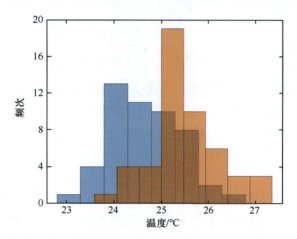

图 2-4　北京密云站（蓝色柱）和天津塘沽站（橘红色柱）1961～2010 年夏季平均温度的频次分布图

2.4.2　经验累积频率分布图

经验累积频率分布（cumulative frequency distribution）相当于柱状图的积分变换，可由样本直接计算得到累积概率值，无须对数据事先进行参数分布假设。经验累积分布函数（ECDF）可表述为：$p(x) = \Pr\{X \leq x\}$。对于一组由小到大排列的 n 个样本 $x_i, i = 1, 2, \cdots, n$，可用式（2-6）估计：

$$p(x_i) = \frac{i-a}{n+1-2a},\ 0 \leq a \leq 1 \qquad (2\text{-}6)$$

在样本量（n）很大以及累积频率（i）不是很小的情况下，式（2-6）中的调整参数 a 作用很小。样本数和累积频率越小，越需要运用式（2-6）调整概率分布的计算。表 2-1 列出几种常见的经验累积频率分布公式。

表 2-1　常用的经验累积频率分布公式（Wilks，2019）

名称	公式	a 取值
Weibull	$i/(n+1)$	0
Benard & Bos-Levenbach	$(i-0.3)/(n+0.4)$	0.3
Tukey	$(i-1/3)/(n+1/3)$	1/3
Gumbel	$(i-1)/(n-1)$	1
Hazen	$(i-1/2)/n$	1/2
Cunnane	$(i-2/5)/(n+1/5)$	2/5
Gringorten	$(i-0.44)/(n+0.12)$	0.44

在样本量较大且累积频率不是极端小的情况下，上述不同参数的公式计算结果是相近的。在实际气候和水文分析中，较常用到 Tukey 和 Cunnane 的公式。

图 2-5 显示了基于标准化降水蒸散指数（SPEI）计算的两个不同时段的伊拉克干旱范围的累积概率分布，其中图 2-5（a）和 2-5（b）分别对应湿润期和干旱期。累积概率分布图给出了气候变量取不同值（横坐标）时对应的累积概率。从图 2-5 可见，相对于

湿润期而言，干旱期发生大范围干旱的概率要大得多。如图 2-5（b）所示，干旱期 50% 以下面积发生偏旱（黄色线）的累积概率接近 90%；而如图 2-5（a）所示，湿润期 25% 以下面积发生偏旱的累积概率就达 90%，说明该湿润期伊拉克发生 25% 以上面积的较大范围干旱的概率很小（不超过 10%）。

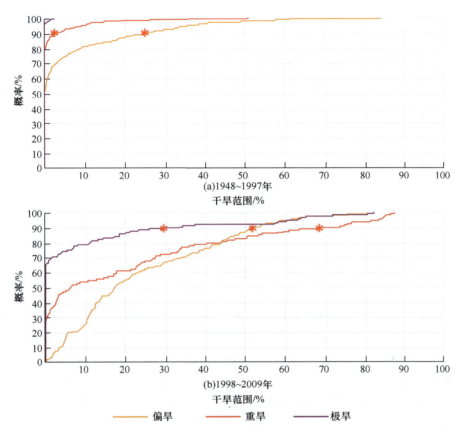

图 2-5　基于每月标准化降水蒸散指数（SPEI）计算的伊拉克干旱范围累积概率分布（Hameed et al., 2018）

（a）1948～1997 年为湿润期；（b）1998～2009 为干旱期

2.4.3　盒　须　图

盒须图（box-and-whisker plot）方法最初由 Tukey（1977）提出。盒须图中的主要数据点包括中位数及上、下四分位数等，还可根据具体研究需要而绘制出特定的极端值的阈值。

盒须图是最常用的对比分析多组数据分布特征的表现方法之一。其优点是直观且定量地给出数据分布的主要特征，包括中心统计量（如中位数）、离散程度（上、下百分位数的范围）、对称性，乃至数据的极值。其缺点或许在于难以表达数据分布尾部的详细信息。

图 2-6 给出北京密云和天津塘沽两站历史时期（1961～2010 年）夏季平均温度的气候分布特征。可见，密云站夏季平均温度较塘沽站低 1℃左右，均值两侧的四分位近似对称分布；而塘沽站夏季平均温度则呈现较明显的正偏态特征，表明夏季塘沽站比密云

站更易发生极端高温事件。对比图2-4可见，盒须图能定量地给出几个重要的数据点，如中位数、上下四分位数等，且可直接代入式（2-5）计算数据的偏态性，从而更有利于多组数据分布特征的对比。

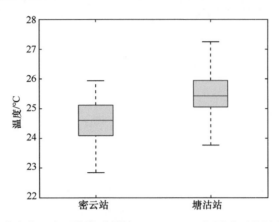

图2-6　北京密云和天津塘沽两站1961～2010年夏季平均温度盒须图
红色线段代表样本中位数；阴影盒上下端分别代表上下四分位数；虚线两端代表样本极值
（即观测到的夏季平均温度最高值和最低值）

2.5　相　　关

气候统计分析中常探寻不同变量的联系，最常用的方法是计算两个变量样本数据之间的相关。常见术语包括：时间上的相关[序列相关（serial correlation）、时滞相关（lagged correlation）、自相关（autocorrelation）]，空间上的相关[空间相关（spatial correlation）、遥相关（teleconnection）]，以及交叉相关（cross-correlation）等。常用方法包括 Pearson 线性相关、Spearman 排序相关等。在相关分析中，有必要掌握"标准化距平"这一数据变换方式。

2.5.1　标准化距平

标准化处理是一种数据变换方式，其目的是便于比较不同量值的气候变量数据，通常先计算气候距平，再除以其标准差。其计算公式为

$$Z_x = \frac{x - \bar{x}}{s_x} = \frac{x'}{s_x} \tag{2-7}$$

式中，s_x 为样本数据的标准差；Z_x 为无量纲数据，在用到的样本范围内，其平均值为 0，标准差为 1。也可采用不受异常值影响的方式来进行标准化处理，如可以先把气候样本数据减去中位数，再除以内四分位数范围。不过后续分析更常用公式（2-7）。

标准化有效地解决了不同样本数据的中心位置（量值）和离散程度（变幅）差异过大而导致的不可比问题。例如，设有北半球中纬度地区某地 1 月某日和 7 月某日的两个温度样本，其相对于各自月份的长期平均温度的距平值相同，但两者的天气气候学意义

不同。这是因为 1 月和 7 月的逐日温度变化幅度或标准差不同，同样的距平值在 1 月可能是司空见惯的，而在 7 月则可能是极端异常的。通过标准化距平就容易判断这两日的温度是否属于异常事件。

在气候分析中，考虑到季节性差异的影响，通常还要对气候数据做"去季节"处理。例如，对于逐月气候数据，减掉每月的历史平均值，即可在一定程度上消除季节性，从而减弱季节变化对气候变化分析的影响。为了消除不同季节气候要素之间不同变率的影响，还可在上一步处理的基础上，再除以每月对应的该月历史记录的标准差。这种去季节的标准化数据处理方法可有效地把具有强季节性的气候序列转化为弱平稳化数据，从而便于后续的统计分析。

2.5.2 散 点 图

散点图（x-y plot）可用来展示两个时间或空间序列的相关性。从散点图可大致判断每组数据的基本特征，如中位数的大致位置；还可直观判断两变量之间的可能关系。

如图 2-7 所示，北京密云站夏季平均温度（x）与天津塘沽站夏季平均温度（y）构成的散点主要位于左下到右上的对角线附近，这表明 x 偏大时 y 也很可能偏大，两者之间存在正相关关系。散点分布的带状范围越接近（平行于）对角线，两组数据就越相关（图中两者相关系数为 0.83）。

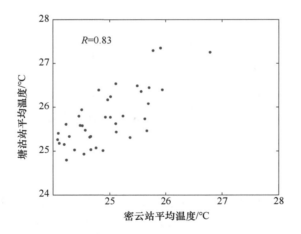

图 2-7　北京密云（横坐标）和天津塘沽（纵坐标）两站 1961～2010 年夏季平均温度的散点图

2.5.3　Pearson 线性相关

相关系数可用来表征两个变量之间的关系密切程度。气候分析常用到 Pearson 线性相关（如图 2-7 中两站夏季平均温度相关系数为 0.83）。其中用到的协方差也可体现两个变量间的关系，其公式为

$$\text{Cov}(x, y) = \frac{1}{n-1} \sum_{i=1}^{n} \left[(x_i - \bar{x})(y_i - \bar{y}) \right]$$ （2-8）

协方差是一个带有单位的统计量，不便于描述不同要素间的联系。因而，需要将原数据做标准化处理，从而得到相关系数的计算公式。

$$r_{xy} = \frac{\text{Cov}(x,y)}{s_x s_y} = \frac{1}{n-1} \sum_{i=1}^{n} Z_{x_i} Z_{y_i} \qquad (2\text{-}9)$$

相关系数的平方 r_{xy}^2 还常用来表示两个变量之一被另一个变量解释的程度（注意这并不代表因果关系）。Pearson 相关系数的缺点是易受数据分布特征及异常值的影响。

2.5.4 Spearman 秩相关

Spearman 秩相关可用来量化两个变量同增减的单调关系，可用于分析存在非线性相关的数据对，且不易受到异常值的影响。其计算公式为

$$r_{\text{sp}} = 1 - \frac{6 \sum_{i=1}^{n} \text{RD}_i^2}{n(n^2-1)} \qquad (2\text{-}10)$$

式中，RD_i 为数据对之间秩的差异。秩是样本数据由小到大排列的序号。秩相关系数也可以通过计算数据对秩的线性相关而获得。

2.5.5 自 相 关

自相关指序列自身不同时刻（过去或未来）之间的相关，也称为滞后相关。通常用线性相关系数的公式来计算自相关。

lag-k（时滞为 k 个时间单位或时序间隔）的自相关可用于判断气候序列的持续性。k 的取值不能超过序列总长度 n 的一半，实际应用中建议 $k < n/3$。

2.6 理 论 分 布

理论分布具有确定的数学形式，可由很少几个参数确定分布形态。例如，正态分布由两个参数决定、广义极值分布由三个参数决定等。利用理论分布来近似表征实际气候数据是有益的。首先，仅需确定几个参数即可描述大量数据的基本特征，其有助于压缩数据简明表达关键信息。其次，实际气象数据是不完善的，理论分布可用于插值和外推等分析。例如，很多应用需了解百年一遇的极端事件，在气候观测不足百年的情况下怎么计算百年一遇的事件呢？通常就是用有限的气候样本数据拟合某种理论分布，通过理论分布即可推测任意极端事件的发生概率。

理论分布可分为两种形式：离散分布和连续分布。离散分布随机变量的可能取值是有限的或无限可数的。连续分布的随机变量取值则可以是特定数域内的任何值。下面简单介绍气候分析常用的一些理论分布。

2.6.1　二项式分布

二项式分布是最简单的离散分布。假设某种现象包含一组相互对立（非 A 即 B）的随机事件（如掷硬币出正面或反面），则可用二项式分布来表达其发生概率。气候研究中可用于分析冬季湖泊结冰事件，夏季雷暴、闪电事件等。这里要求每次试验中 A 的发生概率不变（如每次掷硬币出正面的概率不变、特定气候态下每年湖泊发生结冰的概率不变等）；而且各次试验结果是独立的（如掷硬币这次正面并不影响下次正面的可能性、今年湖泊结冰不影响下一年结冰的可能性）。在气候分析中，还需考虑具有周期变化的事件，如大气中的雷暴或闪电等事件，应单独分析更小时间尺度（如小时或月）的发生概率。

二项式分布公式如下：

$$\Pr\{X=x\} = C_N^x\, p^x (1-p)^{N-x} \tag{2-11}$$

式中，p 为 A 的发生概率（$1-p$ 就是 B 的发生概率）；N 为试验次数或样本数；x 为 N 次试验中出现 A 的次数（取值范围为 $0，1，2，\cdots，N$）。公式中的组合数 $C_N^x = N!/[x!(N-x)!]$。

当参数 $p=0.5$ 时，二项式分布是对称的，类似掷硬币的情况，否则为不对称分布，气候问题（如湖泊结冰与否）大多如此。二项式分布的一个特例为 Bernoulli 分布（又称 0～1 分布），即随机变量 X 的取值只能为 0 和 1，其概率分布公式为 $\Pr\{X=x\} = p^x(1-p)^{N-x}$，$(x=0,1)$。

2.6.2　几 何 分 布

几何分布，与二项式分布一样，也是用来刻画"非 A 即 B"类的随机变量概率分布的。其不同之处在于：二项式分布给出的是多次试验中发生 A 的概率，而几何分布给出的是出现 A 所需要的试验次数 x 的概率（因而又称为"等待分布"）：

$$\Pr\{X=x\} = p(1-p)^{x-1} \tag{2-12}$$

几何分布可用来描述发生某种现象所需要等待的持续过程。例如，Waymire 和 Gupta（1981）用几何分布研究出现湿润事件前的连续干旱过程；Deni 等（2010）采用包括几何分布在内的 15 种离散分布研究马来西亚季风干-湿阶段的转折等。

2.6.3　泊 松 分 布

泊松（Poisson）分布可用于拟合单位间隔（如单位时间、单位空间等）内 A 事件发生次数的概率分布。例如，某个季节内台风次数的概率分布、干旱事件的发生概率、某地区出现冰雹的分布特征等。事件发生次数依赖于所选择的单位间隔大小。Poisson 分布公式如下：

$$\Pr\{X = x\} = \frac{\lambda^x \mathrm{e}^{-\lambda}}{x!}, \; x = 0, 1, 2, \cdots \tag{2-13}$$

随机变量 X 的取值范围可从 0 到无穷大，Poisson 分布有一个强度参数 λ，可视为平均发生率，公式中 $\mathrm{e} \approx 2.718$ 是自然对数的底数。Poisson 分布的形态是非对称的，但强度参数越大其非对称性越不明显。

Poisson 分布相对于二项式分布有以下优点：二项式分布要求各次试验中 A 或 B 事件发生与否是独立的，实际气象数据很难严格满足这个条件；而 Poisson 分布可用于分析依赖程度（相关性）不高的情形。

2.6.4　连续分布的概率密度函数和累积分布函数

连续分布广泛地适用于很多气候变量，如温度、降水量、位势高度、风速等的分析。在介绍气候研究常用的一些连续分布之前，先介绍两个通用的基本概念。

概率密度函数（probability density function，PDF）表述随机变量 x 在其取值范围内的概率密度大小，用 $f(x)$ 表示。$f(x)$ 为非负值，且其在 x 取值范围的积分等于 1。

连续随机变量 x 出现在其某个值域（图 2-8 中 $a < x < b$）的概率等于 $f(x)$ 在该值域的积分，也即概率密度函数所覆盖的面积 [图 2-8 中 $f(x)$ 曲线下两条竖虚线之间的面积]。要注意的是，由于随机变量的取值是连续的，某个具体的取值（$x = 1$）的概率是一个无限小量，这样的概率计算是没有意义的。因而，通常计算随机变量某段取值范围的概率才有意义，如图 2-8 展示了 $a < x < b$ 的概率。

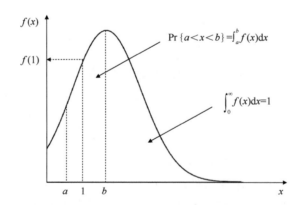

图 2-8　连续随机变量 x 的概率密度函数 $f(x)$ 示意图

累积分布函数（cumulative distribution function，CDF）表述随机变量 X 不超过某个值 x 的概率，用 $F(x)$ 表示，即 $F(x) = \Pr\{X \leqslant x\} = \int_{X \leqslant x} f(x)\mathrm{d}x$，满足 $0 \leqslant F(x) \leqslant 1$。

已知随机变量的累积分布函数，可以进行反变换，得到任一累积概率 p 对应的随机变量的取值 $x = F^{-1}(p)$。累积分布函数的反变换也是对应某个概率的百分位数，因而也叫百分位数函数。

2.6.5 正 态 分 布

正态分布最早由 Abraham de Moivre 于 1733 年提出,后由 Laplace(1749~1827 年)和 Gauss(1777~1855 年)分别在天文测量误差研究中发展完善,也称高斯分布。在随机变量的所有可能的分布规律中,正态分布占有特别重要的地位。在实际工作中常遇到的很多随机变量都服从正态分布,其原因要从中心极限定律讲起。

中心极限定律指出,对于任意随机变量,只要样本量足够大,则其独立获取的一组样本的和或者算术平均值服从正态分布。在实际分析中,"独立性"的条件可以不满足。如果所分析的样本数据本身服从正态分布,则其中任意多个数据之和或平均都服从正态分布。如果样本数据本身接近正态分布(分布形态为单峰且较为对称),则中等数量的样本数据之和或平均也可逼近正态分布。例如,由逐日温度计算得到的月平均温度就近似服从正态分布。

正态分布的概率密度函数为

$$f(x) = \frac{1}{\sigma\sqrt{2\pi}} \exp[-\frac{(x-\mu)^2}{2\sigma^2}], \quad -\infty < x < \infty \qquad (2\text{-}14)$$

式中,两个参数分别为均值 μ 和标准差 σ。正态分布因而常表达为 $N(\mu, \sigma)$。

图 2-9 显示了 $N(\mu, \sigma)$ 的概率密度函数示意图。正态分布是相对于均值 μ 的对称分布,其样本数据的离散程度由 σ 决定。由正态分布积分可知,约 68%的数据集中在均值 μ 附近 1 个标准差范围内;约 95%的数据集中在均值 μ 附近 2 个标准差范围内。这就是说,如果样本数据满足同一正态分布,则两组样本的均值之差超过 2 个标准差的可能性极小。在实际气候分析中,如果发现某个变量的两组观测数据的均值差异大于 2σ,则说明两者有显著差异。

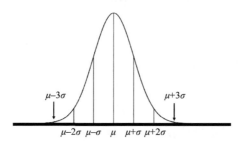

图 2-9 正态分布的概率密度函数示意图

约 68%的数据位于 $\mu \pm \sigma$ 范围内;95%的数据位于 $\mu \pm 2\sigma$ 范围内;99.7%的数据位于 $\mu \pm 3\sigma$ 范围内

正态分布的两个参数可以由矩估计法估计,即根据大数定律,用样本矩估计总体矩。矩估计的正态分布的两个参数分别对应样本的均值和标准差。

一般统计书籍中都会在附录中给出正态分布的概率表,很多统计软件包中也可调取相关程序而计算之。在应用中,通常将样本数据进行标准化处理,对应的标准化正态分布 $N(0,1)$ 均值为 0,标准差为 1。

　　图 2-10 为利用正态分布描述的中国各地 1989 年 1 月平均气温的概率特征，揭示了该月不同地区冷暖状况的异常程度。假设某站观测的 1 月平均气温数据接近正态分布，利用 1961～2000 年历年 1 月气温数据，计算得到其均值和标准差，也即正态分布的两个参数。基于这个正态分布即可计算 1989 年 1 月这个样本所处的累积概率区间。其余站点可做类似操作，从而绘制得到图 2-10。由图 2-10 可大致判断，该月中国东部大部分地区相对历史同期偏暖（气温高于 70%甚至 90%以上的历年记录），而青藏高原大范围偏冷（气温可比拟最冷的 30%甚至 10%的年份）。

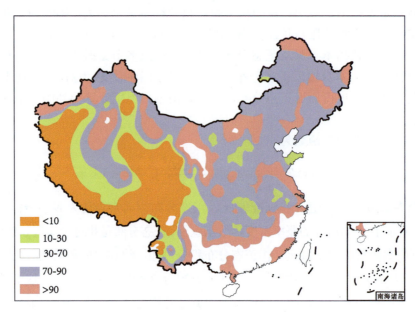

图 2-10　中国各地 1989 年 1 月平均气温的概率特征

2.6.6　Gamma 分布

　　很多气象变量的数据分布是非对称的，且取值为非负值，如日降水量和风速等都是正偏态分布。Gamma 分布可用来描述这类数据的分布特征，其概率密度函数表达式为

$$f(x) = \frac{(x/\beta)^{\alpha-1}\exp(-x/\beta)}{\beta\Gamma(\alpha)}, \, x,\alpha,\beta > 0 \qquad (2\text{-}15)$$

式中，两个参数分别称为形状参数 α 和尺度参数 β。

　　形状参数 α 决定 Gamma 分布呈现的多种形态，如图 2-11 所示。当 α 小于 1 时，分布的右偏性强；当 α 等于 1 时，Gamma 分布简化为指数分布，在大气科学中常用来分析雨滴大小的分布特征，也就是 Marshall-Palmer 分布；当 α 大于 1 时，概率密度函数通过原点，呈现单峰形状。随着 α 的增加，右偏性逐渐减弱。当 α 取值大于 50 后，Gamma 分布接近正态分布。尺度参数 β 决定 Gamma 分布形态的伸缩性。$\beta = 2$ 对应卡方分布，在现代统计理论中有广泛应用。Pearson 于 1900 年建立卡方分布，用于检验理论分布与实际分布之间是否有显著差异。

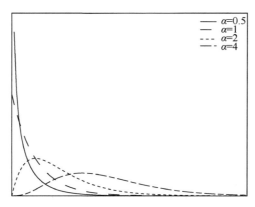

图 2-11　Gamma 分布对应不同形状参数 α 的概率密度函数

对于 Gamma 分布采用矩估计法估计参数的效果差（尤其是参数 α 较小的情形），因此多采用极大似然法（Thom，1958；Greenwood and Durand，1960）估计。一般统计书籍会在附录中给出 Gamma 分布的概率表，很多统计软件也有相应的计算程序。

Gamma 分布在气候研究中有着广泛的应用。一个典型案例是：McKee 等（1993）用 Gamma 分布推测降水资料用于计算标准化降水指数（standardized precipitation index，SPI）。SPI 是一个标准化指数，正值表示偏湿，负值表示偏干，可用于不同地点多种时间尺度干湿状况的比较分析。另一个有趣的研究案例是：Yan 等（2002a）基于 Gamma 分布，构建了一个区域逐日最大风速的气候学模型，并进而发展了局地极端风速变化与全球气候变化及大尺度环流指标相联系的广义线性模型（详见第 6 章）。

2.6.7　极　值　分　布

极值代表较为罕见的极端事件。由于极端事件对社会经济等各方面影响巨大，因而也受到气候研究的特别关注。为获得极值样本数据，可将所有样本数据分为 n 组（一般每组包含同样多的 m 个数据），选择每组中最大的值，即获得 n 个极值样本。例如，从 20 年的逐日气温、降水记录中选取每年最高温、最大日降水量，即可获得 20 年的极端气温、极端降水等极值样本（对应 $n=20$，$m=365$ 或 366）。

极值类型定律（extremal types theorem）表明，无论观测样本数据本身属于何种分布，只要独立观测的次数足够多（n 和 m 足够大），则如上选取的 n 个极值必遵循广义极值分布（generalized extreme value distribution，GEV）。这一极值理论也适用于极端最小值。广义极值分布的概率密度函数为

$$f(x)=\frac{1}{\beta}\left[1+\frac{\kappa(x-\zeta)}{\beta}\right]^{-1-1/\kappa}\exp\left\{-\left[1+\frac{\kappa(x-\zeta)}{\beta}\right]^{-1/\kappa}\right\},1+\frac{\kappa(x-\zeta)}{\beta}>0 \qquad (2\text{-}16)$$

其中包含三个参数，分别为位置 ζ、尺度 β、形态 κ 参数。根据形态参数 κ 的不同取值，可将广义极值分布细分为三个子分布。

第一个子分布是 Gumbel 分布（Fisher-Tippett I 类分布）。当 $\kappa\to0$ 时，GEV 分布转

化为 Gumbel 分布，其对应的 PDF 为 $f(x) = \frac{1}{\beta}\exp\left\{-\exp\left[-\frac{(x-\varsigma)}{\beta}\right] - \frac{(x-\varsigma)}{\beta}\right\}$。由于 Gumbel 分布被广泛用于表征各种极值数据的分布特征，因而在很多语境里就被称为"极值分布"。Gumbel 分布的 PDF 右偏，当 $x=\zeta$ 时 PDF 达到最大。Gumbel 分布常用于描述极端天气气候事件，但在拟合日降水极值时会呈现其右尾过薄的问题，低估极端降水事件的发生概率。

第二个子分布是 Frechet 分布（Fisher-Tippett II 类分布）。当 $\kappa > 0$ 时，GEV 分布转化为 Frechet 分布。该分布的 PDF 随着随机变量取值增大而下降得较为缓慢，也即具有"厚尾"（heavy tail）。应用中要注意这类随机变量的一些矩是无限的，如当 $\kappa > 1/2$ 时方差无限，当 $\kappa > 1$ 时均值无限（Katz et al.，2002）。其较大累积概率对应的百分位阈值会很大。

第三个子分布是 Weibull 分布（Fisher-Tippett III 类分布）。当 $\kappa < 0$ 时，GEV 分布转化为 Weibull 分布。其 PDF 可表述为 $f(x) = \left(\frac{\alpha}{\beta}\right)\left(\frac{x}{\beta}\right)^{\alpha-1}\exp\left[-\left(\frac{x}{\beta}\right)^{\alpha}\right]$，$x, \alpha, \beta > 0$。类似于 Gamma 分布，Weilbull 分布的 PDF 包含两个参数 α 和 β，分别称为形状参数和尺度参数。其在大气科学中常用于分析风速等变量。

应用 GEV 要求观测数据的样本（m）足够大。例如，上述给出的极值取法是每年选取一个最大值构成样本序列，这就导致大量数据用不上。尤其是某些年份极端事件较多，可能有相当多数据超过其他年份最大值，但却没被选用。因而，常用的另一种方法是：在所有记录中选择 k 个最大的数据，也称为超阈值峰值（peaks-over-threshold，POT）方法。这种选法要注意的是，在一次连续发生的极端事件过程中，只能选择其中最大的一个。总之，如何选择极值是经验性的，通常采用拟合优度检验来判断所用的极值分布是否合理，应用中还要考虑拟合的极值分布能否较好地估计尾部概率。

极值分布的一个典型应用是计算极端事件的重现值（return value）和重现期（return period）。重现期表征某种极端事件再次出现的时间，重现期越长的事件越极端（如百年一遇的极端事件比 5 年一遇者更极端等），其在极值分布中对应的阈值（即重现值）也越大。设有极值随机变量 X 代表气候变量（如温度、降水等）的年最大值，其 PDF 为 $f(x)$，则其 10 年重现期的阈值 X_{10} 满足：

$$\Pr\{X > X_{10}\} = \int_{X_{10}}^{\infty} f(x)\,\mathrm{d}x = \frac{1}{10} \tag{2-17}$$

类似地，可计算其 T 年重现期对应的重现值 X_T。需要强调的是，T 年一遇的事件并不是意味着必然每隔 T 年发生一次，而是指其在任一年的发生概率为 $1/T$。这相当于一次 Bernoulli 实验，$p = 1/T$，即事件发生的概率为 p，不发生的概率为 $1-p$。

基于极值分布的累积分布函数（CDF），也可计算极端事件的重现期和重现值。如图 2-12 所示，某种气候要素的年最大值满足 Gumbel 分布，其 2 年重现值对应的 CDF 值为 50%，而 10 年重现值对应的 CDF 值为 90%。

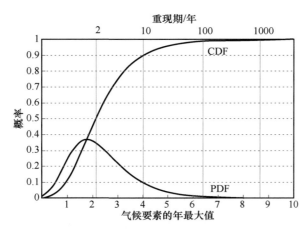

图 2-12　某种气候要素年最大值的 Gumbel 分布的 PDF 和 CDF

垂直线指示 2 年、10 年、100 年以及 1000 年重现期（上横轴）及其对应的重现值（下横轴）

2.6.8　分位数对比图

将一组数据 x_i 采用某种理论分布进行拟合后，可对拟合结果进行检验，即拟合优度检验。第 3 章将给出几种常用的拟合优度统计检验方法，除此之外，也可用图例的方式定性分析拟合效果，常用的方法有分位数对比（quantile-quantile，Q-Q）图。该方法是将原始数据与经验累积概率通过所采用的理论分布反变换得到的取值绘制散点图，即横、纵坐标分别为 $(F^{-1}[p(x_{(i)})], x_{(i)})$。这里的 $F^{-1}[p(x_{(i)})]$ 表示依据所采用的某种理论分布对累积概率进行反变换（见累积概率介绍部分）。累积概率 $p(x_{(i)})$ 由式（2-6）计算得到，通常多采用 $p(x_{(i)}) = (i-1/3)/(n+1/3)$。$x_{(i)}$ 表示数据 x_i 由小到大排序后的数据值。

图 2-13 给出了采用正态分布对北京密云站 1961～2010 年夏季平均温度进行拟合后的 Q-Q 图。由图 2-13 可见，原始数据与正态分布反变换后的取值所构成的散点基本落在 1∶1 的对角线上，这说明采用正态分布可以很好地拟合北京密云站夏季平均温度数据。

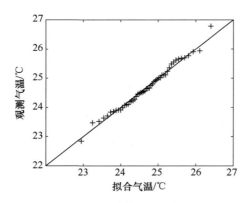

图 2-13　正态分布拟合北京密云站 1961～2010 年夏季平均温度的 Q-Q 图

思 考 题

设有两个气候变量序列 X 和 Y，样本量均为 n。令 X 和 Y 分别代表北京延庆和天津两站 1961～2010 年夏季平均温度（附表），试解以下题目。

1. 计算并比较 X 的中位数、平均数、剪裁平均值。
2. 绘制 X 的柱状图及累积经验频率分布图。
3. 绘制 X 和 Y 的盒须图，并比较基本统计特征。
4. 计算并绘制 X 序列时滞 $k=0$ 到 $k=3$ 的自相关序列图。
5. 计算 X 和 Y 序列的 Pearson 线性相关和 Spearman 秩相关系数。
6. 用正态分布拟合 X，并估计其 90% 累积概率对应的阈值。
7. 用正态分布拟合 X，并绘制 Q-Q 图。

附表　北京延庆和天津两站 1961～2010 年夏季平均温度　　（单位：℃）

年份	北京延庆站（X）	天津站（Y）
1961	22.9	26.4
1962	22.3	25.5
1963	23.3	26.5
1964	22.1	25.3
1965	22.4	25.6
1966	22.3	25.4
1967	22.2	25.6
1968	22.5	26.0
1969	21.2	24.8
1970	21.5	24.4
1971	22.0	25.3
1972	23.2	26.3
1973	21.6	24.6
1974	21.9	24.9
1975	22.8	25.9
1976	20.8	23.8
1977	21.5	25.3
1978	22.2	26.0
1979	21.1	24.7
1980	22.3	25.6
1981	22.7	26.0
1982	21.5	25.6
1983	22.3	26.5
1984	22.3	25.8
1985	22.0	25.5

续表

年份	北京延庆站（X）	天津站（Y）
1986	21.6	25.4
1987	21.5	25.6
1988	22.3	25.7
1989	22.0	25.7
1990	22.1	25.9
1991	22.4	26.0
1992	21.8	24.9
1993	22.2	24.8
1994	23.5	27.1
1995	21.8	24.9
1996	21.6	24.8
1997	23.6	26.9
1998	22.2	25.7
1999	23.1	26.3
2000	24.1	27.2
2001	23.1	26.5
2002	22.9	25.8
2003	22.5	25.4
2004	22.0	25.1
2005	23.4	26.4
2006	22.7	26.2
2007	23.8	26.5
2008	22.7	25.7
2009	23.5	26.2
2010	23.7	26.1

第 3 章 显著性检验

统计分析的结果或模型是否合理可信？这需要运用统计假设检验或通常所说的显著性检验来加以判断。本章概述气候分析中常用的统计假设检验的有关概念，并分别介绍一些传统的参数检验、拟合优度检验以及非参数检验方法。

3.1 基 本 概 念

样本分布是统计检验要用到的一个基本概念。一个统计量可由一组样本数据计算获得一个具体值；若由 n 组不同的样本数据来计算则可获得 n 个值；这 n 个值的概率分布就叫该统计量的样本分布。样本分布描述了统计量可能取到某个值的概率大小。

原分布则是统计假设检验的主体（待检统计量）应遵循的概率分布，即满足"原假设"的分布。

原假设也称为零假设（记为 H_0）。通常 H_0 是统计检验试图去拒绝的一个假设，应遵循代价最小化原则。例如，设 H_0 为"房间里有蟑螂"，若要反驳之，就需搜索房间的每个角落，因为某个角落没有蟑螂并不说明其他角落也没有，这样反驳原假设所需付出的代价高。反之，若设 H_0 为"房间里没有蟑螂"，则在任一角落发现蟑螂就可推翻原假设。后者使统计推断更易实现。原假设的对立假设也称为备择假设。

显著性检验的一般步骤如下。

（1）明确要检验的统计量。参数检验的统计量通常对应理论分布中参数的样本估计值；非参数检验则可自由定义统计量。

（2）设立 H_0，通常为有待否定的一个假设，如"两组样本属于同一个分布"。

（3）确定待检验统计量在满足 H_0 前提下应遵循的概率分布（原分布）。例如，两组样本均值之差可用 t 分布，方差之比可用 F 分布。

（4）若样本统计量的值落在原分布的"否定域"，则拒绝 H_0。否定域也称拒绝域，即统计检验的显著性水平（通常用一个小概率值来表示，记为 α）对应原分布中一个小概率值域。

统计检验的显著性水平由研究者主观选定。例如，取 $\alpha = 0.05$ 时，若样本统计量值落在否定域，即原分布尾部概率不大于 5% 的值域内，则拒绝 H_0。反过来看，若记样本统计量值对应的原分布尾部概率为 P 值，则 P 值很小即可拒绝 H_0。应用中可借助统计显著性检验表或统计软件实现上述检验过程。

在选定显著性检验水平的情况下，还需注意采用双侧检验还是单侧（左或右侧）检验。若统计量的样本计算值可能落入原分布的两侧（两尾），则为双侧检验；若只可能落入原分布左或右侧，则为左或右侧检验。双侧检验适用于统计量较大或较小均不符合 H_0、通常对应备择假设为"H_0 不正确"的情形。对于显著性水平 α，若样本统计量大于原分布右侧 $(1-\alpha/2)\times100\%$ 概率阈值，或小于左侧 $(\alpha/2)\times100\%$ 概率阈值，则拒绝 H_0。

　　统计假设检验存在两类错误的可能性。第一类错误：H_0 是正确的，但检验结果却错误地拒绝了它，属于"弃真"的错误，用显著性水平 α 表示其可能性，即图 3-1 中红色阴影部分。第二类错误：H_0 是不正确的，但检验结果却错误地接受了它，属于"纳伪"的错误，用 β 表示其可能性，即图 3-1 中黑色阴影部分。从图 3-1 可见，统计检验不能同时减小两类错误的可能性，减小其中一类错误的可能性，必然会增加另一类错误的可能性。

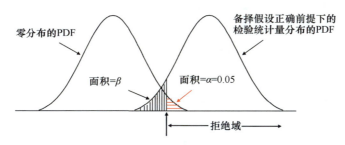

图 3-1　统计假设检验出现两类错误的概率示意图
红色阴影表示第一类错误；黑色阴影表示第二类错误

3.2　参　数　检　验

　　第 2 章已指出，理论分布由若干参数决定。要考察一组气候数据或统计量是否遵从某种理论分布，可简化为对该分布参数的检验，因而也叫参数检验。下面介绍几种气候分析中常用的参数检验方法。

3.2.1　单样本均值的显著性检验

　　最简单也是常用的统计检验之一是正态分布的均值检验。原假设 H_0 为：观测样本来自均值为 μ_0 的总体分布。检验用到的 t 分布为对称分布，非常类似于标准正态分布，但其两侧极值概率大于正态分布。t 分布只有一个参数 υ，可取任意正整数，称为自由度。当 υ 无限增大时，t 分布趋近于正态分布。实际上 υ 大于 30 后，两者的分布曲线就非常接近了。若已知总体方差，则也可用正态分布进行检验；然而对于小样本（气候数据较少）的情形，建议采用 t 检验。t 检验的统计量为

$$t=\frac{\bar{x}-\mu_0}{[s^2/n]^{1/2}} \tag{3-1}$$

式中，μ_0 为总体均值；$\bar{x}$ 为样本均值；n 为独立样本个数（具体见下文）；s 为样本标准差；自由度 $\upsilon=n-1$。给定显著性水平（如 $\alpha=0.05$），可查 t 分布表或借助统计软件推断是否接受原假设。

3.2.2　双样本均值差异的显著性检验

　　两组独立样本的平均值是否存在显著差异？气候分析中常见这样的问题，如两类冬季天气形势下的平均 500mb[①]高度场是否显著不同，气候模拟中 CO_2 浓度加倍后某地夏季气温是否显著升高，等等。一般说来，两组样本无论是否来自相同的总体，其平均值或多或少都存在差异。统计检验就是要推断多大的差异是显著的。这里的 H_0 是：两组样本平均值无显著差异。

　　若 H_0 成立，则两组样本平均值之差近似满足正态分布（只要样本足够大或两组样本都遵从正态分布）。检验统计量为

$$z = \frac{(\overline{x}_1 - \overline{x}_2) - E[\overline{x}_1 - \overline{x}_2]}{\left(\mathrm{var}[\overline{x}_1 - \overline{x}_2]\right)^{1/2}} \tag{3-2}$$

式中，$\overline{x}_1$ 和 $\overline{x}_2$ 为两组样本平均值。若 H_0 成立，当两组样本的方差在统计意义上不相等时，检验统计量为

$$z = \frac{\overline{x}_1 - \overline{x}_2}{\left[s_1^2/n_1 + s_2^2/n_2\right]^{1/2}} \tag{3-3}$$

　　当两组样本的方差在统计意义上相等时，则可计算融合方差 $s_{\mathrm{p}}^2 = \dfrac{\mathrm{d}f_1 s_1^2 + \mathrm{d}f_2 s_2^2}{\mathrm{d}f_1 + \mathrm{d}f_2}$，其中 s 为样本标准差，$\mathrm{d}f$ 表示样本数据的自由度，对于独立数据 $\mathrm{d}f_1 = n_1 - 1$，$\mathrm{d}f_2 = n_2 - 1$，则检验统计量为

$$z = \frac{\overline{x}_1 - \overline{x}_2}{\left[s_{\mathrm{p}}^2/n_1 + s_{\mathrm{p}}^2/n_2\right]^{1/2}} \tag{3-4}$$

　　若为小样本，则式（3-2）～式（3-4）中的 z 均改为 t，即采用 t 分布检验。其中公式（3-3）对应的 t 分布的自由度 $\upsilon = \min(n_1, n_2) - 1$，公式（3-4）对应的 t 分布的自由度 $\upsilon = \mathrm{d}f_1 + \mathrm{d}f_2 = n_1 + n_2 - 2$。通常用 t 分布处理小样本问题，这是因为这种情况下数据分布尾部比较厚重，更适于 t 分布。

　　根据式（3-3）和式（3-4），若分子数值较小，则容易接受 H_0（即两组数据平均值没有显著差异）；若分子大于分母的两倍，则在 0.05 显著水平上拒绝 H_0（双侧）。

　　若两组样本数据是成对的，其间存在正相关，则可能导致式（3-2）中的样本方差被高估而使 H_0 更容易被接受。例如，两地某月同时观测的温度样本存在正相关，即一地高温，另一地也偏高温，则月平均温度的变化中有一部分是两地共有的。这样的话，上述公式的分子（两地温度平均值之差）会消除共有变化的部分，但分母中分别计算的方差却不会消除两者共有变化的影响，从而导致待检统计量 Z 偏小而更易接受 H_0。因而，对于具有正相关的两组数据，即使两者均值存在有意义的差异，却可能被误判为"无

[①] 1mb=10^2Pa。

显著差异"。一个常用的解决方案是,先将两组成对数据相减成一组差值数据,再用单样本的均值检验法来检验"其均值为 0"与否。

样本数据不独立还可源于样本时间序列具有持续性或自相关。持续性会增大序列时间平均量的方差,如逐日的天气观测序列一般都具有自相关,基于逐日观测计算的月、季平均值的方差较大。这种情况下,式(3-2)分母中针对"独立样本"估算的时间平均值的方差是偏小的,导致高估统计量 Z,也就增大了 H_0 被拒绝的可能性。为此,需要用有效样本自由度,即独立样本数,来代替公式中的样本数。

假如样本数据的持续性满足一阶自回归过程,则独立样本数 n' 可采用下式计算:

$n' \approx n \dfrac{1-\rho_1}{1+\rho_1}$,其中 ρ_1 为时滞 1 的自相关系数。由此可见,较强持续性(ρ_1 较大)对应较小的独立样本数。许多书籍或文献中给出了独立样本数或有效自由度的计算公式,如 von Storch 和 Zwiers(2002),此处不再赘述。

3.2.3　单样本的方差显著性检验

单样本方差的显著性检验关注的问题通常是总体方差是否等于某个常量,因此原假设为 H_0: $\sigma^2 = \sigma_0^2$,检验统计量为

$$\chi^2 = \frac{(n-1)s^2}{\sigma_0^2} \tag{3-5}$$

在原假设成立且均值未知的条件下,该统计量服从自由度 $\upsilon = n-1$ 的卡方分布,故对单样本方差的检验可采用卡方检验。在总体均值已知的情况下,检验的统计量为

$$\chi^2 = \sum_{i=1}^{n} \left(\frac{x_i - \mu}{\sigma_0^2} \right)^2 \tag{3-6}$$

该统计量服从自由度 $\upsilon = n$ 的卡方分布。

3.2.4　双样本的方差显著性检验

对双样本方差检验关注的问题通常是两个总体的方差是否相等,原假设可设为 H_0: $\sigma_1^2 / \sigma_2^2 = 1$,检验统计量为

$$F = \frac{S_1^2}{S_2^2} \tag{3-7}$$

在原假设成立的条件下,该统计量服从自由度为 $\upsilon_1 = n_1 - 1, \upsilon_2 = n_2 - 1$ 的 F 分布。故对双样本方差是否相等的检验可采用 F 检验。 F 检验是常用的方差齐性检验方法,但对检验量的正态性要求高。若被检验的数据不满足正态分布,则该方法的稳健性差,可采用非参数方法进行检验。

3.2.5 相关系数的显著性检验

t 检验还可用来检验两个变量相关的显著性。原假设为两变量之间的相关系数为 0，即 H_0： $\rho = 0$ ，检验统计量为

$$t = \sqrt{n-2} \frac{r}{\sqrt{1-r^2}} \tag{3-8}$$

式（3-8）满足自由度 $\upsilon = n - 2$ 的 t 分布。其中，r 为两组样本数据的相关系数。对于存在时间持续性的数据样本，应考虑有效自由度。可分别计算两组数据的有效自由度并取平均，或更严格地选择较小的自由度。

3.3 拟合优度检验

第 2 章介绍了常用于拟合气候数据的理论分布，亦称参数分布。要考察参数分布拟合气候数据的程度，可用图示的办法，如分位数对比图（Q-Q 图），定性对比样本分布与参数分布，从而直观地判断拟合程度以及拟合不佳的具体位置。下面介绍几个定量的拟合优度检验方法。与普通的显著性检验不同，拟合优度的检验是试图支持零假设 H_0，即样本数据来自于某种理论分布。

3.3.1 卡 方 检 验

卡方检验是最常用的拟合优度检验方法之一。该方法是将样本分布柱状图与某种离散变量的概率分布或连续变量的概率密度函数进行比较；该方法由于要将数据分为离散的数据组，因此更适于离散随机变量。对于连续变量，该方法在将数据四舍五入分组的情况下，可能会造成信息损失。卡方检验的统计量为

$$\chi^2 = \sum_{\text{classes}} \frac{(\#\text{obs} - \#\text{exp})^2}{\#\text{exp}} = \sum_{\text{classes}} \frac{(\#\text{obs} - n\Pr\{\text{datainclass}\})^2}{n\Pr\{\text{datainclass}\}} \tag{3-9}$$

式中，#obs 为每一组（class）的观测样本数；#exp 为理论分布在相应值域内期望的样本数，后者等于理论分布的相应值域概率与样本容量 n 的乘积。如果理论分布非常逼近观测数据，则每一组的期望数据个数与观测数据个数接近，则公式中分子值很小，易接受 H_0；但如果两者差异较大，则分子由于平方的作用而迅速扩大，易拒绝 H_0。分组原则上要求每一组的期望数据个数不能太小，一般应用中至少要有 5 个；每组的概率或者值域范围可以不相等。

该统计量遵从自由度 $\upsilon =$ 组数–理论分布参数个数–1 的卡方分布，自由度的计算中需要考虑被检验的理论分布的参数个数，如正态分布或 Gamma 分布的参数个数为 2。由于待检统计量为正值，其较小的值支持零假设，因而为右侧检验。

3.3.2　K-S 检验

单样本的 Kolmogorov-Smirnov（K-S）检验也是最常用的分布拟合优度的检验方法之一。卡方检验比较的是观测数据和理论分布的 PDF，而 K-S 检验对比的是两者的 CDF。当观测数据和理论分布的 CDF 之间的差异达到一定程度时，则拒绝 H_0。

K-S 检验的原始形式可应用于任何分布，其中分布参数不由样本估计获得。然而，通常研究者所使用的理论分布的参数是由样本估计的，这有利于拟合分布向样本逼近。K-S 检验要求检验数据与分布的参数估计无关，因此检验临界值的选择成为关键。Lilliefors（1967）改进了原始 K-S 检验方法，K-S（Lilliefors）检验统计量为

$$D_n = \max |F_n(x) - F(x)| \tag{3-10}$$

式中，$F_n(x)$ 为经验累积概率；$F(x)$ 由理论累积分布函数计算得到。

如果 H_0 正确，则说明理论分布能较好地拟合样本数据。然而，理论分布与样本分布之间总有差异。多大的差异才足以拒绝 H_0，这依赖于所选择的检验水平、样本容量、所选用的分布等。作为一个例子，表 3-1 列出 Gamma 分布拟合优度的 Lilliefors 检验临界值随显著性水平、样本容量 n 和参数 α 的变化。当 n 增大时，检验临界值减小，说明样本量越大，检验统计值越小才能接受 H_0。$\alpha \to \infty$ 时，Gamma 分布逼近正态分布。

表 3-1　采用 Lilliefors 检验 Gamma 分布拟合优度，不同参数 α、显著性水平、样本容量 n 对应的检验临界值（Crutcher，1975）

α	显著性水平 20%			显著性水平 10%			显著性水平 5%			显著性水平 1%		
	$n=25$	$n=30$	更大 n	$n=25$	$n=30$	更大 n	$n=25$	$n=30$	更大 n	$n=25$	$n=30$	更大 n
1	0.165	0.152	$0.84/\sqrt{n}$	0.185	0.169	$0.95/\sqrt{n}$	0.204	0.184	$1.05/\sqrt{n}$	0.241	0.214	$1.20/\sqrt{n}$
2	0.159	0.146	$0.81/\sqrt{n}$	0.176	0.161	$0.91/\sqrt{n}$	0.190	0.175	$0.97/\sqrt{n}$	0.222	0.203	$1.16/\sqrt{n}$
3	0.148	0.136	$0.77/\sqrt{n}$	0.166	0.151	$0.86/\sqrt{n}$	0.180	0.165	$0.94/\sqrt{n}$	0.214	0.191	$1.08/\sqrt{n}$
4	0.146	0.134	$0.75/\sqrt{n}$	0.164	0.148	$0.83/\sqrt{n}$	0.178	0.163	$0.91/\sqrt{n}$	0.209	0.191	$1.06/\sqrt{n}$
8	0.143	0.131	$0.74/\sqrt{n}$	0.159	0.146	$0.81/\sqrt{n}$	0.173	0.161	$0.89/\sqrt{n}$	0.203	0.187	$1.04/\sqrt{n}$
∞	0.142	0.131	$0.736/\sqrt{n}$	0.158	0.144	$0.805/\sqrt{n}$	0.173	0.161	$0.886/\sqrt{n}$	0.200	0.187	$1.031/\sqrt{n}$

注：第一列为 Gamma 分布参数 α，其中 $\alpha \to \infty$ 对应高斯分布。

3.3.3　Smirnov 检验

Smirnov 检验是双样本的 K-S 检验。零假设 H_0 为：两组数据来自相同的分布。检验统计量为

$$D_s = \max |F_n(x_1) - F_m(x_2)| \tag{3-11}$$

其代表两组样本（x_1 和 x_2）的经验累积分布函数 [$F_n(x_1)$ 和 $F_m(x_2)$] 的最大绝对差。这是一个单侧检验，如果 $D_s > [-\frac{1}{2}(\frac{1}{n_1} + \frac{1}{n_2})\ln(\frac{\alpha}{2})]^{1/2}$，则在 α 的显著水平上拒绝 H_0。

3.3.4　Anderson-Darling 检验

Anderson-Darling（A-D）检验是对 K-S 检验的修改，相对于 K-S 检验而言，A-D 检验统计量的尾部权重加大，因此能更好地评估理论分布尾部拟合的效果。A-D 检验临界值随所检验分布不同而变化。目前已有对应检验临界值的参数分布包括：正态分布、均匀分布、对数正态分布、指数分布、Weibull 分布、极值类型 I 分布、广义 Pareto 分布以及逻辑分布等。该方法是卡方检验和 K-S 检验的备选方法。其检验统计量为

$$A\text{-}D = -n - \frac{1}{n}\sum_{i=1}^{n}(2i-1)\left\{\ln F(x_i) + \ln\left[1 - F(x_{n-i+1})\right]\right\} \tag{3-12}$$

式中，n 为样本容量；$F(x)$ 为所检验分布的 CDF；x_i 为从小到大排列的第 i 个样本。

图 3-2 给出采用 4 种分布拟合巴西南部极端降水事件的三种拟合优度检验方法的结果。可见，针对该地区极端降水事件拟合效果最好的分布是 Kappa 分布，图中显示其拟合效果好的站点数最多。GEV 分布次之。

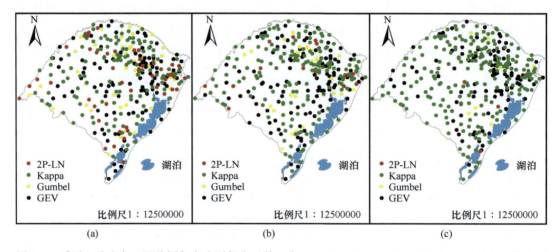

图 3-2　采用 4 种分布（四种颜色点分别代表对数正态 2P-LN、Kappa、Gumbel 和 GEV 分布）拟合巴西南部极端降水记录的三种拟合优度检验比较（Beskow et al.，2015）

（a）卡方检验；（b）A-D 检验；（c）Filliben 检验。图中绿色点较多说明大多数站的极端降水记录用 Kappa 分布拟合效果最好

3.4　非参数检验

非参数检验可用于以下两种情况：一是无法找到合适的理论分布；二是数据涉及的物理含义复杂，无法得到解析的参数分布。非参数检验的基本步骤与参数检验是类似的，差别在于其中的"原分布"取法不同。非参数检验的原分布是经验性的，因而在应用中可自由地选择相关统计量进行检验，而不必过于关注统计量的数学含义。

非参数检验可分为两类：经典的非参数检验（classical nonparametric test）和再取样检验（resampling test），后者也称为随机化检验（randomization test）、再随机化检验

（rerandomization test）或蒙特卡罗检验（Monte Carlo test），这类方法适用性更为广泛。下面分别介绍几种常用方法。

3.4.1　秩 和 检 验

秩和检验（Wilcoxon-Mann-Whitney rank-sum test）是一个经典的非参数检验方法，是在 20 世纪 40 年代由 Wilcoxon 以及 Mann 和 Whitney 创立的。检验对象为两组独立且不成对的数据，原假设 H_0 为：两者来自相同的分布，中心位置（中位数）相同。秩和检验是 t 检验的备选方法。相比 t 检验，秩和检验不受异常值的影响，且适用于不满足正态分布的数据。

若 H_0 成立，即两组数据属于同一个经验分布，则任一个数据属于其中一组或另一组都是可能的（满足可交换性）。两组数据所有可能的组合均构成同样的经验分布，尽管在分析中并不关心数据的具体分布形式。

秩和检验的统计量不是由数据值本身计算的，而是数据排序后序号的函数。具体做法是：将两组样本数据混合（满足可交换性）并排序；定义 R_1 为第 1 组数据的序号和，R_2 为第 2 组数据的序号和；H_0 成立的情况下，若两组样本容量相等则 R_1 和 R_2 应近似相等，若两组数据容量不相等则 R_1/n_1 和 R_2/n_2 应近似相等。

混合数据依据两组数据各自容量再分配的方式有很多种，穷尽所有组合方式可构成检验统计量的原分布。如果观测的 R_1 和 R_2 之差在所有分配方式所得结果中是较大的，则拒绝 H_0。在实际分析中，可建立包含 R_1 或 R_2 的 Mann-Whitney U 统计量，表达式如下：

$$U_1 = R_1 - \frac{n_1}{2}(n_1 + 1) \text{ 或 } U_2 = R_2 - \frac{n_2}{2}(n_2 + 1) \qquad (3\text{-}13)$$

检验统计量 U_1 和 U_2 的计算值的绝对值相等，但符号相反。可对二者绝对值之和进行双侧检验，也可任意选择其中一个计算值进行单侧检验。实际操作中可借助软件计算得到，如 MATLAB 统计软件包中 ranksum 命令可直接得到检验结果。

当两组观测样本容量均大于 10，则统计量近似于正态分布，其参数为：$\mu_U = \frac{n_1 n_2}{2}$，$\sigma_U = \left[\frac{n_1 n_2 (n_1 + n_2 + 1)}{12} \right]^{1/2}$。如果两组数据都是彼此不同的，则上述方差的计算有效。但如果存在较多的相同值，则可能高估样本方差，这种情况下更精确的方差估计为

$$\sigma_U = \left[\frac{n_1 n_2 (n_1 + n_2 + 1)}{12} - \frac{n_1 n_2}{12(n_1 + n_2)(n_1 + n_2 - 1)} \sum_{j=1}^{J} \left(t_j^3 - t_j \right) \right]^{1/2} \qquad (3\text{-}14)$$

式中，J 为相同数据的组数；t_j 为第 j 组的数据个数。

图 3-3 比较了冬季北大西洋涛动（NAO）为正和负位相的年份，西欧地区 8 月 SPI-12（基于 12 个月的时间尺度计算得到的 SPI 值）的多年平均距平分布及其秩和检验结果。SPI 的数据虽然是标准化的，但实际 SPI 值并不一定服从正态分布，可能存在有些年份

极端大（湿润事件多）或小（干旱事件多）的情况，数据分析体现为正偏态或负偏态。因此，图 3-3 中的实例采用秩和检验来判断冬季 NAO 异常的年份相对于其他年份的平均 SPI-12 值之差是否显著，图中细线围成的彩色区为通过显著性检验的地区。由图 3-3 可见，在冬季 NAO 正（负）位相年，南（北）欧更可能发生干旱。

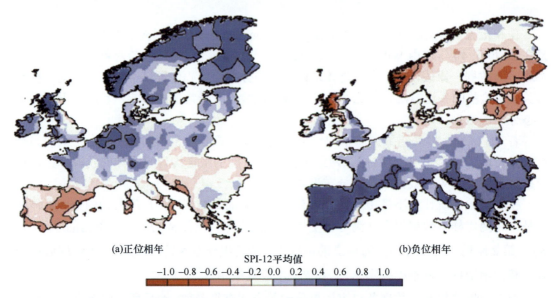

图 3-3　冬季 NAO 正、负位相年对应的西欧 8 月 SPI-12 平均值（López-Moreno and Vicente-Serrano,2008）
细线围起的彩色区域的 SPI-12 平均值在正/负位相年与其他年份存在显著差异

3.4.2　符号秩检验

符号秩检验（Wilcoxon signed-rank test）适用于成对双样本是否来自于同一分布或中位数是否相等的检验。满足 t 检验的问题也可采用该方法检验。检验统计量依赖于成对样本差值绝对值的排序，而不是原数据值，故该方法也不要求数据满足特定分布。

原假设 H_0 为：两组样本来自同一分布。检验统计量基于两组数据 x_i 和 y_i 差值绝对值的排序构建，即先计算成对样本的差值 $D_i = x_i - y_i$，D_i 可正可负，取其绝对值然后对所有差值绝对值 $|D_i|$ 进行排序，求得相应的秩，即 $T_i = \text{rank} \, |D_i| = \text{rank} \, |x_i - y_i|$，最后对所有差值为正（或负）的样本对所对应的秩求和即检验统计量 $T^+ = \sum_{D_i>0} T_i$ （或 $T^- = \sum_{D_i<0} T_i$）。若数据对中存在 $|D_i|$ 相等的情况，则平均分配秩的大小。若出现数据对同值的情况，则丢弃该对数据，样本容量由 n 变为 n'，后者是不同值数据对的个数。若 H_0 成立，则任一成对数据之差（D_i）出现正号和负号的机会应接近均等，也即意味着样本差为正或负的秩和接近相等，即 $T^+ \approx T^-$。通常当 n' 大于 20 时，该统计量近似服从正态分布，对应的参数为：$u_{T^+} = \dfrac{n'(n'+1)}{4}$，$\sigma_{T^+} = \left[\dfrac{n'(n'+1)(2n'+1)}{24} \right]^{1/2}$。此时，可基于正态分布进行检验，如果观测数据的 T^+ 计算值较大或较小，则拒绝 H_0。

图 3-4 显示了在 RCP8.5 情景下 CMIP5 多模式模拟的 21 世纪末期年极端最低温和极端最高温中位数与 20 世纪末期结果的差异及其检验结果。未来数据时间范围为 2081~2100 年,历史参考期为 1981~2000 年,两组数据长度相同,可采用符号秩检验。检验结果显示,极端最低温未来增大更显著,尤其是北半球中高纬地区,增温中心位于北极附近地区。

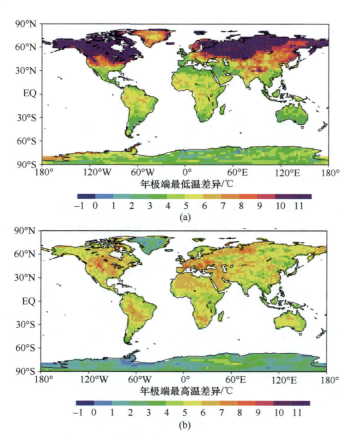

图 3-4 CMIP5 多模式模拟 RCP8.5 情景下 2081~2100 年极端最低温(a)和极端最高温(b)中位数
与参考期 1981~2000 年的差异(Sillmann et al.,2013)
所有差异均通过 0.05 显著性检验

3.4.3 Lepage 检验

Lepage 检验同样适用于总体分布未知的两组样本是否来自同一分布的显著性检验。它的原假设 H_0:两组样本所属总体的均值相等,方差比为 1。可见,虽然都是检验两组样本是否来自同一个总体,但秩和检验与符号秩检验只假定总体均值或中位数相等,而 Lepage 检验则同时假定总体均值和方差均相等,对均值和方差同时做出检验。因此,Lepage 检验是一种功效更强的检验。对 Lapage 检验多次使用,可检验两组样本是否存在线性趋势、周期变化以及阶梯状变化等显著差异(Yonetani and McCabe,1994)。Lapage 检验统计量的计算过程如下:对于两组样本 X 和 Y,容量分别为 n_1 和 n_2。首先合并这两组样本,

样本容量为 $n = n_1 + n_2$，然后对合并后的样本进行排序，若第 i 个数据属于样本 X 则记为 $u_i = 1$，若属于样本 Y 则记为 $u_i = 0$。建立 Lepage 检验统计量（Liu et al.，2011）为

$$\text{HK} = \frac{[W - E(W)]^2}{V(W)} + \frac{[C - E(C)]^2}{V(C)} \tag{3-15}$$

其中：

$$W = \sum_{i=1}^{n} i u_i \; ; \quad E(W) = \frac{1}{2} n_1(n+1) \; ; \quad V(W) = \frac{1}{12} n_1 n_2 (n+1) \; ;$$

$$C = \sum_{i=1}^{n_1} i u_i + \sum_{i=n_1+1}^{n} (n-i+1) u_i \; 。$$

当 n 为偶数：$E(C) = \frac{n_1(n+2)}{4} \; ; \quad V(C) = \frac{n_1 n_2 (n+2)(n-2)}{48(n-1)} \; 。$

当 n 为奇数：$E(C) = \frac{n_1(n+1)^2}{4n} \; ; \quad V(C) = \frac{n_1 n_2 (n+1)(3+n^2)}{48n^2} \; 。$

从以上的公式中可以看出，HK 统计量实际上是标准化的两个统计量的平方和，前一个统计量即前面介绍的 Wilcoxon 统计量，后一个统计量称为 Ansariy-Bradley 统计量，常用于检验两组样本的方差是否相等。在大样本条件下，HK 统计量服从自由度 $\upsilon = 2$ 的卡方分布，因此计算出 HK 之后，可在给定的显著性水平下进行卡方检验。

Lepage 检验统计量值（HK）大于 4.21、5.99、9.21 分别对应显著性水平为 0.1、0.05、0.01 的检验。如图 3-5 所示，中国东南部夏季降水在所研究的两个时期之间存在显著差异（图中位于 22°N～30°N 及 6～8 月的阴影部分），最大的月降水差异可达 100mm。

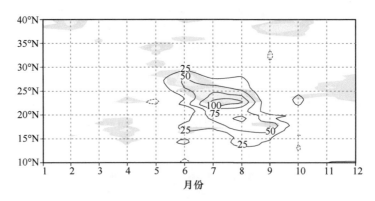

图 3-5　100°E～120°E 各月降水之 1979～1993 年平均值与 1994～2002 年平均值的差异（Kwon et al., 2007）
阴影部分为通过 0.05 显著水平的 Lepage 检验

3.4.4　双样本置换检验

这是一种再取样检验方法。双样本置换检验（permutation test）的取样方式（即构造人为数据组）为不放回取样。这是不同于 Bootstrap 检验的关键点。该方法类似于秩和检验，满足可交换性，即原假设下所有数据来自相同的分布，则某个数据值可任意属

于这个样本或另一个样本。但与秩和检验不同的是，该方法适用于任何检验统计量，也可用于矢量数据分析（Mielke et al.，1981；Zwiers，1987），通常进行 1000～10000 次再取样处理可得到原分布，从而从中确定置信范围以及检验临界阈。

具体而言，假设现有两组样本 X 和 Y，容量分别为 n_1 和 n_2，通常的检验步骤包括：

（1）在原假设两组数据来自相同分布的前提下，合并两组数据（$n = n_1 + n_2$，类似秩和检验，满足可交换性）；

（2）利用计算机从合并数据 n 中随机抽取两组容量仍为 n_1 和 n_2 的新样本；

（3）重复步骤（2）的操作，依据数据容量可构建 1000～10000 次的新样本，从而完成再取样过程；

（4）依据所感兴趣的物理问题构建检验统计量，如两组数据方差的比值等；

（5）针对该检验统计量，计算新建立的 1000～10000 个样本对的数值；

（6）建立 1000～10000 个检验统计量计算值的概率分布，并确定临界阈（如 $\alpha = 0.05$）的范围；

（7）计算原样本 X 和 Y 的检验统计量值，判断是否落入拒绝阈，从而明确检验结果。

从上述检验过程可见，该检验方法与参数检验最大的区别在于检验统计量概率分布的获取方式不同，参数检验可直接由参数分布确定，而再取样检验则基于大量再取样数据的统计量计算值构建分布。

3.4.5　单样本 Bootstrap 检验

对于单样本数据，不放回取样无法构建多组数据集，则置换检验方法失效。为此，Bootstrap 检验的取样方式为放回取样。这个取样方法也符合实际观测的情况，因为当某个数据被观测到后，并不能排除该数据再次被观测到的可能性。

Bootstrap 方法的具体步骤类似置换检验，首先需要对原数据进行多次随机取样，但取样过程中已选出的数据还放回取样数据库中，其通常也需进行 1000～10000 次取样。依据研究需要构建检验统计量，并对再取样数据集计算检验统计量，则可建立其原分布。这种单样本的 Bootstrap 检验主要用于置信区间的估计，即利用所建立的检验统计量分布，确定置信阈或临界阈。

3.4.6　双样本的 Bootstrap 检验

若两组数据的分布特征存在差异，如中位数不同，则数据不具备可交换性，从而不适于采用置换检验。对此，可采用双样本的 Bootstrap 检验。取样方式与置换检验的不同在于两组样本 X 和 Y 不进行合并，而是各自独立取样。其原因正是已知两组数据存在分布特征差异，不可交换。

对样本 X 或 Y 的再取样过程与 Bootstrap 检验的取样相同。放回取样可能会造成有些数据被多次取出，而有些数据从不被取出，因而该检验不如置换检验精确。

思 考 题

设有两组气候变量序列 X 和 Y，容量均为 n。令 X 和 Y 分别代表北京密云和天津塘沽两站 1961～2010 年夏季降水量（附表），试解以下题目。

1. 分析 X 和 Y 序列的平均值是否存在显著差异。

2. 计算 X 序列的有效样本容量。

3. 用 F 检验分析 X 和 Y 序列的方差是否存在显著差异。

4. 分别用正态分布和 Gamma 分布拟合 X 序列，并分别采用卡方检验和 K-S 检验方法进行拟合优度检验。

5. 用符号秩检验方法分析 X 和 Y 序列的平均值是否存在显著差异。

6. 利用再取样检验方法分析 X 和 Y 序列的方差是否存在显著差异。

附表　北京密云和天津塘沽两站 1961～2010 年夏季降水量　　（单位：mm）

年份	北京密云站（X）	天津塘沽站（Y）
1961	422.4	530.5
1962	407.6	403.4
1963	383.0	315.2
1964	628.7	745.8
1965	488.9	356.9
1966	620.2	870.9
1967	687.4	500.9
1968	314.0	166.3
1969	744.8	737.4
1970	490.0	460.1
1971	402.0	361.2
1972	356.2	284.2
1973	615.7	602.5
1974	475.7	418.9
1975	352.8	552.2
1976	442.6	338.8
1977	646.8	798.9
1978	620.2	524.7
1979	575.9	298.3
1980	203.0	203.3
1981	339.9	550.5
1982	636.9	321.2
1983	314.3	243.6
1984	472.6	621.1
1985	698.6	517.5

续表

年份	北京密云站（X）	天津塘沽站（Y）
1986	542.9	327.9
1987	548.3	629.0
1988	473.5	495.1
1989	419.2	210.3
1990	569.8	482.7
1991	668.7	292.9
1992	453.0	355.3
1993	337.6	342.2
1994	799.2	374.6
1995	328.6	546.2
1996	701.1	264.3
1997	384.3	144.3
1998	441.7	467.3
1999	223.5	234.0
2000	171.5	351.9
2001	521.8	341.3
2002	368.9	222.6
2003	222.5	348.2
2004	472.3	331.6
2005	417.8	362.1
2006	461.2	266.6
2007	321.3	359.8
2008	430.1	414.7
2009	406.7	400.8
2010	289.5	488.1

第4章 回归分析

回归分析可用于探索不同变量之间的可能关系。回归（regression）这个术语是 1886 年 Galton 在研究遗传现象时引进的。如今回归分析已被广泛应用于气象诊断分析乃至天气和气候预测领域。例如，在数值天气预报的模式后处理中，运用回归分析有助于获得更实用的预报结果。本章介绍气候分析中常用的一元线性回归、多元线性回归、逐步回归和 Logistic 回归等方法。

4.1　一元线性回归

对于两个随机变量，各有 n 个样本值，可用散点图（第 2 章）体现两者的相关。一元线性回归模型相当于要寻找一条拟合 n 个散点的直线。该直线（模型）满足：给定预报因子 x 的情况下，预报量 y 与实测值的误差最小。通常的数学处理方法是使模型的"误差平方之和最小化"，也即俗称的"最小二乘法"。

具体而言，预报量 y 与预报因子 x 的关系包含如下两部分：一是线性式 $y = \alpha + \beta x$，二是由随机因素引起的误（残）差 ε，于是有

$$y = \alpha + \beta x + \varepsilon$$

为估计未知参数 α 和 β，将每对观测值 (x_i, y_i) 代入得

$$y_i = \alpha + \beta x_i + \varepsilon_i, i = 1, 2, \cdots, n$$

式中，ε_i 为独立随机变量，$\varepsilon_i \sim N(0, \sigma^2)$。

设 a 和 b 分别为参数 α 和 β 的估计值，即 $\hat{\alpha} = a, \hat{\beta} = b$，则 $y_i = a + bx_i + e_i$。预报量的估计值记为 $\hat{y}_i = a + bx_i$，残差估计值为 $e_i = y_i - \hat{y}_i$。残差平方和为：$\mathrm{SSE} = \sum_{i=1}^{n} \left[y_i - (a + bx_i) \right]^2$。选取 a 和 b 使残差平方和 SSE 最小，则有

$$\begin{cases} \dfrac{\partial \mathrm{SSE}}{\partial a} = -2\sum_{i=1}^{n} \left(y_i - a - bx_i \right) = 0 \\ \dfrac{\partial \mathrm{SSE}}{\partial b} = -2\sum_{i=1}^{n} \left(y_i - a - bx_i \right) x_i = 0 \end{cases} \tag{4-1}$$

通过求解式（4-1）可得到 a（也称截距）和 b（也称斜率）的表达式为

$$a = \overline{y} - b\overline{x} \tag{4-2}$$

$$b = \frac{\sum_{i=1}^{n}\left[(x_i - \overline{x})(y_i - \overline{y})\right]}{\sum_{i=1}^{n}\left[(x_i - \overline{x})\right]^2} \qquad (4\text{-}3)$$

对于表达式 $y_i = a + bx_i + e_i$ 而言，具有不确定性的量是残差 e_i。线性回归的残差应满足以下几个条件：独立的随机变量、数学期望为 0、方差为常数、满足正态分布，见图 4-1。若线性回归计算中残差不满足上述条件，则说明对两个变量关系的线性拟合效果差，两者之间不是简单的线性关系。

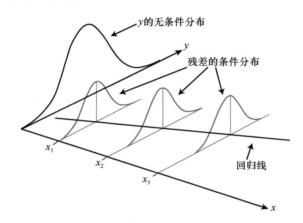

图 4-1　变量 y 对 x 的回归线及其残差随 x 的条件分布示意图（Wilks，2019）

为评估回归的效果，需要分析回归关系中预报量的方差构成，即方差分析。预报量 y 的方差由两部分组成，即回归方差和残差方差。方差分析需要考虑以下几个量。

预报量距平平方和：$\text{SST} = \sum_{i=1}^{n}(y_i - \overline{y})^2$；

回归值距平平方和：$\text{SSR} = \sum_{i=1}^{n}\left[\hat{y}_i(x_i) - \overline{y}\right]^2$；

残差平方和：$\text{SSE} = \sum_{i=1}^{n}(y_i - \hat{y}_i)^2$。

三者关系满足 SST=SSR+SSE。要注意的是，SST 的自由度为 $n–1$，其均值 SST/$(n–1)$ 即样本方差；SSR 的自由度为预报因子个数，即 1；SSE 的自由度为 $n–2$，其均值 SSE/$(n–2)$ 即残差方差。表 4-1 总结了一元线性回归方差分析所需的主要信息。

表 4-1　一元线性回归方差分析表

	自由度	距平平方和	方差	F 比值
预报量	$n–1$	SST	SST/$(n–1)$	
回归值	1	SSR	SSR/1	$F = \dfrac{\text{SSR}/1}{\text{SSE}/(n-2)}$
残差	$n–2$	SSE	SSE/$(n–2)$	

$R^2 = \mathrm{SSR}/\mathrm{SST}$，是回归方程的方差解释率（即预报量方差的被解释比率）或决定系数，反映了两个变量之间的线性关系的密切程度。斜率 b 和相关系数同号。当相关系数的绝对值为 1 时，y 和 x 为完全的线性关系，即散点图上的点全部落在拟合直线上，方差解释率为 1。当相关系数等于 0 时，二者拟合线平行于 x 轴，$R^2 = 0$，即 y 和 x 之间不存在线性相关。

建立线性回归方程后，需要对拟合效果进行显著性/拟合优度检验，可从三个角度来考察。从预报角度看，残差方差 $[\mathrm{SSE}/(n\text{--}2)]$ 是三个方差中最重要的量。它衡量观测值 y（预报量）围绕回归线的偏差大小，可以说明预报结果的精确性。若所有的观测值均落在回归线上，则 $\mathrm{SSE}=0, \mathrm{SST}=\mathrm{SSR}$，拟合完美。若无线性关系，$b=0$，则 $\mathrm{SSR}=0$，$\mathrm{SST}=\mathrm{SSE}$。值得注意的是，在实际应用中，统计回归的拟合效果好并不一定意味着预报效果也好。当回归方法用于预测时，如果存在过度拟合（这种情况下拟合效果貌似很好），则往往预报效果却很差。

也可用回归方程对样本的方差解释率来衡量回归效果的好坏，即 SSR/SST 越大，或 SSR/SSE 越大，回归效果越好。可构建回归方程的 F 检验，若原假设"回归系数 b 为 0（即不存在线性关系）"成立，则统计量 $F = \dfrac{\mathrm{SSR}/1}{\mathrm{SSE}/(n-2)}$ 服从分子自由度为 1、分母自由度为 n--2 的 F 分布。若实际计算的 F 值较大，则可拒绝原假设，说明线性回归有效。

还可从回归系数 b 的角度来考察拟合优度。由于 a 和 b 的取值由随机变量的多个样本取值以求和的方式得到，故由中央极限定律可知 a 和 b 满足正态分布。对于斜率 b，可构建 t 分布统计量 $t = \dfrac{b-0}{\sigma_b}$。原假设：$b$ 的总体均值为零（即不存在线性相关）。若 b 值很小，则 t 也很小，易于接受原假设。若 b 绝对值大，则 t 亦然，易拒绝原假设，说明线性回归关系显著。

图 4-2 给出一元线性回归的一个应用实例。利用 CMIP5 的 33 个模式中的 66 个模拟结果计算集合平均的全球温度序列，将该序列作为回归因子，与中亚区域自矫正帕尔默

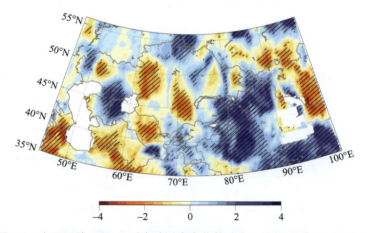

图 4-2　中亚区域 scPDSI 对全球温度变化的响应（Zhong et al.，2021a）
冷暖色分别表示湿化和干化；斜线标示回归系数 b 通过 0.05 显著水平检验的区域

干旱指数（scPDSI）（预报量）建立一元回归关系，其中斜率 b 的地理分布如图 4-2 所示。可见，全球变暖导致中亚大致呈现东南湿（图中冷色）西北干（图中暖色）的分布格局。最大范围的湿润化响应出现于研究区的东南部（包括中国新疆），干旱化响应从中亚西南向东北呈倾斜的带状分布。在这类回归分析中，需要特别关注各地回归结果是否普遍显著，图中斜线所示区域为通过显著性检验的区域。

4.2 多元线性回归

多元线性回归是天气气候研究中最常用的回归模型之一。在统计预报研究中，通常要寻找某个气象要素与多个预报因子之间的关系，可利用多元回归建立预报模型。与一元回归相同的是，多元回归也只有一个预报量；其不同点是，多元回归的预报因子不止一个。多元线性回归模型可表达为

$$y_i = \beta_0 + \beta_1 x_{i1} + \beta_2 x_{i2} + \cdots + \beta_k x_{ik} + \varepsilon_i, i = 1, 2, \cdots, n$$

式中，有 k 个待估计的回归参数 β 以及 k 个预报因子 x。求解该模型的方法类似于一元回归，即要求预报量的观测值与回归估计值的差值平方和达到最小，利用最小二乘原理获得参数的估计值。

多元线性回归的方差分析也类似一元线性回归，但其中 SSR 与 SSE 的自由度不同，见表 4-2。

表 4-2 多元线性回归方差分析表

	自由度	距平平方和	方差	F 值
预报量	$n-1$	SST	SST/$(n-1)$	
回归值	k	SSR	SSR/k	$F = \dfrac{\text{SSR}/k}{\text{SSE}/(n-k-1)}$
残差	$n-k-1$	SSE	SSE/$(n-k-1)$	

确定了回归系数，即建立了回归方程，也即确定了预报量与预报因子之间的线性关系。为了解回归分析的效果，首先可以考察回归方程能解释多少预报量方差（即方差解释率有多大）。这里的复相关系数 $R^2 = \text{SSR}/\text{SST}$ 是衡量预报量与所有预报因子之间的线性关系密切程度的指标，也由此可知所有预报因子对预报量的方差解释率。

进一步地，需对回归方程进行显著性检验，即要检验预报因子与预报量之间是否有显著的线性关系。原假设为：预报因子与预报量无线性关系，即斜率参数的总体均值为 0。前述建立的 F 检验统计量遵从自由度为 k 和 $n-k-1$ 的 F 分布。这个 F 检验只能说明回归方程整体是否显著，并不能说明每个预报因子对预报量的贡献是否显著。为此，需要对每个预报因子的贡献进行 t 检验或 F 检验。

气象变量之间通常并不是理想的线性关系，而可能是非线性的关系。在某些情况下，非线性关系可以通过变量代换转化为线性关系处理。常用的变量代换包括变量的幂函数、三角函数、指数函数、对数函数以及联合以上函数等。虽然原预报因子为非线性函数，但经过变量代换后可化为线性形式。很多应用研究中，预报因子的数学形式由所研究问题的

物理实质决定。若没有物理意义支持，则预报因子的变量代换纯粹是经验性的。对于统计预报而言，最重要的是要有好的预报效果，而并不一定要知道其所反映的物理本质。

值得强调的是，预报量与预报因子之间的关系可能由于某些条件的变化而发生变化，如季节变化、环流背景变化等。应依据不同的时间和背景条件而分别进行回归分析，如对夏季和冬季、对厄尔尼诺年和其他年份等情形，分别开展回归分析。

4.3　因子筛选和逐步回归

虽然潜在可用的预报因子很多，但并不是预报因子越多越好。事实上，回归方程包含太多预报因子会导致拟合结果好但预报效果差的"过度拟合"现象。在实际研究中需要对所建立回归方程的因子进行仔细分析和筛选，从中选择有物理意义且显著的预报因子，剔除不必要的因子。那么，如何筛选多个自变量，建立最优的回归模型呢？

最优回归模型首先要求拟合足够好，为此需要包含尽可能多的预报因子，尤其是不能遗漏对预报量有显著作用的预报因子。一般来说，回归方程包含的预报因子越多，SSE 就越小。然而，为避免过度拟合，则需要优化回归方程，即要保留有显著作用的预报因子，排除不显著的预报因子。

预报因子太多为什么容易造成过度拟合呢？虽然预报因子多有利于减小 SSE，但其中对预报量影响较小的因子的更大作用却是使 SSE 的自由度减小，从而残差方差增大，也增大了预报量置信区间。此外，许多气象因子之间存在一定的相关性，如果包含过多因子，其相关性会增大回归参数估计值的不确定性（样本分布方差大）。在多元线性回归的实际应用中，无效拟合通常不仅仅是由于用了影响小的预报因子，还可能是用了过多有意义的预报因子，后者同样也可能造成过度拟合。因此，预报因子的选择非常重要。

首先，选择的预报因子应与预报量之间存在一定的物理联系，因此研究者掌握一定物理基础有助于建立合适的回归方程。其次，可通过验证试验来检验回归方程的预测效果，即将样本数据中的一部分（如 1/4、1/3、1/2）留作独立预报量，用其余样本数据拟合回归方程；再用所拟合的方程预测独立预报量，若预测值和真实（观测）值差异非常大，就可能存在过度拟合。再者，预报方程要稳定，即拟合参数不会因为改用部分样本或新增样本数据而发生较大的变化。有研究表明，预报因子多于 12 个时，对提高多元线性回归方程拟合效果的作用会非常小。

如何确定预报因子及其与预报量样本容量之间的关系并无定论。可以肯定的是，验证试验是一个有助于检验和改善回归方程预报稳定性的基本途径。逐步回归就是通过逐步引进、逐步剔除以及双重检验等方案进行预报因子的筛选，最终建立最佳的回归方程。

逐步引进方案的基本思想是从备选预报因子中逐个选择方差贡献最大且显著的预报因子进入回归方程中，直到没有因子通过显著性检验则停止引入。该方法的缺点是不能保证最终引进的所有因子均是显著的。逐步剔除方案与之相反，即逐步剔除方差贡献最小且不显著的因子。剔除方案可保证引入的因子是显著的，但缺点是计算量大。上述两种方案建立的回归方程可能存在差异。

还有一种方案是结合上述两种方案的思路的双重检验的逐步回归。其基本思路是先引入若干显著因子（如 3 个因子）后进入剔除过程，每引入一个新因子，则对已引入的老因子逐个检验，并剔除不显著的因子。重复上述分析过程，直到无因子引进和剔除，则完成逐步回归过程。

4.4 偏最小二乘回归

偏最小二乘回归（partial least squares regression，PLSR）是一种增选有价值的新因子的方法（Zhong et al.，2021b）。这里通过一个应用实例来介绍。Johnson 等（2018）分析了北半球冬季极冷和夏季极热天数的变化（图 4-3），可见 21 世纪初期以来极热和极冷天气都呈现增多趋势。这一现象主要发生在全球增暖停滞阶段（global warming- slowdown 或 hiatus），可能与赤道太平洋变冷以及深层海洋热量吸收增加有关。夏季极热和冬季极冷天气都趋频，意味着冬夏极端温度差异增大。那么造成极端温度事件增加的机制是什么？

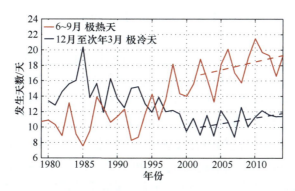

图 4-3　北半球 1979～2014 年冬季极冷和夏季极热天数的演变（Johnson et al.，2018）

两段虚线表示 21 世纪初以来两者都呈现变多趋势

多元线性回归可用以诊断气候指标变化的原因。Johnson 等（2018）首先假设四个预报因子对极端温度变化非常重要，即长期（线性）趋势（代表人类强迫）、厄尔尼诺–南方涛动（ENSO）、太阳辐射以及火山灰造成的气溶胶光学厚度（AOD）变化。利用上述因子建立的多元回归方程可解释全球平均温度 70%～80% 的方差。然而，对冷和热温度极值序列建立类似的回归模型（实际分析中太阳辐射没通过显著性检验而舍弃），却发现其结果难以解释极端温度序列的年际和年代际变化。这说明可能遗漏了某些重要因子。

通过 PLSR 方法选择新的因子，对于冬季和夏季的温度极值序列分别考虑 500hPa 位势高度（Z500）和北半球海表温度（SST）作为新因子。图 4-4 显示加入了新因子后的回归模型能很好地拟合观测的温度极值变化。

PLSR 分析的具体步骤如下：

（1）对冬季 Z500 和夏季 SST 场进行标准化处理，再分别从温度极值序列以及 Z500 和 SST 场中剔除已有的预报因子（即线性趋势、ENSO、AOD）的作用，得到残差预报量和残差预报因子场；

（2）计算残差预报量和残差因子场间的相关图，从而得到偏回归预报型；

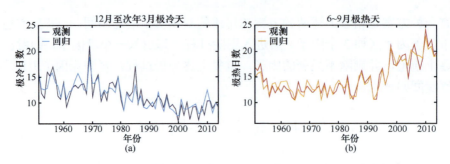

图 4-4 北半球 1979~2014 年冬季极冷日数和夏季极热日数的变化及其加入新因子后的回归模型
（Johnson et al.，2018）

（3）将残差预报因子场投影到偏回归预报型，得到偏回归预报因子的时间序列，也即多元回归的第四个（新的）因子，再建立包含这四个因子的多元回归模型。

通过上述步骤可建立更有效的拟合模型，如图 4-4 所示。

4.5　正则化回归

在气象领域应用多元线性回归进行预测或诊断时，通常面对的情况是：大量可能的预报因子但样本量较少。例如，进行短期气候预测时，样本通常只有六七十年的数据，而预报因子却包括全球海表温度场。这种情况下容易发生过拟合，导致回归模型对于训练数据的拟合误差较小，但对于验证数据却没有预报技巧。此外，气象预报因子还常具有共线性（collinearity），也即预报因子之间存在显著相关。例如，不同的气候指数之间可能存在不同程度的相关,直接用这些指数构建多元线性回归模型也容易导致过拟合。为避免过拟合，前面介绍的逐步回归和偏最小二乘回归等方法，都是通过预报因子筛选，用少数独立因子构建模型。这里介绍另一种方法，即正则化回归，不需要预先对预报因子进行筛选。

4.5.1　原　　理

运用常规最小二乘法（ordinary least square，OLS）估计线性回归模型的回归系数，其基本原理可归结为：求解残差平方和的最小化问题。这个无约束的最优化问题可表述如下：

$$\min_{\beta} \sum_{i=1}^{N} \left(y_i - \sum_{j=1}^{P} x_{ij}\beta_j \right)^2 \tag{4-4}$$

式中，N 为样本数；P 为因子数。对该无约束的最优化问题求解可获得 β 的估计为

$$\beta = (X^{\mathrm{T}}X)^{-1}XY \tag{4-5}$$

统计学上可以证明式（4-5）为最小方差无偏估计，条件是必须满足 $N > P$，也即样本数大于预报因子数，且 P 个预报因子之间是独立（无相关）的。如果这两个条件中任何一个不满足，那么这个无约束的最优化问题就不是唯一解，而是存在无数个解。这种情况下用式（4-5）估计 β，由于 $X^{\mathrm{T}}X$ 已变得不可逆，是一个病态矩阵，那么计算结果会出现一些异常大的回归系数估计值。

为避免该问题，可在式（4-4）中引入一个约束项，如把回归系数的绝对值之和（L_1范数）或平方和（L_2范数）加到右端。若加入L_1范数进行约束，则最优化问题变为

$$\min_{\beta} \sum_{i=1}^{n} \left(y_i - \sum_{j=1}^{P} x_{ij}\beta_j \right)^2 + \lambda \sum_{j=1}^{P} |\beta_j| \qquad (4\text{-}6)$$

若加入L_2范数进行约束，则最优化问题变为

$$\min_{\beta} \sum_{i=1}^{n} \left(y_i - \sum_{j=1}^{P} x_{ij}\beta_j \right)^2 + \lambda \sum_{j=1}^{P} |\beta_j|^2 \qquad (4\text{-}7)$$

式中，λ为常数，其大小决定约束项的作用大小。这些约束项也称为正则化（regularized）项。顾名思义，正则化即规范化，就是对回归系数加以规范，在求解最优化问题时不让它们任意变动。引入正则化项的回归就称为正则化回归（regularized regression），其中引入L_1范数进行约束的回归称为"最小绝对值收缩和选择算子"（least absolute shrinkage and selection operator）回归，简称 LASSO 回归；而引入L_2范数的回归则称为岭（ridge）回归。

为何引入正则化项就能达到预期目的呢？注意到式（4-6）和式（4-7）的最小化问题中，第一项是椭圆方程，在没有约束项时，随着β取值的变化，从在以β的每个分量为坐标轴的P维坐标系中看，该椭圆方程形成的是一簇椭圆曲线（$P>2$为广义椭圆曲线或椭圆体曲面），最小值应收缩到这簇椭圆曲线的中心，对应的取值即β的最小二乘估计。在引入约束项后，最优化问题还受制于约束项。当约束项用L_2范数时，它是一个圆方程，随着β的变化，会形成一簇以原点为圆心的圆（球），最小值在原点，也即β的所有分量取值为 0 时有最小值。当约束项用L_1范数时，随着β的变化，它会形成一簇正方形（体），最小值也在原点。在椭圆方程和约束项的共同作用下，最小值应出现于椭圆体中心到原点之间，椭圆簇和圆簇（L_2情形）或正方形簇（L_1情形）相切处对应的β即正则化回归系数的估计。

为直观展示有约束的最优化问题求解原理，以二维（$P=2$）的回归系数向量为例作示意图。如图 4-5 所示，红色椭圆簇为椭圆方程随着β的变化形成的等值线，中心点

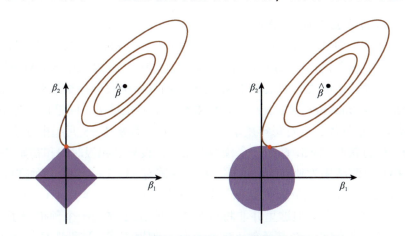

图 4-5 LASSO 回归和岭回归最优参数估计的示意图

椭圆和阴影区切点就是正则回归系数的估计（β_{Reg}）

对应 β 的最小二乘估计，记为 β_{OLS}，阴影部分为约束项随着 β 的变化形成的等值线，左图对应 L_1 范数约束为正方形簇，右图对应 L_2 范数约束为圆簇，其最小值在原点取得。椭圆簇和正方形簇或圆簇的相切点即正则回归系数的估计，记为 β_{Reg}。显然，正则化回归系数 β_{Reg} 已不是 β 的无偏估计，也即随着样本量的增大，β_{Reg} 不会趋于 β 的真值；但 β_{Reg} 的方差大大缩小，回归系数更趋于稳定，避免了用不同样本获得的回归系数相差甚远的情形。

由图 4-5 可见，LASSO 回归的切点易取在正方形的四个顶点，这些顶点都在坐标轴上，说明回归系数向量的某些分量等于零；而岭回归的切点可以在圆簇的任何地方取到，因而其回归系数向量几乎不会有等于零的分量，但有些分量会趋于较小的值。这就是两种正则化回归的最大区别：LASSO 回归会将一些不重要的因子的回归系数置为零，有变量选择的作用；而岭回归不会把任何因子的回归系数置为零，只是对作用较小的因子取较小的回归系数。

正则化回归还有一个需要人为给定的超参数 λ，代表约束项的权重。λ 越大说明约束项作用越大，越不可能获得特别大的回归系数；当 λ 趋向于无穷大时，正则化回归会将所有的回归系数置为零，也即不考虑任何预报因子，只用气候平均态做预报。反之，λ 越小则约束项作用越少，当 $\lambda=0$ 时，正则化回归退化成常规的最小二乘回归。实际应用中，为确定合适的 λ，可用交叉验证法。具体做法如下：将样本分割为训练数据和验证数据；在一定范围内变动 λ 值，用每个 λ 值和训练数据估计一个回归模型，并把该模型应用于验证数据，以某些选定的指标评估模型［如以均方误差（MSE）为指标，MSE 越小的模型越好］；以 λ 为横坐标，模型评估指标为纵坐标，画出不同 λ 取值下模型的评估指标，这样形成的曲线称为岭迹，岭迹的极值点（视模型评估指标确定取最大值还是最小值）对应的 λ 即最优 λ。

4.5.2 应 用 案 例

DelSole 和 Banerjee（2017）在研究气候模式预报的太平洋海表温度（SST）与美国得克萨斯州区域夏季平均气温的关系时，用到了正则化回归分析。回归模型的预测目标是气候模式预报的得克萨斯州（经纬度范围：94°W～106°W，26°N～36°N）夏季平均气温，预测因子为气候模式预报的同期太平洋 SST。所用的气候模式预报结果来自北美多模式集合（North American multimodel ensemble，NMME）的回报结果，回报目标为 1982～2014 年共计 33 年的夏季气候。针对每年夏季，12 个模式分别从 1～5 月起报 5 次，每次 6 种不同初始场，从而获得 12×5×6=360 个预测结果。假设只要起报时间和初始条件不相同，就可视气候模式预测结果为独立的。这样，每个模式有 33×5×6=990 套独立样本。

为考察气候模式中得克萨斯州夏季气温（单变量）和太平洋 SST（变量场）的联系，有必要进行多元回归分析。但这里并非将每个格点的 SST 作为一个预报因子，而是先构建一系列基函数，将 SST 场在基函数上的投影作为预报因子。这里选择的基函数是拉普拉斯算子计算的 SST 场的特征向量。这些基函数在空间上是正交的，空间特征从大尺度逐渐过渡到小尺度。以太平洋 SST 为例,第一个拉普拉斯特征向量是常数,代表整个区域的一致变化;第二个和第三个拉普拉斯特征向量分别代表东西向和南北向的梯度变化(图 4-6);后续的特征向量则依次代表三极型、四极型的变化等。将 33 年的 SST 场投影在某个基函数上获得一个时间系数序列,就是一个预报因子。选择几个基函数投影后,就能获得几个预报因子。这种预报因子的提取方法或高维数据的降维方法类似于经验正交函数(EOF)分解,但与 EOF 不同的是,该方法中基函数不依赖于样本数据,而只与预报场的形状有关,也即将 SST 场用空间尺度从大到小的一系列模态表示。理论上,任何一个气候变量场都可表达为一系列拉普拉斯特征向量(新坐标)的投影组合。

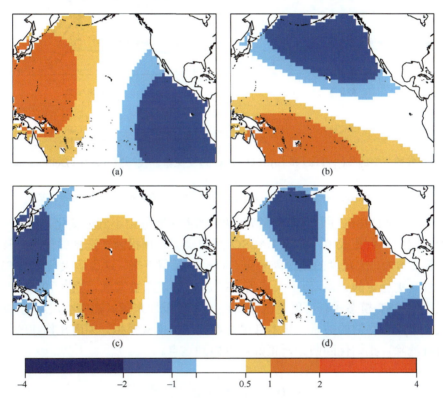

图 4-6 太平洋(30°S~60°N)第二个(a)、第三个(b)、第四个(c)、第五个(d)拉普拉斯特征向量的空间模态(DelSole and Banerjee,2017)

选择太平洋 SST 的前 50 个拉普拉斯特征向量为基函数,将 SST 投影到基函数得到 50 个预报因子。固定λ,分别利用 LASSO 回归和岭回归,分析气候模式预报的得克萨斯州夏季平均气温与太平洋 SST 的关系。运用十折交叉验证,即把所有样本分为 10 份,每次留一份作为独立验证样本,其他 9 份合在一起作为训练样本,用来训练模型;模型训练好后对那份验证样本做独立预报,并评估其预报技巧。预报技巧评分采用式(4-8)计算:

$$CVSS = 1 - \frac{MSE}{var(y)} \qquad (4-8)$$

式中,MSE 为均方误差;$var(y)$ 为验证样本的方差。式(4-8)表示回归模型能解释的方差比,如此循环 10 次之后就是回归模型的平均预报技巧得分。

改变λ的取值，可得不同约束力下回归模型的技巧变化，如图 4-7 所示。可见，随着λ从小到大变化，技巧得分逐渐增大至最高点，然后迅速减小。这意味着选择合适的λ，回归模式模拟的夏季太平洋 SST 对同期得克萨斯州气温有重要影响。λ较小时，接近于最小二乘回归模型，技巧不是最高的；而λ很大时，正则化回归模型倾向于将所有回归系数置为零，也即只用气候平均态做预测，模型技巧接近于零。

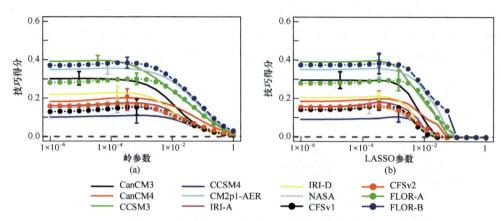

图 4-7　不同λ参数取值的岭回归（a）和 LASSO 回归（b）交叉验证技巧得分变化（DelSole and Banerjee，2017）

不同颜色线代表不同模式的结果，其中在最大得分处用误差条标出了得分的标准误差

考察不同λ的 LASSO 回归模型系数可见，随着λ取值由小到大变化，有越来越多的预报因子的回归系数变成 0，说明 LASSO 回归确实有预报因子选择的作用。该研究还表明，随着λ增大，大尺度的预报因子更有机会被保留下来，这说明大尺度的 SST 模态与区域气候有更稳定的关系，而小尺度的 SST 模态则逐渐被淘汰。这背后的物理原因是：通常大尺度的 SST 模态才有可能是区域气候的可预报性来源。那些小尺度的 SST 变化与区域气候很难有稳健的关系，其本身也很难被气候模式模拟，因而在构建统计预测模型时应将其滤除，正则化回归分析正好可以做到这点。

4.6　Logistic 回归

气象研究中还经常碰到离散型变量，如某一天有雨或无雨，有冰雹或没有，等等。根据同期或前期的天气气候条件对它们进行分类或预测是常见的一类问题。为解决这类问题，就需要运用针对离散型变量的 Logistic 回归分析。离散型变量也有不同类型，取值只有两种可能的，为二分类变量（binary）；取值为多种可能的，则为多分类变量（multiclass）；而当取值为多种可能且不同取值之间存在排序关系时，就是有序的（ordinal）多分类变量。这里仅介绍二分类变量的回归分析。

4.6.1　原　　　理

通常需要将离散型变量取值的非数量形式转换为数值表述，以便于数学分析。对二分类变量的常用表述方式是：将其中一类取值置为 0，另一类取值置为 1，如无雨用 0 表示，有雨用 1 表示。这样，分类变量也就数字化和定量化了。那么，为何不能对其运用常规的线性回归分析呢？这里有三方面的原因。首先，常规的多元线性回归模型是将因变量（预报量）的均值与自变量（因子）的线性组合直接关联起来的。对于连续型随机变量而言，回归方程两端取值都是全体实数，是匹配的；但二分类变量与连续型自变量的线性组合之间是难以匹配的。其次，常规的线性回归模型需要假设因变量服从方差不变的正态分布，只是均值与自变量之间呈线性关系（也即方差齐性或同方差性）。反观二分类变量，满足 0～1 分布，其均值为 P，方差为 $P(1-P)$，只要均值改变，相应的方差就改变，故不满足方差齐性的要求，也就无法直接利用常规线性回归的理论。最后，常规线性回归模型的显著性检验也是基于误差是正态分布的假设，而如果对二分类变量进行常规的线性回归，其误差必然不满足正态分布，因而无法对结果进行统计检验。

为了匹配连续取值的预测因子，采用 Logistic 函数将二分类变量的均值（也就是取值为 1 的那一类的概率）与自变量的线性组合相联系。Logistic 函数具有以下形式：

$$f(x) = \frac{e^x}{1+e^x} = \frac{1}{1+e^{-x}} \tag{4-9}$$

$f(x)$随 x 的变化如图 4-8 所示，可以把它理解为：把全体实数 $(-\infty, +\infty)$ 映射到 $(0, 1)$，这正好满足将二分类变量均值与自变量线性组合联系起来的需要。于是，二分类变量的回归模型可表示为

$$E(Y) \equiv P = \frac{\exp(\beta_0 + \beta_1 X_1 + \cdots + \beta_m X_m)}{1 + \exp(\beta_0 + \beta_1 X_1 + \cdots + \beta_m X_m)} \tag{4-10}$$

由于模型用 Logistic 函数作为联系函数，故称为 Logistic 回归。

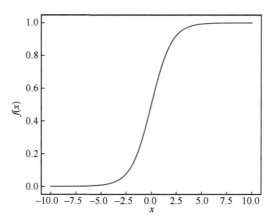

图 4-8 Logistic 函数

估计 Logistic 回归模型的参数 β，需要采用极大似然法。假设样本量为 N，可构造如下的似然函数：

$$L(\beta, y, X) = \prod_{i=1}^{N} P_i^{y_i} (1-P_i)^{1-y_i} = \prod_{i=1}^{N} \left[\frac{\exp(X_i\beta)}{1+\exp(X_i\beta)} \right]^{y_i} \left[\frac{1}{1+\exp(X_i\beta)} \right]^{1-y_i} \tag{4-11}$$

其含义为样本实际出现类的概率的乘积，其中 $P_i^{y_i}(1-P_i)^{1-y_i}$ 表示第 i 个样本实际出现类的概率：当第 i 个样本的取值为 1（即 $y_i=1$）时，该项等于 P_i，也就是出现该类的概率；当第 i 个样本的取值为 0（即 $y_i=0$）时，该项等于 $1-P_i$，也即出现另一类的概率。极大似然估计的含义是：模型最优参数应使每个样本出现的那个类相应的概率最大，也就是使得式（4-11）连乘积的每一项都尽量取最大值，此时，该概率连乘积必然取得最大值。因此，想要获得最优的参数，只需把 β 看作是可变量，对式（4-11）取最大值，此时的 β 取值即极大似然估计。求解极大似然的 β 是个无约束的最优化问题，但它没有解析解，只能通过数值方法求得数值解。

4.6.2 Logistic 回归系数的含义

如前所述，二分类变量的均值 P 就是出现某一类的概率，不能直接与自变量的线性组合联系。为将它们联系起来，必须对其中之一进行变换。考虑到自变量线性组合的取值范围是全体实数，是关于原点对称的，可以设它取正值时，出现某一类的概率要比出现另一类的概率大，而当它取负值时则刚好相反。再看二分类变量两类概率之间的关系，当出现某一类的概率为 P 时，不出现该类的概率就是 $1-P$（二分类情况下也就是出现另一类的概率），当 P 较大时，$1-P$ 必然较小，它们之间也有一定的对称关系，但不是相反数的关系。为实现相反数的关系，先定义一个称为几率（odds）的量：

$$\text{odds} \equiv \frac{P}{1-P}$$

可见几率就是出现某类与不出现该类的概率之比，它并非概率，而是胜率或胜算。例如，有雨的概率为 0.9 时，无雨的概率则为 0.1，此时有雨的几率为 0.9/0.1=9，而无雨的几率为 0.1/0.9=1/9。可见，几率也能刻画二分类变量的概率特征，且其中一类和另一类（如有雨和无雨）的几率之间存在一定的对称关系，只是这种关系仍然不是相反数的关系，而是倒数的关系。对几率取自然对数可得

$$\ln(\text{odds}) = \ln(\frac{P}{1-P})$$

几率的取值范围为 $(0,+\infty)$，取对数后取值范围变为 $(-\infty,+\infty)$，值域实现了相反数的对称关系。当其取 0 时，$\frac{P}{1-P}=1$，此时 $P=0.5$，意味着出现一类和另一类的概率相等；当出现一类的概率比另一类的大，即 $P>0.5$ 时，$\frac{P}{1-P}>1$，此时几率的对数大于 0；而当出现一类的概率比另一类的小，即 $P<0.5$ 时，$\frac{P}{1-P}<1$，此时几率的对数小于 0。可见，对几率取对数，不仅实现了把值域变换到全体实数，还实现了把两个类的发生概率映射到关于原点对称的正负数值域。

把几率的自然对数与自变量的线性组合联系起来，即为如下的对数几率回归模型：

$$\ln(\frac{P}{1-P}) = \beta_0 + \beta_1 X_1 + \cdots + \beta_m X_m \tag{4-12}$$

其中几率的自然对数，也即式（4-12）等号左侧项，又称为 logit 函数。由式（4-12）反算出 P，即可得到式（4-10）的 Logistic 回归模型。

由式（4-12）可理解 Logistic 回归模型中回归系数的含义：当自变量或预测因子 X_i 改变一个单位时，它并不表示预测目标呈现某一类的概率改变 β_i，而是几率的自然对数改变 β_i。几率的自然对数与自变量之间呈线性关系，而概率本身与自变量之间呈非线性关系。

若已知几率的自然对数，则式（4-12）等同于一个常规的线性回归模型。然而，每个样本对应的发生概率并不能事前知道，故不能直接由式（4-12）进行常规线性回归分析来估计 β，仍需运用极大似然估计方法。

4.6.3　回归系数的检验

在估计出回归系数 β 后，需要对其显著性进行检验。常用的检验方法有两种，分别为瓦尔德检验（Wald test）和似然比检验（likelihood ratio test）。

瓦尔德检验。对单个回归系数 β_i 的显著性检验，零假设为 $H_0 : \beta_i = 0$。对极大似然估计 $\hat{\beta}_i$，采用如下的统计量进行检验：

$$Z = \frac{\hat{\beta}_i}{\text{s.e.}(\hat{\beta}_i)} \tag{4-13}$$

式中，$\text{s.e.}(\hat{\beta}_i)$ 为 $\hat{\beta}_i$ 的标准误差。在大样本条件下，该统计量渐进服从标准正态分布，可用标准正态分布表检验其显著性，也即瓦尔德检验。

这里简要说明标准误差 $\text{s.e.}(\hat{\beta}_i)$ 的求取和含义。它是"负对数似然函数"对 β_i 的二阶偏导数的倒数在极大似然估计点 $\hat{\beta}_i$ 处获得的结果。二阶导数反映函数的凹凸性。极大似然估计要求"对数似然函数"取极大值，等效于"负对数似然函数"取极小值。极小值点必位于函数的凹处，因此负对数似然函数在极大似然估计点的二阶导数必然是正数，该值越大［也即其倒数"标准误差" $\text{s.e.}(\hat{\beta}_i)$ 越小］，表明函数在该点凹得越厉害，这意味着极大似然估计越有把握；反之，标准误差越大，函数在该点附近越平坦，极大似然估计也就越没有把握。这就是标准误差的求法和几何含义。其详细推导和证明过程烦琐，非本教程内容，只需了解其基本意义即可运用统计软件获得瓦尔德检验结果。

似然比检验。针对多个回归系数的整体效应进行检验，需要采用似然比检验。其基本思路是在一个简约（reduced）模型中，加入需要检验的新因子，获得一个完整（full）模型，重新进行极大似然估计，两个模型的极大似然函数值之比即可用于检验新因子是否有效。设简约模型含有 p 个预报因子，需要检验的新因子有 r 个，则零假设为 $H_0 : \beta_{p+1} = \beta_{p+2} = \cdots = \beta_{p+r} = 0$。

似然比检验统计量为：$\text{LR} = -2\left[\text{LL}\left(\hat{\beta}^{(0)}\right) - \text{LL}\left(\hat{\beta}\right) \right] \tag{4-14}$

式中，$\hat{\beta}^{(0)}$ 和 $\hat{\beta}$ 分别为简约模型和完整模型的极大似然估计；$\mathrm{LL}\left(\hat{\beta}^{(0)}\right)$ 和 $\mathrm{LL}\left(\hat{\beta}\right)$ 分别为两个模型的对数似然函数在极大似然估计点的函数值。式（4-14）方括号内的对数似然函数之差可写为两个似然函数之比值的对数，因而也称为对数似然比检验（log likelihood ratio test）。该检验统计量服从自由度为 $p-r$ 的卡方分布，可以按照卡方检验的步骤进行检验。

4.6.4　应用案例

中国东部夏季降水型预测是我国季节气候预测的重点和难点，对主雨带位置的把握关系到汛期防汛抗旱人力物力的储备和调度。中国气象局国家气候中心根据历史资料总结了中国东部夏季降水异常的三类空间分布形态（图4-9），分别为北方多雨型、中部多雨型和南方多雨型。根据实际观测的夏季降水异常与这三类降水型的空间相关性，可以把每年的夏季降水归为其中一类。因此，对中国东部夏季降水的预测可以转化为对这三类雨型的预测，这大大地简化了问题。

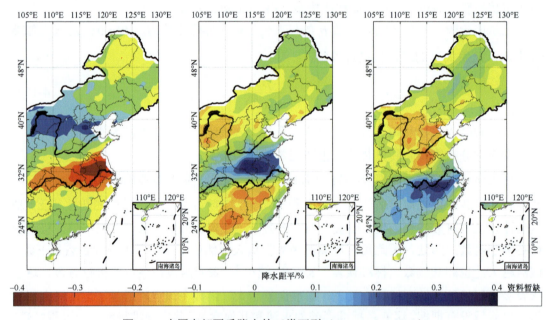

图 4-9　中国东部夏季降水的三类雨型（Gao et al., 2019）

由于预报量为三类雨型，其是典型的多分类变量，Gao 等（2019）采用 Logistic 回归模型对该问题进行了研究。他们收集了前冬 84 个大气海洋环流指数和青藏高原积雪指数等潜在预报因子，通过一系列客观因子筛选方法选出最优预报因子，构建了最优预报模型。结果表明，基于客观因子筛选的最优预报模型显著优于不进行因子筛选或单一因子的预报模型。客观因子的筛选思路如下：先通过计算不同潜在预报因子间的相关性，剔除一部分相关性特别高的因子，留下那些相互之间独立性较高的因子；再从留下的因子中，通过分析单个因子与预报量之间的相关性，进一步剔除一部分对预报量没有预报意义的因子；最后通过对比，保留不同数量因子的模型效果来确定最优因子个数和最优模型。图 4-10 为有、无因子筛选的模型效果比较，可以看到，进行因子筛选后构建的模型显著优于随机选择因子的模型，且最优预报因子的个数在 15～20。

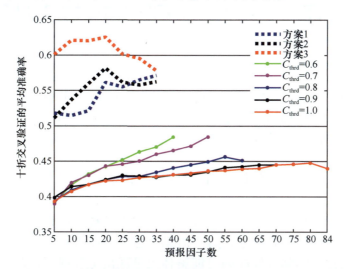

图 4-10　有、无因子筛选的模型十折交叉验证结果比较（Gao et al., 2019）

横坐标为预报因子数；纵坐标为十折交叉验证的平均准确率。虚线为基于三种不同因子筛选方案选出最优预报因子构建模型的十折交叉验证准确率变化；实线为随机选择预报因子构建模型的十折交叉验证准确率变化。其中，C_{thrd} 表示剔除相关性强的因子设置的相关系数阈值，当相关系数大于阈值时，剔除相应的因子

思 考 题

1. 设有两组气候变量序列 X 和 Y，容量均为 n。令 X 和 Y 分别代表北京密云和天津塘沽两站 1961～2010 年夏季降水量（第 3 章附表），试解以下题目。

（1）将 X 序列作为预报因子、Y 序列作为预报量，建立一元线性回归方程，并解释回归常数和回归参数的物理意义；

（2）检验回归参数（斜率）统计上是否等于 0；

（3）计算 R^2 统计量值；

（4）对回归方程进行显著性检验。

2. 完成下表，并回答问题。

	自由度	距平平方和	方差
预报量	28	320.14	
回归值		315.63	
残差	25		

（1）上表对应的回归方程中有几个预报因子？

（2）预报量的样本方差是多少？

（3）R^2 统计量值是多少？

第 5 章　气候序列的趋势和检验

气候序列的趋势是最常用来表征气候变化的指标。因而，趋势分析也是气候变化研究中一个最常见的话题。然而，气候序列的趋势是否显著，却时常成为一个令人困扰的问题。本章从气候序列的基本构成出发，诠释气候趋势的含义，进而介绍一些常用的传统趋势分析和显著性检验方法。

5.1　气候序列和噪声

一个气候指标的时间序列可以理解为一个随机过程，即针对一个气候变量，按时间顺序取到的一系列样本数据，每一时刻取值具有随机性，前后时刻数据之间具有相关性或持续性。实际气候序列可能整体上呈现出上升或下降趋势以及不同时间尺度的振荡现象。一般而言，一个气候序列可由式（5-1）几个部分来表述（Mudelsee，2010）：

$$X(t) = X_{\text{trend}}(t) + X_{\text{out}}(t) + S(t) \cdot X_{\text{noise}}(t) \tag{5-1}$$

式中，t 为时间；$X_{\text{trend}}(t)$ 为趋势，包括长期过程和较为确定的系统振荡过程，如线性趋势和季节变化等；$X_{\text{out}}(t)$ 为极端值；$X_{\text{noise}}(t)$ 为噪声，为弱平稳时间序列，具有单位标准差；$S(t)$ 为气候变量的某种残差变幅。$S(t) \cdot X_{\text{noise}}(t)$ 包含气候序列中的不规则波动，如年际和年代际波动，还包含随机噪声。

统计分析中常遇到两种噪声，即白噪声和红噪声。白噪声过程表示不含有任何规律性波动的纯随机过程。众所周知，白光是由各种波长（颜色）的光共同组成的。类似地，白噪声过程就是由强度相同的各种频率振荡共同组成的随机序列。红噪声也包含各种频率的随机振荡，但噪声强度随着频率增大而单调减弱。

趋势分析就是要分辨出混杂在随机噪声和不规则波动里的长期气候演变特征。

5.2　气候趋势估计方法

5.2.1　线　性　趋　势

线性趋势是衡量一个气候序列长期变化的最简单方式。设有一个气候序列，也即随时间 t 变化取得的 n 个样本。可按照第 4 章，建立预报因子为 t 的一元线性回归方程，用最小二乘法估计回归常数 a 和回归系数（斜率）b。回归系数 b 就是气候变量随时间上升或下降的速率，即其线性倾向的大小程度。

图 5-1 给出一个用线性趋势表示气候变化的例子，计算了 1981~2020 年全球各地年平均表面温度序列的线性趋势。可见，大部分陆地区域呈现显著的增暖趋势，而同期一些海洋区域则趋势并不显著。

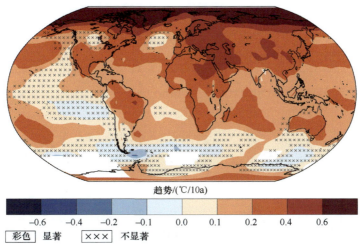

图 5-1　1981~2020 年的年平均表面温度序列的线性趋势

没有加×处为通过 0.05 显著性检验的区域（IPCC，2021）

5.2.2　滑 动 平 均

滑动平均是最基础的趋势分析技术之一，相当于通过粗略的低通滤波，消减序列中的高频变化，从而突出长期变化趋势。对于一个气候序列：$x_i, i = 1, 2, \cdots, n$，其滑动平均序列为

$$y_t = \sum_{k=-L}^{L} w_k x_{t+k}, t = L+1, \cdots, n-L \tag{5-2}$$

其中，k 取值共计 $2L+1$ 个，$2L+1$ 为滑动区间/滑动长度。这样的"中心滑动平均"使滑动平均序列起始点都可落在原序列的时间坐标点。式中，w_k 为权重系数，相对于滑动中心点是对称的。权重系数可以相等也可以不等，但所有权重系数之和必须等于 1。

以 3 点滑动平均（$L=1$）为例，若采用等权重方式，则每个权重系数为 1/3。等权重方式可能导致平滑中心点的原序列值和平滑值是反相的。通常为了避免这种后果而采用加大中心点权重的方式，如在 3 点平滑中，权重系数取为 1-2-1（除以 4）。

如图 5-2 所示，20 世纪以来美国西南部和大平原地区代用气候资料重构的标准化降水序列呈现很强的年际变化，其 11 年滑动平均序列则有助于更直观地确定这两个地区存在的年代尺度的干旱事件。例如，20 世纪 30 年代大平原地区偏旱（历史记录表明该时期尘暴频繁）、50 年代美国西南持续干旱等。

滑动平均的优势是计算简单，其结果能简明地反映时间序列的趋势性变化。滑动平均通过削弱不规则的短期振荡而突出长期变化，包括长期趋势和较长时间尺度的波动。但滑动平均会损失数据，平滑序列比原序列要损失 $2L$ 个数据点。

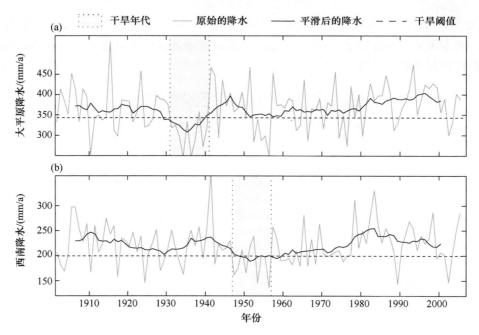

图 5-2　20 世纪初以来美国大平原地区和西南部的代用气候资料重构的降水序列及其 11 年滑动平均序列
（Ault et al.，2014）

一种常用的不等权重滑动平均是二项式系数滑动平均，即采用二项式系数分配权重。例如，三点滑动平均的权重为：1/4、2/4、1/4；五点滑动的权重为：1/16、4/16、6/16、4/16、1/16。

5.2.3　多项式拟合

相比线性拟合，多项式拟合可以粗略地反映序列中的非线性趋势。例如，对于时间序列 $x_t, t = 1, 2, \cdots, n$，可进行四阶多项式拟合 $x_t = p_t + e_t$，其中 e_t 是随机残差，p_t 为如下 4 阶多项式：

$$p_t = b_0 + b_1 \cdot t + b_2 \cdot t^2 + b_3 \cdot t^3 + b_4 \cdot t^4, t = 1, 2, \cdots, n \tag{5-3}$$

式（5-3）等号右边的前两项就是线性拟合趋势；如果原序列存在抛物线型的长期趋势，则会反映于拟合系数 b_2；高阶项的系数 b_3 和 b_4 可反映更复杂的波动型趋势。一般说来，越高阶数的多项式拟合的均方根残差会越小，但这并非揭示气候序列长期趋势的客观方式（详见第 6 章的三次样条拟合和第 8 章的 EEMD 等内容）。

5.3　趋势的显著性检验

线性趋势的显著性可用第 4 章介绍的一元线性回归的检验方法来分析。对于一般的趋势显著性问题，还可运用非参数检验方法。下面简单介绍几个常用的非参数检验方法。

5.3.1　秩相关系数检验

把气候变量视为预报量、时间作为自变量，计算二者的秩相关系数，若该相关系数绝对值较大，则表明该变量存在较显著的长期趋势。建立检验统计量：

$$T = r \left| \frac{n-4}{1-r^2} \right|^{\frac{1}{2}} \tag{5-4}$$

式中，r 为序列的秩相关系数，原序列无趋势的假设下 T 服从自由度为 $n-2$ 的 t 分布（黄嘉佑和李庆祥，2015）。

5.3.2　差分平均值检验

对于时间序列 $x(t)$，其差分序列可表示为：$\Delta x(t) = x(t+1) - x(t)$。差分序列的平均值记为 mdx，若 mdx 为较大的正值，则表明原序列后面的值比前面的值大的样本较多，即可能存在增大趋势。建立检验统计量：

$$T = \frac{\mathrm{mdx}\sqrt{n-1}}{s} \tag{5-5}$$

式中，s 为差分序列的标准差，原序列无趋势的假设下 T 服从自由度为 $n-1$ 的 t 分布（黄嘉佑和李庆祥，2015）。

5.3.3　秩统计量检验

对于气候序列 x_i，在 $i = 1, 2, \cdots, n-1$ 时刻有 $r_i = \sum_{j=i+1}^{n} a_j$，其中：$a_j = \begin{cases} 1, x_j > x_i \\ 0, x_j \leqslant x_i \end{cases}$，$j = i+1, \cdots, n$。可见，$r_i$ 是时刻 i 之后的数据值 x_j 大于该时刻的数据值 x_i 的样本个数。构建检验统计量：

$$Z = \left[\frac{4}{n(n-1)} \sum_{i=1}^{n-1} r_i \right] - 1 \tag{5-6}$$

由式（5-6）可知，若序列为递增序列，则 r_i 序列为 $n-1, n-2, \cdots, 1$，即 $Z = 1$；若序列为递减序列，则 $Z = -1$。

设立原假设 H_0：气候序列样本独立同分布，也即没有长期趋势。若 H_0 成立，则 Z 为正态分布。给定显著性水平 $\alpha = 0.05$，Z 的临界值为 $Z_{0.05} = 1.96 \left[\frac{4n+10}{9n(n-1)} \right]^{1/2}$，若 $|Z| > Z_{0.05}$，则拒绝 H_0，即在 0.05 显著性水平下，气候序列有显著趋势（魏凤英，2007）。

5.3.4　Mann-Kendall 趋势检验

Mann-Kendall（M-K）趋势检验是一种非参数检验方法。Mann（1945）和 Kendall（1955）先后发展了该方法，其可用于分析中心趋势不稳定的时间序列。设立原假设 H_0：时间序列不存在趋势。备择假设为存在一个单调（不一定是线性）的趋势。检验统计量为

$$S = \sum_{k=1}^{n-1} \sum_{j=k+1}^{n} \mathrm{sgn}(x_j - x_k) \tag{5-7}$$

$$\mathrm{sgn}(\Delta x) = \begin{cases} 1, \Delta x > 0 \\ 0, \Delta x = 0 \\ -1, \Delta x < 0 \end{cases}$$

样本量较大（$n > 10$）时，S 趋近正态分布。可用标准正态分布检验：

$$z = \begin{cases} (S-1)/\sqrt{\mathrm{var}(S)}, S > 0 \\ 0, S = 0 \\ (S+1)/\sqrt{\mathrm{var}(S)}, S < 0 \end{cases} \tag{5-8}$$

其中，$E(S) = 0, \mathrm{var}(S) = \dfrac{n(n-1)(2n+5)}{18}$，若存在数值相等的样本则方差需要修正为：

$$\mathrm{var}(S) = \dfrac{n(n-1)(2n+5) - \sum_{i=1}^{I} t_i(t_{i-1}-1)(2t_i+5)}{18}$$，其中 I 是数值相等的组数，t_i 是第 i 组的数据个数。

如果数据本身存在时间上的持续性，则可先进行预白化处理（von Storch and Zwiers，2002），但后果具有两面性。Bayazit 和 Önöz（2007）认为，预白化处理能有效地减少"序列本没有趋势但 M-K 检验却拒绝 H_0"的可能性，但同样也能增大"本来存在显著趋势却接受 H_0"的可能性。具体做法是，在 M-K 分析前，先计算时间序列的时滞为 1 个单位的自相关，若存在显著的自相关，则进行预白化处理，即利用一阶自回归模型剔除序列中前一个数据对下一个数据的影响（Jiang et al.，2008）。5.4 节还会介绍利用迭代方案进行预白化处理。

5.3.5　Spearman 秩相关检验

Spearman 秩相关（SR）检验也是一种非参数检验方法，同样基于数据的秩而不是数据本身。原假设 H_0 为：时间序列不存在趋势。备择假设为存在一个单调（不一定是线性）的趋势。检验统计量就是 Spearman 秩相关系数 r_{rank}（Sneyers，1990），见式（5-9）。若 H_0 成立，则该统计量逼近正态分布，其标准化形式为

$$Z_{\mathrm{SR}} = \dfrac{r_{\mathrm{rank}}}{\sqrt{V(r_{\mathrm{rank}})}} \tag{5-9}$$

其均值为 $E(r_{\mathrm{rank}}) = 0$，方差为 $V(D) = \dfrac{1}{n-1}$。

5.4 气候极值指数序列的趋势分析

前面介绍的很多趋势分析方法的显著性检验大都要求气候样本服从正态分布或者是独立的随机变量。然而，近年来气候研究领域越来越关注极端天气气候变化。为此常用到一些气候极值指数，它们并不一定服从正态分布，一些指数序列还存在不可忽视的自相关（Qian et al.，2019）。例如，TX90p 是超过某地逐日气温分布第 90 百分位阈值（详见第 10 章）的高温日数，要考察 1960~2018 年 TX90p 序列是否存在显著趋势，一些常用的趋势分析方法都不适用。

常用的线性趋势分析方法可归纳为如下 3 种。

（1）用最小二乘线性回归（OLS）估计趋势，结合自由度 $N–2$ 的 Student-T 检验来判断趋势的统计显著性。其中，N 为样本数。为便于讨论，暂且把这种方法称为传统方法。使用该方法的前提是：序列的回归残差呈正态分布，并且是独立的随机变量。

（2）用 OLS 方法估计趋势，然后用 M-K 趋势检验方法计算趋势的统计显著性。

（3）基于非参数的 Sen-Theil 趋势估计法（Sen，1968）计算线性趋势的斜率（Sen 氏斜率），然后用 M-K 趋势检验判断其统计显著性。

Sen 氏斜率是对原数据单调趋势的无偏估计，公式为

$$\beta = \text{Median}\left(\frac{X_i - X_j}{i - j}\right), 1 < j < i < n \tag{5-10}$$

β 代表某个时间序列中任意间距的两个点之间的所有趋势值排序后的中位数，因此不易受序列中离群值的影响。β 正值表示上升趋势，负值表示下降趋势，由 Theil（1950）和 Sen（1968）提出并用于衡量 M-K 趋势的斜率。应用 Sen-Theil 趋势和 M-K 检验这两种方法的前提条件是：变量是独立的，没有自相关。

Qian 等（2019）用全国 756 个气象观测站的气温数据计算了 8 个常用的气温极值指数，指出大部分指数不服从正态分布，而且很多指数序列存在自相关。他们用 Q-Q 图（包含 95%的置信区间）考察数据是否服从正态分布（图 5-3）。如果所检验的变量的回归残差服从正态分布，那么 Q-Q 图中所有点应在直线上；考虑到实际观测的变量不可能是完

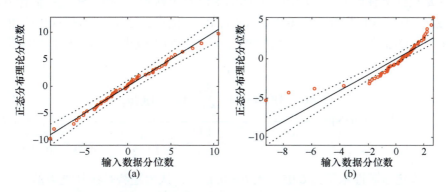

图 5-3 基于 Q-Q 图的正态分布检验（Qian et al.，2019）

（a）准正态分布的例子；（b）非正态分布的例子。直线代表正态分布，虚线代表 95%置信区间

美的正态分布，可以允许有一定的误差，如果都落在置信区间内，则可认为近似服从正态分布；如果出现一些年份的数值超出了置信区间，则不服从正态分布。

表 5-1 总结了上述 Q-Q 图检验的结果。可见，对于所分析的 8 个极端气温指数而言，半数以上的台站不服从正态分布；个别指数非正态分布的占比接近 100%。由此可见，常用的传统 OLS 方法不适合用来检验极端气温指数趋势的统计显著性。

表 5-1　中国 756 站气温极值指数的非正态站数占比　　　　（单位：%）

	TXx	TNx	TXn	TNn	TX90p	TN90p	TX10p	TN10p
全年	63.3	58.2	59.5	74.4	69.4	66.8	68.6	72.2
夏季	61.2	57.5	65.3	74.0	94.6	85.4	93.4	92.4
冬季	61.5	64.5	65.3	74.7	90.4	74.8	99.7	96.0

由表 5-2 还可见，很多站的气温极值指数序列具有自相关。个别指数（如 TN90p）的逐年序列，甚至有 90% 以上的台站具有自相关。考虑到要检验的变量含有自相关特征，那些假定样本独立的检验方法就不能用。因此，不能直接使用常用的 M-K 检验和 Sen-Theil 趋势方法。

表 5-2　中国 756 站气温极值指数序列具有一阶自相关的站数占比（单位：%）

	TXx	TNx	TXn	TNn	TX90p	TN90p	TX10p	TN10p
全年	59.8	53.2	44.6	43.1	88.5	90.6	65.3	69
夏季	58.8	53.3	42.9	44.5	55.8	51.2	43.8	48.3
冬季	46.6	35.4	27.2	32.1	30.2	42.2	67.9	54.1

Qian 等（2019）推荐使用一种基于迭代算法考虑自相关的非参数方法，记为 WS2001。这个方法最初由 Zhang 等（2000）提出，后由 Wang 和 Swail（2001）改进。该方法考虑到序列中存在自相关，并且自相关和趋势是共存的，所以在采用 Sen（1968）的非参数方法估计 Sen-Theil 趋势斜率和 M-K 检验（Mann，1945；Kendall，1955）趋势的统计显著性之前，采用迭代方案计算一阶自相关，进而做了预白化处理，使得用于 Sen（1968）的趋势斜率估计和 M-K 检验的数据满足独立的条件。由于 Sen（1968）的趋势斜率估计是根据所有长度片段的趋势斜率的中位数计算的，因而这种趋势估计方法对离群值不敏感。WS2001 继承了 Sen-Theil 趋势的这一优点。另外，考虑序列中可能存在相同值的情况，Qian 等（2019）对 WS2001 方法做了如下改进：M-K 检验的统计量 S 的方差为

$$\mathrm{var}(S) = \frac{n(n-1)(2n+5) - \sum_{j=1}^{g} u_j(u_j-1)(2u_j+5)}{18} \tag{5-11}$$

式中，n 为数据样本的长度；g 为序列中存在相同值的组数；u_j 为第 j 组中存在相同值的样本数。设定显著性水平为 0.05，当 $P < 0.05$ 时，认为趋势是统计显著的。

基于改进后的 WS2001 方法，Qian 等（2019）对 1960～2017 年中国大陆各地的 8 个常用极端气温指数进行了趋势估计和显著性检验，图 5-4 给出部分结果。总体结论是：

大部分台站的极热事件增多；尽管有破纪录低温事件发生，但绝大部分台站的极冷事件都减少，夜间尤其显著。

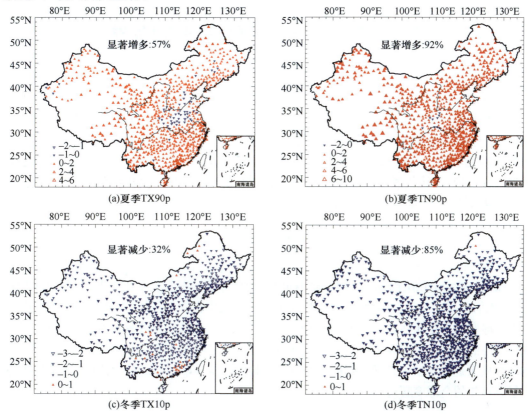

图 5-4　1960～2017 年中国大陆 756 站夏季极端高温指数（TX90p 和 TN90p）和冬季极端低温指数（TX10p 和 TN10p）的线性趋势及其统计显著性（Qian et al.，2019）

注：实心符：0.05 水平显著趋势；空心符：趋势不显著；红色：增多趋势；蓝色：减少趋势；图中的百分比数值代表正负号占主导一方的显著站点的百分比；港澳台资料暂缺

思 考 题

1. 设有气候变量时间序列 X，样本长度 n。令 X 代表北京密云站 1961～2010 年夏季降水量（第 3 章附表），试解以下题目。

（1）分析该序列的线性趋势，并进行显著性检验。

（2）构建 X 的 5 点滑动平均序列。

（3）用 M-K 趋势检验方法分析 X 的趋势。

（4）用 Spearman 秩相关检验方法分析 X 的趋势。

2. 哪种方法最适于分析单站极端降水的变化趋势？为什么？

3. 计算并绘制所给序列的线性趋势并判断其统计显著性。

第6章 气候变量场趋势

不同地点的气候序列往往呈现出不同的趋势，而这些局地趋势是相互联系的，并构成一个整体的气候变化趋势场。如何统一地表达出这个趋势场，进而探索其成因呢？本章介绍一套变量场趋势分析方法。首先介绍一个必要的基础知识，即用于拟合时间序列中非线性趋势的三次样条回归（CSR）；拓展到变量场序列的样条回归，通过广义加法模型（GAM）表达气候变量场的趋势格局；进而介绍一种广义线性模拟（GLM）的方法，可用于分析气候趋势场的成因。

6.1 背景问题

图 6-1 显示了众所周知的 19 世纪中期以来的全球平均表面温度距平序列。如图 6-1（a）所示，人们常用一条线性拟合的直线，即可简明地表达出自 20 世纪初以来的全球变暖趋势，然而全球变暖不是线性的。从图 6-1（a）中分段拟合的两条短直线就可看出，全球气候存在阶段性的迅速变暖过程。图 6-1（b）则显示了一种非线性拟合的趋势线，由此可见，全球变暖更像是在波动中逐渐增强的一个过程。显然，这一非线性趋势比原序列更简明地表达了近百年的全球变暖过程。

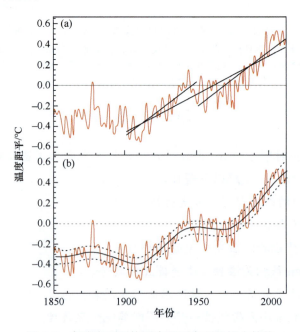

图 6-1　全球表面平均温度距平序列及拟合趋势

　　然而，全球各地的温度变化趋势并不一致。图 6-2 显示了各地 1999～2008 年平均温度相对于当地 1940～1980 年平均温度的变化。可见，近 10 年相对于 20 世纪中期而言，全球大部分地区增温，尤其是北极周边区域增暖剧烈，但也有些海洋区域甚至有所降温。

　　考虑到近百年全球变暖是地球气候系统的一个整体演变过程，我们希望用一种方法统一地表达出该过程的空间分布格局，从而有助于进一步探究其成因。类似图 6-2 那样，分别计算每个地点的某种"线性"趋势，再把所有点的结果画到地图上，只能粗略地说明各地存在不同趋势。然而，单点线性趋势显然不能反映各地实际的气候变化过程（如图 6-1 那样的非线性过程）；更重要的是，单点计算难以反映各地气候变化之间可能存在的联系。

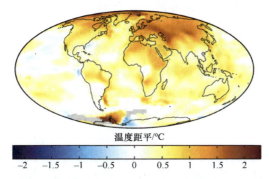

图 6-2　1999～2008 年平均温度相对于 1940～1980 年气候平均态的变化

　　为理解"整体表述"气候变化时空格局的意义，下面来看一个现实的案例。图 6-3

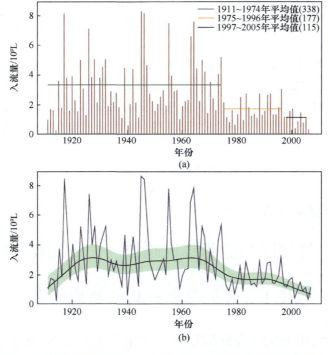

图 6-3　澳大利亚西南部 Perth 地区 11 个水库的年入流量序列

（a）三条水平线分别代表三个时期的平均入流量；（b）阴影区为原序列拟合的非线性趋势线的置信区间

显示了 20 世纪初期以来澳大利亚西南部 Perth 地区水库的年入流量序列。为表述水库入流的长期变化趋势，图 6-3（a）计算了三个时段的平均流量，可见该地区在 20 世纪 70 年代迅速变干，90 年代进一步变干，呈现出阶段性的气候跃变。显然，这个变干过程是线性趋势难以表达的。图 6-3（b）显示的非线性趋势，从另一个角度表达了该地区的气候变干过程。然而，区域平均变化难以反映各地变化之差异。

Perth 地区是澳大利亚的一个主要农牧业区，气候变干严重影响该地区的可持续发展。为此，当地政府提出了各种应对措施，包括针对居民用水的一系列限制措施，但生活在同一地区的人们却有大相径庭的反应。原因之一是不同地点的居民对降水变化趋势有不同的体验。有的认为最近几十年确实变干了，有的则认为降水并未明显减少。因而，面对节约日常用水、建立海水淡化工厂补充农业用水缺口等提议，那些认同气候变干的人表示支持，而那些否认气候变干的人则表示反对。事实上，Perth 地区地处副热带高压环流系统和西风带的交汇区，不同地点的降水变率大，判断降水的长期趋势并非易事。如果能用一种方法统一地表达出该地区的降水趋势场，则有助于解释其中不同地点的趋势差异及其间的联系，为居民就政策达成共识提供科学基础（详见 6.3 节）。

统一表述气候趋势场还有助于进一步探讨其成因。值得指出的是，同一个气候变化因素有可能导致相邻区域气候呈现反相的演变趋势。例如，夏季西北太平洋副高偏南的话，则很可能华北一带降水偏少而南方地区降水偏多。那么，20 世纪中后期以来中国东部季风区"南涝北旱"的趋势性格局是否和副热带高压的长期演变有关呢？

又如，20 世纪后半叶东南欧一带的风普遍减弱，有人认为可能与各地风速观测站周围的城市化发展有关，因为建筑楼群崛起可能导致局地观测的风速变小。然而，从更广阔的视野来看，东南欧风速减小的同时，西北欧一带的风速则有所增大（Yan et al., 2002a）。这个大尺度的风速变化格局难以归因于局地城市化。这从一个侧面说明，有必要统一表达气候趋势场，以便于更合理地探究有关成因。

上述例子中的共同问题是，需要了解气候变化的整体格局（即趋势场，而非单个地点的趋势）进而探索其成因。为解答这类问题，下面分三步介绍一套统计分析方法。对应的三个具体问题如下：

如何计算实际气候序列中存在的非线性趋势？

如何求取气候变量场中存在的非线性趋势格局？

如何分析气候趋势场的成因？

6.2　气候序列的非线性趋势——三次样条回归

6.2.1　简单趋势分析方法的问题

先来回顾一些常用的趋势分析方法。最简单的方法之一，就是对时间序列做线性回归。图 6-4 中的蓝色虚线即线性回归的趋势线。前面已讨论过，线性趋势难以表述实际过程的非线性特征。

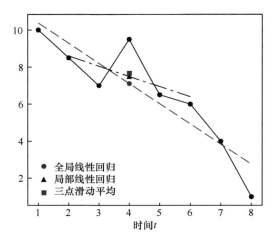

图 6-4 三种不同趋势分析方法对序列进行趋势分析之后在时间 $t=4$ 处的取值差异
实线为原始序列

为表达非线性趋势，可以对时间序列做多项式回归。然而，多项式回归至少存在两个弊端。首先，不同阶数的多项式能拟合的趋势是不同的，如 2 次多项式拟合的是一个抛物线趋势，5 次多项式则可拟合出某些波动。但实际观测序列通常存在复杂的趋势，很难判断几阶多项式能最佳地拟合观测序列的趋势，多项式阶数的选择往往具有主观性。其次，为尽可能地拟合观测序列的趋势，人们通常会选择阶数较高的多项式，但阶数越高其泛化能力越差，过拟合问题越严重。这两个弊端都造成了多项式回归在非线性趋势分析中的应用困难。

另外一种常用的方法是随时间的滑动平均。该方法有助于分析时间序列中存在的较长期波动。然而，滑动的时间窗长短需要主观选择，且不同长度的时间窗会对短时间尺度上的气候趋势造成不同程度的削弱。例如，对逐年的气候序列选择 5 年滑动窗，则相应的滑动平均序列会削弱年际气候变率，而 21 年滑动窗会进一步削弱年际乃至年代际的气候变率。此外，虽然滑动窗较长可反映较长尺度的波动，但在序列端点损失的信息也较多。可见，滑动平均的方法也难以有效地展现出序列中固有的非线性趋势。

考虑到前面提到的气候变化往往呈现出阶段性，序列中的非线性趋势还可以通过分段拟合线性趋势来表达。然而，如何分段同样带有主观性，而且分段的线性函数不能自然地连成一个整体光滑的非线性趋势。

总之，上述简单的趋势分析方法大都难以客观地表达实际气候变化趋势特征。如何设计一种足够简单的时间函数拟合方法，使得主观因素的影响小，又足以反映气候序列中的自然趋势呢？途径之一就是下面介绍的三次样条回归。

6.2.2 三次样条回归

样条回归的含义也是分段拟合一个时间序列。三次样条回归（cubic spline regression，CSR）的基本思路可以理解为：选择一些节点把一个时间序列分段，用三次多项式分别拟合各分段的子序列，最后在节点处将各分段拟合的曲线光滑连接起来就获得了一个三次样条回归曲线。用三次多项式来拟合，可以保证在节点处的一阶和二阶导数存在。光滑连接的意思就是令节点两侧三次多项式的一阶和二阶导数分别相等，也即节点两侧的变化率和弯曲程度都是一致的。这样构造出来的三次样条函数看起来就是一个光滑的整体，而不是分段的。图 6-5 为选定节点后的一个三次样条函数的构造示意图。

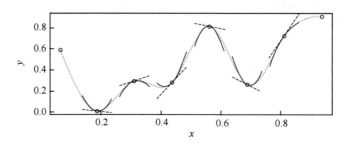

图 6-5　三次样条函数构造示意图（Wood，2006）

空心圆点为选定的节点；点线为回归的三次样条函数；经过节点的虚直线代表节点处的一阶导数与回归的三次样条函数相切，意味着节点两侧的一阶导数相等；经过节点的实曲线为与节点处相匹配的二次函数，展示节点两侧的二阶导数相等

数学上已证明，这样构造的三次样条函数可以写成一组基函数的线性组合，即

$$m(x) = \sum_{i=1}^{q+2} \beta_i b_i(x) \qquad (6-1)$$

式中，$b_i(x)$ 为基函数；β_i 为组合系数；q 为节点数。节点数 q 是人为给定的，基函数 $b_i(x)$ 是已知的，只有组合系数 β_i 是待定的，因此待定的参数有 $q+2$ 个。这个公式类似于一般函数的正交分解。三次样条基函数往往包含一个常数项，用以拟合气候序列的平均态；以及一个线性函数，用以拟合气候序列中的长期趋势，其余基函数均为带有不同波动性质的基函数，这样可以拟合序列中的不同波动。图 6-6 为一类基函数及其组合构成的一个三次样条函数示例。

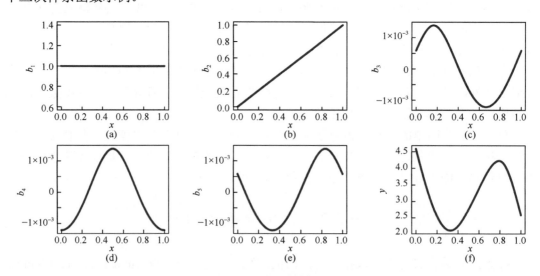

图 6-6　一个三次样条函数及其基函数示例

（a）～（e）为 5 个基函数（$b_1 \sim b_5$）；其中（a）为常数，（b）为线性函数，（c）～（e）为非线性函数；（f）为将这些基函数通过特定组合系数组合后形成的三次样条函数

　　由多个基函数线性组合而来的三次样条函数就像一条绳子一样，有很大的灵活性，它能根据不同的组合系数取值而呈现不同的形状，从而逼近模拟任意一个气候序列的非线性趋势。如何确定这些组合系数？这正是利用三次样条回归进行非线性趋势分析的核心内容。需要采用回归分析的办法来确定基函数的组合系数，就是说其取值应取决于所要分析的气候序列。

　　假定 $\{y_t, t=1,\cdots,T\}$ 是气候序列，$m(x)$ 是回归拟合的三次样条函数。常规的回归分析就是要求 m 充分接近气候序列 y，即通过求解如下残差平方和的最小值问题来确定回归系数：

$$\min_{m(x)}\sum_{t=1}^{T}[y_t-m(x_t)]^2$$

　　然而，如果仅以上述残差平方和的最小值为目标函数，则会导致最优解变成一个插值函数。因为三次样条函数有很大的灵活性，只要节点数足够多，上述条件确定的最优样条函数会充分接近每一个数据点，使得该目标函数值趋于 0。这当然是这个目标函数的最小值，但却不是预期的非线性趋势。

　　因此，必须对样条函数加以约束，使得回归的三次样条函数既不能过分拟合气候序列本身，又不能过于平缓而丧失对非线性趋势的表达能力。这种要求可以通过求解如下的最优化问题而实现：

$$\min_{m(x)}\sum_{t=1}^{T}\{[y_t-m(x_t)]^2+\lambda\int_{R}[m''(x)]^2\mathrm{d}x\}$$

　　该最优化问题的目标函数由两项相加。第一项仍然是残差平方和，第二项是回归函数（也就是三次样条函数）二阶导数的平方在整个回归域的积分（乘以系数 λ）。后项称为惩罚项，λ 称为惩罚系数。惩罚项中积分部分的大小取决于三次样条曲线的平缓程度，越平缓的函数的二阶导数平方积分越小。极端平缓的情况就是直线，其二阶导数等于 0。反之，回归曲线越不平缓，也就是包含越复杂的变化，则其二阶导数平方的积分值就越大。

　　在求取最小目标函数值的优化过程中，上述第一项（即残差平方和项）倾向于使得回归函数尽量拟合观测序列，以确保残差较小；但回归函数越逼近气候序列，其变率就越大，第二项（即惩罚项）也会越大，从而不利于目标函数取得最小值。可见，惩罚项是为了制约回归函数过于拟合气候序列，而倾向于使得回归函数较为平缓。在这两个对立条件的综合作用下，最优化问题的解会在两方面之间取得一个平衡。最优解的三次样条函数既不会有太复杂的变化，也不会过于平缓。这样就有可能恰当地分离出气候序列中隐含的非线性趋势。

　　惩罚系数 λ 决定着惩罚项作用的大小。λ 越大，惩罚项作用越大，最优化问题也就倾向于拟合出气候序列中的长期趋势。极端情况下，λ 趋于无穷大，就转变成常规的线性回归模型，因为线性函数的二阶导数为零，才能确保上述两项之和取得最小值（最优解）。反之，λ 值较小，则最优解会导致具有较复杂变率的回归函数。

　　如何来确定惩罚系数 λ 呢？这貌似也是一个带有主观性的选择题。数学上对于最优

λ 的选择是可以设立客观准则的。其中一种准则借鉴了统计建模分析中常用的交叉验证（cross validation）的思想。可以在给定节点数的情况下设计如下做法：

（1）确定一个 λ 值，剔除气候序列中的一小部分数据（如一个数据）后，构建一个回归模型；

（2）用步骤（1）建立的模型"预测"剔除的那一小部分数据，求得预测误差；

（3）对气候序列中的所有数据进行轮换剔除，重复步骤（1）和（2），最后求得平均的预测误差，代表当前参数对应的模型误差；

（4）取不同的 λ 值，重复步骤（1）～（3），最终选择那个使得模型误差最小的 λ 值来作为最优惩罚系数。

根据上述设想，数学上发展了一种广义交叉验证（generalized cross validation，GCV）的方法，避免重复上述步骤（1）和（2），而只需要利用所有数据建模一次就估计出交叉验证的误差。GCV 方法可以加速最优惩罚系数的求取。然而，我们将从下文的案例分析中发现，只要设定了恰当的节点数，三次样条回归的结果对惩罚系数的适度变化并不敏感。

另一个貌似带有主观性的问题就是：如何选择构造样条函数的节点数？节点数越多，用到的基函数越多，最终合成的三次样条函数就可以包含越复杂的变化。然而，对于大多数气候序列而言，实践证明节点数也不是一个敏感的因素。通常针对一个特定的气候序列，根据其复杂程度（如有几个大的波动变化），多加 1～2 个节点就足以满足要求；再增加节点数，结果也不会明显改变。

下面我们就通过全球表面温度序列的非线性趋势分析来展示三次样条回归的应用价值。

6.2.3　全球平均温度序列的非线性趋势分析

从图 6-7（a）所示的全球平均表面温度距平序列可见，自 19 世纪后期开始呈现若干短暂的变暖波动，至 20 世纪 70 年代后呈现持续变暖的趋势。从这个全球平均温度序列本身看来，早期的年际变率较大，这是由于早期观测资料较少，全球平均值未能充分平滑掉一些局地气候变率。例如，在 19 世纪 70 年代末有一个异常峰值，很可能是当年某些局地异常偏暖记录所致。在分析气候变化时，个别年份的资料问题不应影响对长期气候变化趋势的判断。

为方便开展三次样条回归分析，将气候序列的时间范围缩放到 0～1。针对全球平均温度序列的基本特点，选择 4 个节点构造三次样条函数，即选择[0.2，0.4，0.6，0.8]四个节点。图 6-7（b）显示了无惩罚时进行三次样条回归得到的趋势线（图中红线）。可见，三次样条函数能相当好地拟合原序列中的长期波动趋势。

为考察惩罚项的作用，图 6-7（c）比较了不同惩罚系数所得到的三次样条回归趋势线。可见，惩罚系数越大（如 $\lambda = 0.1$），得到的趋势函数越平滑，越接近于直线；而在惩罚系数较小时，得到的趋势函数波动幅度也较大，较能展示数据中潜在的非线性趋势。

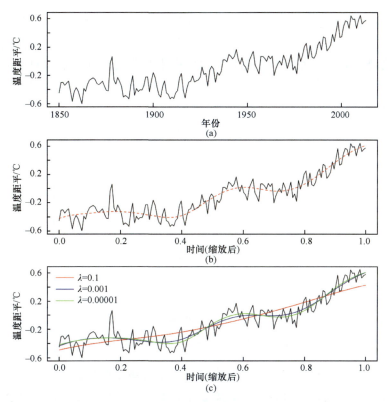

图 6-7　1850 年以来全球平均表面温度距平序列（数据来源：Berkeley Earth）（a）；红色虚线为无惩罚（$\lambda=0$）的三次样条回归趋势（b）；三个不同惩罚系数的三次样条回归趋势对比（c）

为获得最优的惩罚系数，采用交叉验证的方法。图 6-8 显示了随着 λ 取不同值，回归模型的误差变化。可见，随着惩罚系数从小到大变化，模型误差逐渐减小，到达一个最低点后，开始迅速增大。可以选择误差最低点对应的 λ 取值为最优的惩罚系数。从图 6-8 中还可见，只要惩罚系数保持在较小的取值范围内，三次样条回归的 GCV 误差几乎都保持在稍高于 0.012 的水平。这说明给定适当节点数的三次样条回归的结果并不太依赖于惩罚系数。

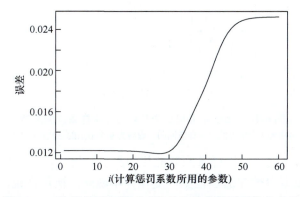

图 6-8　三次样条回归模型"误差"随着惩罚系数的变化

模型误差随着惩罚系数的增大先逐渐减小，后急剧增大，当惩罚系数 $\lambda=1.5^{i-1}\times10^{-8}$（$i=27$）时模型误差达最小

　　图 6-9 比较了最优惩罚下的趋势函数与无惩罚的趋势函数，可以看到两者确实并无太大差异。从统计建模的角度来说，两者的差异可解释为：无惩罚的回归趋势稍有点过拟合原序列之嫌。但这种差异并不明显，原因在于当前给定的节点数对应的三次样条函数复杂度合适，也即这个待回归的样条函数既不能过拟合数据，因为它没有过分的灵活性，又可以在数据的驱动下恰如其分地抓住序列中的主要非线性趋势。

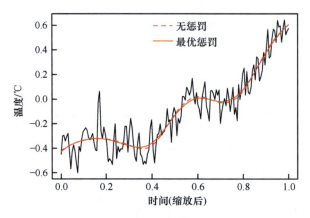

图 6-9　最优惩罚与无惩罚的结果比较

　　那么，是否因为前面设定的 4 个节点数限制了样条函数的拟合能力，从而导致其对惩罚系数变化不敏感呢？从理论上讲，增加节点数，可以增加三次样条函数对复杂变化的拟合能力。然而，事实上，只要不是无限制增大节点数，增大节点数并不会导致上述分析结果发生很大改变。图 6-10 比较了 4 个和 9 个节点的三次样条回归趋势，后者拟合的部分波动幅度稍大，但两者的总体演变特征差别并不大。

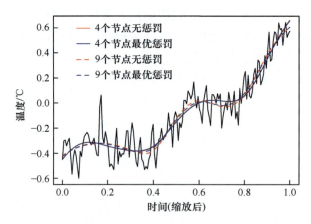

图 6-10　比较 4 个和 9 个节点的三次样条回归趋势
实线为 4 个节点的三次样条回归，虚线为 9 个节点的三次样条回归

　　总之，上述分析表明，三次样条回归能相当稳定地展示出气候序列中固有的长期变化特征，其结果对模型参数在适当范围内变化并不敏感。换句话说，不同应用者在适当范围内选择不同的模型参数，但针对同一个气候序列的分析结果是差不多的，这在一定程度上保障了分析结果的客观性。

　　最后，再对比一下三次样条回归的非线性趋势与之前介绍的其他方法的结果。图 6-11 给出四种非线性趋势分析方法得到的结果。可以看到，其他非线性趋势分析方法都有过拟合原序列之嫌，不能很好地展现气候序列中潜在的长期变化趋势。而且，其他方法更容易受到数据中可能存在的异常值的影响，而三次样条回归则不然。例如，其他几种方法的结果，在 19 世纪中后期的疑似异常值附近多少都有被带跑偏了的嫌疑，但三次样条回归的结果几乎不受影响。

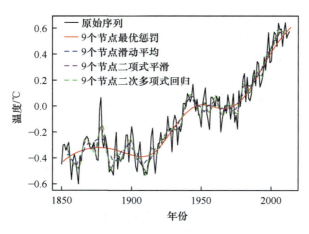

图 6-11　不同非线性趋势分析方法的结果比较

6.3　气候场的趋势格局

　　把上述针对一维气候序列的三次样条回归方法拓展运用于二维的气候要素分布场，即可揭示该气候要素场的整体变化趋势格局。

6.3.1　广义加法模型

　　假定 $Y(s,t)$ 表示一个气候要素的时空分布，其中 s 表示空间位置，可以用一组经纬度坐标表示；t 为时间坐标。这个气候要素的时空分布中的整体变化趋势场为 $\mu(s,t)$，则有如下表达式：

$$Y(s,t) = \mu(s,t) + \varepsilon(s,t) \qquad (6\text{-}2)$$

式中，$\varepsilon(s,t)$ 为残差场，是均值为 0 的白噪声。趋势场可通过三次样条回归的方法求得，但这里要用到二维的三次样条回归函数。数学上有不同的方法来构造高维的样条函数，其中最常用者包括张量积（tensor-product）和薄板（thin-plate）样条函数。这两种样条函数适用的条件有所不同。薄板样条函数适用的数据在不同维度坐标上具有同一量级，但张量积样条函数不受此限制。

　　同样，二维的样条函数也可以表达为一系列的样条基函数 $\{\phi_l\}$ 的线性组合：

$$\mu(s,t) = \sum_l \beta_l \phi_l(s,t) \qquad (6\text{-}3)$$

其中，每个样条基函数都是一个二维函数。鉴于其由一系列基函数线性叠加而成，这类样条回归模型也被称为加法模型（additive model）。其形式有点像通常的多元线性回归模型，区别在于多元线性回归模型的回归项可以理解为预测因子，而加法模型的回归项则是一系列基函数。如果加法模型的残差为非正态分布，则称为广义加法模型（generalized additive model，GAM）。

类似地，上述三次样条基函数的回归系数要通过求解带惩罚的最小二乘问题而获得。对于广义加法模型而言，带惩罚的最小二乘问题通常不能得到解析解，而必须通过数值迭代方法求得近似解。最优惩罚系数同样可通过交叉验证的方法来确定。

此外，由于气候要素场的各地数据之间往往存在空间相关性，因而不能把每一个空间点的数据当成独立样本。这种空间相关性不会影响模型参数 $\{\beta_i\}$ 的估计，但会影响其不确定性的估计，从而影响回归结果（趋势场）的不确定性大小。为此，需要分析在非独立样本的条件下模型参数的置信区间估计，它与样本方差-协方差矩阵的估计有关。我们知道，当样本之间相互独立时，样本的协方差矩阵为对角矩阵，当样本之间存在相关性时，样本的协方差矩阵为非对角矩阵。此时，为估计协方差矩阵，我们通常采用半方差分析法。半方差的定义为

$$\hat{\gamma}(h) = \frac{1}{2} \frac{1}{n(h)} \sum_{i=1}^{n(h)} \left[z(x_i + h) - z(x_i) \right]^2 \qquad (6\text{-}4)$$

式中，h 为步长，表示场中两点之间的距离；$z(x_i + h)$ 和 $z(x_i)$ 分别为场中位于 $x_i + h$ 和 x_i 处的观测值；$n(h)$ 为场中满足步长为 h 的点对数。可见，半方差代表的就是变量场中距离为 h 的变量之间方差的一半。以 h 为自变量，可画出半方差函数的图像，称为变异函数，它通常是呈指数型趋势上升的，到一定距离之后接近于一个稳定值。这也是容易理解的，因为距离越近的时候，变量之间的差异越小，相似性越大，计算出的半方差就越小，反之，则越大。但到一定距离之后，变量之间几乎不存在相关性了，为完全独立的变量，此时不同距离下计算出来的半方差就没有了差别，也即半方差与距离无关了。

以指数函数对残差的变异函数进行拟合后，可以根据拟合的指数函数估计出方差-协方差矩阵，进而估计出回归参数的方差，由此可调整计算回归参数和趋势场的不确定范围。下面通过澳大利亚西南部降水变化的案例来理解对气候要素场整体趋势的分析方法。

6.3.2 澳大利亚西南部的降水场趋势分析

如前所述，澳大利亚西南部是澳大利亚的重要农牧基地，近几十年气候变干严重影响该区域的可持续发展。政府提出节约用水等一系列应对措施。然而，由于局地降水气候变率很大，居民对近几十年的降水变化的认识存在分歧，影响了应对措施的落实。确切地表达出该区域降水气候的整体变化趋势格局，有助于人们统一认识。

根据 Chandler 和 Scott（2011）的研究可知，研究区位置如图 6-12 所示。研究用到 1940～2010 年 60 个站点的逐日降水观测数据。这里补充一个插曲。研究人员在分析一些站的逐日降水观测数据时发现，2000 年之后，周末总是无降水。调查获悉，这是因为澳大利亚政府在 2000 年之后削减了气象部门经费，严格执行周末不上班的规定，导致此后周末没有降水记录。这种缺测的记录处理不好，就可能严重影响长期气候趋势分析，因而必须做数据预处理。在合理的数据预处理基础上，才能求得研究时段内可比的当地降水季（每年 5～7 月）的降水总量、降水日数和湿日平均降水量，进而分析其气候趋势场。

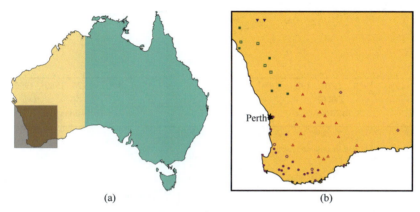

(a)　　　　　　　　　　　　(b)

图 6-12　研究区位置：澳大利亚西南部（a）及 60 个降水观测站点分布（b）

空心点代表 2000 年之后周末降水缺测的站点

首先需要选择合适的样条函数。考虑到经纬度和时间的量级不一样，应该选择张量积的方法构造样条函数。然后把所有样本当作独立样本进行回归。分析回归的残差，画出变异函数（图 6-13），可以看到半方差随距离呈指数型增大的空间相关结构，需要基于这种空间相关结构重新估算回归结果的不确定性。

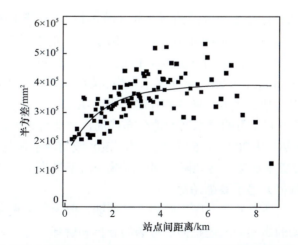

图 6-13　冬季降水残差的半方差函数（方形点）和以指数函数拟合后的曲线

三次样条回归所得的趋势场是三维的，即随时间演变的一系列二维曲面。可在计算机屏幕上通过三维动画演示该趋势场的整体演变。给定任意一个时间点，则可考察该时间的要素分布（一个二维曲面）；也可固定一个地理位置，考察当地随时间演变的降水气候趋势（一条曲线）。图 6-14 展示了四个站点的趋势线，其中粗虚线和细虚线分别为考虑和不考虑空间相关性的 95% 置信区间。可以看到，考虑了样本点之间的空间相关性后，回归结果的不确定性有所增大。

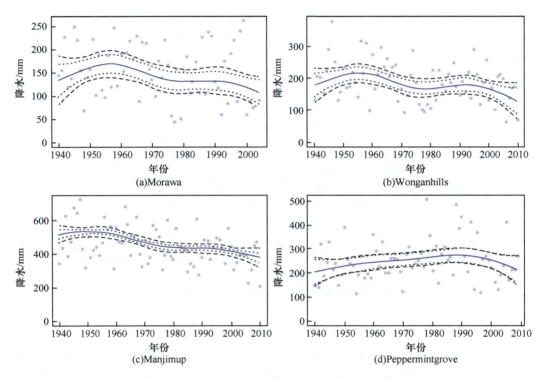

图 6-14　四个典型站冬季降水的多维样条回归结果

粗实线为回归样条，虚线为考虑空间相关性之后的置信区间，而点线为不考虑空间相关性的置信区间

图 6-14 中 Morawa 站位于研究区的西北部（图 6-12），其降水序列呈现出波动减少的非线性趋势。其南边的 Wonganhills 站也经历了类似的波动下降趋势。西南部的 Manjimup 站则显示了接近线性的下降趋势，但也隐约可见类似前述两站的年代际波动。位于东南部的 Peppermintgrove 站，早期降水有增加趋势，直至 20 世纪 90 年代后才转变为和其他三站同步的减少趋势，导致整体趋势不甚明朗。

图 6-15 显示了不同年份的降水回归值分布格局，由此可判断这个地区降水分布格局随时间的变化。显然，从 20 世纪 60 年代开始，该区域的降水量总体上开始逐渐变少；尤其是 2000 年之后变干加速，各地降水都剧烈减少，干旱少雨（红色）区扩大，西南角的相对多雨区（蓝色）趋于萎缩殆尽。

总之，尽管有个别站点的降水序列趋势不甚明朗，但该区域正在经历一个整体变干的大趋势是十分明朗的事实。上述整体趋势场的分析和解释，为当地居民对其所面临的气候变化及政府倡导的应对措施达成共识提供了科学基础。

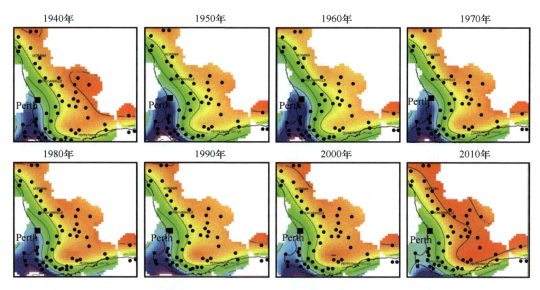

图 6-15　不同年份的冬季降水回归值分布图

暖色越深代表降水越少；冷色越深代表降水越多

6.4　气候趋势场的成因分析

从气候要素观测数据中求得整体趋势格局后，还可以进一步分析是什么因素导致如此这般的趋势格局。广义线性模型（GLM）为此提供了一个工具。广义线性模型的完整理论于 1972 年问世。Chandler 和 Wheater（2002）发展了变量场的广义线性模型框架并运用于区域逐日降水分布的模拟。Yan 等（2002a）将之运用于研究区域逐日最大风速分布的变化及其与全球气候变化的联系。下面先简单介绍变量场的广义线性模型，再通过一个案例展示其应用价值。

6.4.1　广义线性模型

假定 $\{y_i, i = 1, \cdots, n\}$ 为观测的气候要素场序列，其中 i 为时间坐标，y_i 代表某个时刻的气候要素场（空间分布格局）。气候要素场序列中的每个观测值 y_i 都可视为服从某个统计分布（也可称为气候分布）的随机变量 Y_i 的一个随机样本。趋势场序列 $\{\mu_i, i = 1, \cdots, n\}$ 则可视为这一系列随时间变化的气候分布的中心统计量 $\{E(Y_i), i = 1, \cdots, n\}$，也即均值（场）。

为考察上述趋势场的可能成因，设有 p 个影响因子 $[x_1, x_2, \cdots, x_p]$，则广义线性模型可表达为如下类似回归模型：

$$g(\mu) = X\beta \qquad (6\text{-}5)$$

其中，$g(\mu) = [g(\mu_1), g(\mu_2), \cdots, g(\mu_n)]^{\mathrm{T}}$；$\beta = [\beta_1, \cdots, \beta_p]^{\mathrm{T}}$ 为回归系数；X 为 $n \times p$ 的矩阵，每一行向量代表一个样本对应的影响因子取值，每一列向量代表一个影响因子在不同时刻的取值；$g(\cdot)$ 为单调递增的连接函数。将式（6-5）展开后有

$$\begin{bmatrix} g(\mu_1) \\ g(\mu_2) \\ \vdots \\ g(\mu_n) \end{bmatrix} = \begin{bmatrix} x_{11} & x_{12} & \cdots & x_{1p} \\ x_{21} & x_{22} & \cdots & x_{2p} \\ \vdots & \vdots & & \vdots \\ x_{n1} & x_{n2} & \cdots & x_{np} \end{bmatrix} \begin{bmatrix} \beta_1 \\ \beta_2 \\ \vdots \\ \beta_p \end{bmatrix} \tag{6-6}$$

经过矩阵运算之后可见，每个时刻的气候值均通过连接函数与预报因子的线性组合联系起来，而连接函数的形式则由样本的分布函数决定。广义线性模型要求样本的分布来自于指数分布族，其密度函数的形式如下：

$$f(y; \theta, \phi) = \exp\left[\frac{y\theta - b(\theta)}{a(\phi)} + c(y, \phi)\right] \tag{6-7}$$

其均值为 $\dfrac{\partial b}{\partial \theta}$，方差为 $a(\phi)\dfrac{\partial^2 b}{\partial \theta^2}$。气候分析中常见的二项分布、泊松分布、正态分布、指数分布和 Gamma 分布等都属于指数分布族，将它们的密度函数写成如上形式时，对应的 a、b 和 c 函数如表 6-1 所示。因此，当样本分布服从这些指数分布族的某一种时，均可使用广义线性模型，只是不同的分布对应的连接函数不同。当样本分布服从正态分布时，连接函数 $g(\mu) = \mu$ 也即均值本身，此时广义线性模型转化为常规的线性模型。

表 6-1　指数分布族的例子

分布名称	密度函数	θ	ϕ	$a(\phi)$	$b(\theta)$	$c(y, \phi)$
伯努利分布（参数 p）	$p^y(1-p)^{1-y}\ (y=0,1)$	$\ln\left(\dfrac{p}{1-p}\right)$	1	1	$\ln(1+e^\theta)$	0
泊松分布（参数 μ）	$(e^{-\mu}\mu^y)/y!\ (y \in N)$	$\ln \mu$	1	1	e^θ	$-\ln y!$
正态分布（参数 μ 和 σ^2）	$\dfrac{1}{\sigma\sqrt{2\pi}}e^{\left[-(y-\mu)^2/2\sigma^2\right]}\ (y \in R)$	μ	σ^2	$\phi(=\sigma^2)$	$\dfrac{\theta^2}{2}$	$-\left[\dfrac{y^2}{2\phi} + \dfrac{1}{2}\ln(2\pi\phi)\right]$
Gamma 分布（参数 μ 和 ν）	$\dfrac{1}{\Gamma(\nu)}\left(\dfrac{\nu}{\mu}\right)^\nu y^{\nu-1} e^{\left(\frac{\nu y}{\mu}\right)}\ (y>0)$	μ^{-1}	ν	$-\phi^{-1}$	$\ln \theta$	$\phi\ln(\phi y) - \ln y - \ln\left[\Gamma(\phi)\right]$

广义线性模型的参数可通过极大似然估计来确定。如前所述，似然函数就是将每个样本点上的密度函数相乘，即

$$L(\theta, y) = \prod_{i=1}^{n} f_i(y_i; \theta_i, \phi) = \prod_{i=1}^{n} \exp\left[\frac{y_i\theta_i - b(\theta_i)}{a(\phi)} + c(y_i, \phi)\right] \tag{6-8}$$

这里有两个隐含的假设：每个观测样本之间是相互独立的；参数 ϕ 在任何时刻保持不变，它是与方差有关的参数，也即意味着方差保持不变。事实上，大部分情况下，$a(\phi) = \dfrac{\phi}{w_i}$，且 w_i 为常数，通常取值为 1。因此，后面将只考虑这种情况下的似然函数极大值求解。θ_i 则通过连接函数与均值 μ_i 关联起来，再通过广义线性模型［式（6-5）］即可与回归系数 β 关联起来。所以，该似然函数实际上是在给定 y 的情况下，以 β 为参数的函数，变动 β 时，每个样本对应的概率密度函数 $f_i(y_i; \theta_i, \phi)$ 会变，整个似然函

数 $L(\theta, y)$ 的取值也会变。由于 y 是已经观测到的样本，如果每个样本 y_i 对应的概率密度函数都能取得最大值，那么整个似然函数也能取得最大值。因此，似然函数取最大值时对应的 β 取值即最优的参数估计，称为极大似然估计。为更方便地求解极大似然估计，通常将似然函数取对数后再求极大值。这样做并不会改变极大似然估计的结果，因为对数函数是单调递增函数，取对数后不会改变原来函数的极值位置。取对数后的似然函数为

$$\ln L(\theta, y) = \sum_{i=1}^{n}\left[\frac{y_i\theta_i - b(\theta_i)}{a(\phi)} + c(y_i, \phi)\right] \tag{6-9}$$

可见，取对数后多个指数函数的连乘转化为多个函数的求和，这样更便于求解出极大似然估计，该函数称为对数似然函数。对回归系数 β 的各个分量求导并令其等于零可得如下方程组：

$$\frac{\partial \ln L(\theta, y)}{\partial \beta_j} = \frac{1}{a(\phi)}\sum_{i=1}^{n}\frac{\partial}{\partial \beta_j}[y_i\theta_i - b(\theta_i)] = 0, (j = 1, \cdots, p) \tag{6-10}$$

对该方程组进行求解之后即可获得回归系数 β 的极大似然估计 $\hat{\beta}$。

和广义加法模型类似，广义线性模型回归系数的极大似然估计 β 一般也不能求得解析解，而是需要通过迭代求得数值解。极大似然估计 β 的确切分布也不能获得，只能在大样本假设下求得其近似分布。关于如何求取其大样本分布的内容不在本书讨论范围之内，有兴趣的读者可参考 Wood（2006）的相关内容。有了 β 的大样本分布之后便可对其进行统计推断，如回归系数是否等于零的检验和置信区间的求取。一般的统计软件通常都能给出相关的结果。

需要强调的是模型合理性的校验。通常要分析模型的残差来校验模型，看模型是否解释了气候观测样本包含的所有潜在信息，残差是否符合假定的"噪声"特征。

一般说来，用于构建广义线性模型的样本不服从正态分布。为此，需要将模型残差进行变换，以便于更直观地通过残差来校验模型。常用的变换残差有 Pearson 残差和 Anscombe 残差。Pearson 残差的定义如下：

$$r_i = K\frac{Y_i - \mu_i}{\sigma_i}$$

式中，K 为一个常数，对不同分布变量有不同的定义，以助于解释模型的残差。例如，对于 Gamma 分布，$K = \frac{1}{\sqrt{\upsilon}}$（其中 $\sqrt{\upsilon} = \frac{\mu_i}{\sigma_i}$），则上述 Pearson 残差转化为 $\frac{Y_i - \mu_i}{\mu_i}$，可以理解为某种百分比误差。如果模型正确，Pearson 残差是一个零均值、常方差的序列。反之，如果 Pearson 残差不符合这一特性，说明模型不够完善或是错的。

Anscombe 残差是把非正态分布的残差变换成正态分布，以便于进一步分析。对不同的分布也会有不同的变换形式。例如，对于 Gamma 分布来说，Anscombe 残差的定义为 $(\frac{y_i}{\mu_i})^{\frac{1}{3}}$。把 Anscombe 残差的分布和正态分布作比较（Q-Q 图），如果前者十分接近正

态分布（Q-Q 图呈对角线），则说明被模拟的气候变量样本确实服从 Gamma 分布，建模合理。

在引入各种回归因子的过程中，需要考察模型残差的变化。如果残差已不含有任何明显的时间和空间结构，且服从最开始假定的统计分布，就说明广义线性模型构建成功；否则需改进模型直到残差达到"噪声"标准。那么，在逐步引入回归因子的过程中，如何判断新加入的因子是否真的有作用，而不是冗余的因子呢？这就需要对因子引入前后的模型进行比较和选择，采用的方法是似然比检验。假设引入因子前模型含有 q 个回归因子，引入因子后模型含有 p 个回归因子，且 $q < p$，也即引入了 $p-q$ 个因子。为检验引入的 p 个因子是否真的有作用，设置零假设为 $H_0 : \beta_{q+1} = \beta_{q+2} = \cdots = \beta_p = 0$，也即引入的 $p-q$ 个因子其回归系数均为零。似然比检验的步骤如下：①以极大似然估计法拟合只含有 q 个回归因子的模型，并将相应的对数似然函数值记为 $\ln L_0$；②同样地，以极大似然估计法拟合含 p 个因子的模型，并将相应的对数似然函数值记为 $\ln L_1$，注意 $\ln L_1$ 不会比 $\ln L_0$ 小；③计算似然比检验统计量 $2\ln \Lambda = 2(\ln L_1 - \ln L_0)$，在零假设成立的条件下，该统计量服从自由度为 $p-q$ 的 χ^2 分布，因此对该假设进行卡方检验即可判断引入的因子是否真的有作用。

以上为广义线性模型的基本原理和建模过程概要。应用于气候研究时，广义线性模型方法视每个"天气"值为某种非正态分布总体中抽取的样本，通过极大似然估计确定最符合所有样本的分布（也即气候）及其随时间、地点和各种可能气候因子的变化；再通过蒙特卡罗（Monte Carlo）法产生大量模拟样本，从中判断气候分布（包括气候极值）随各种因子的变化。广义线性模型把所有资料同时纳入一个关于分布（包括均值和极值）的非平稳统计框架，极大地提高了有限气候资料的利用率，有助于获得更为全面的气候分析结果。

上述广义线性模型方法已被发展为一套 R 语言软件包 Glimclim（Chandler，2015）。这套软件包含广义线性模型建模、模型选择和残差分析等基本模块，用户只需根据软件要求的格式输入数据和必要的函数参数，即可进行相应的模型构建、模型分析和残差分析等过程。为获得合理的广义线性模型，用户需要逐步引入回归因子，反复建模并比较构建的不同模型，通过似然比检验和残差分析等结果确定最终的广义线性模型，从而获得对气候变化及其影响因子的有关认识。下面通过一个研究案例展示如何运用广义线性模型分析气候变化格局及其成因。

6.4.2　欧洲逐日极大风速的变化及成因

欧洲地处中高纬西风带的控制范围，常年经受强风袭扰。居民房顶被大风刮掉，成为保险业最频繁支出保费的灾害之一。因而，研究欧洲地区的风速变化及其成因具有切实的应用价值。这里介绍的一个工作也是首次运用 GLM 来模拟区域气候格局及其变化成因的经典案例（Yan et al.，2002a）。

基础数据是美国国家环境预报中心–国家大气研究中心（NCEP-NCAR）发展的 1958～1998 年格点再分析资料中的逐日最大风速,地理范围（47.5°N～65°N,12.5°W～22.5°E）覆盖大部分欧洲及部分北大西洋,分辨率 2.5°×2.5°。此外,还有一些常用的大气环流和大尺度气候指数,包括逐月北大西洋涛动（NAO）、北极涛动（AO）、太平洋–北美环流型（PNA）、南方涛动指数（SOI）、南半球温度（SHT）、北半球温度（NHT）等。研究目标是构建一套描述区域逐日最大风速的气候学特征及其演变的统计模型,并揭示主要影响因子。分析工具就是 Gamma 分布的广义线性模型。利用研究区各地逐日风速资料计算 Gamma 分布的变异系数,结果稳定在 0.35 左右,即变异系数近似为一个常数,这也是可用该模型的一个依据。

要统一构建一个区域的逐日风速气候模型,会涉及很多影响因素,而且各种因素之间还存在复杂的联系。因而,恰当的建模策略有助于节约大量的计算量。首先要把那些决定风速气候态的基本因子引入模型,解释样本中的气候态变率,也即要构建一个基本气候态模型。基本因子包括如下三类。

季节循环:不同月份（乃至不同日期）的风速是有差异的,而且不同地理位置的季节性也不同;

地理分布:不同地点、不同海拔的风速有别,洋面和陆面的风速也有明显差异,而且这些差异随季节而变;

自相关:这是逐日风速序列的主要变率来源（可占总方差的 1/3 以上）,一般考虑 3 阶以内的自相关即可,但还需考虑不同季节和地点的天气过程自相关特征之差异。

$$\ln \mu_{\mathrm{st}} = \beta_0 + \sum_j \beta_j x_{\mathrm{st}}(j) \tag{6-11}$$

用式（6-11）表达基础模型,其中 β_0 为常数,用以衡量整个区域平均风速的大小; β_j 为常系数,代表每个基本因子 x_{st} 的效应大小,而基本因子包括以上提到的三大类及其相互作用。

值得指出的是,上述每类基本因子都包括多个回归因子。以地理分布为例,此类因子可包括海拔、经度、纬度等变量的多项式（因为风速随地理因素的变化不一定是线性的）,还可包括单变量因子之间的乘积项（或称相互作用项）,如经纬度乘积可用来回归拟合东北–西南或西北–东南走向的风速分布梯度。不同类因子之间也可构成相互作用项,如自相关系数和地理因子以及季节循环函数的乘积,可用来回归拟合不同地点不同季节的风速自相关之强弱变化。因而,即使每类基本因子都选用少数因子,其间的相互作用（乘积）项组合也会非常多。构建基本气候态模型就是要用尽量少的基本因子解释尽量多的气候态变率。

通过似然比检验的方法逐步引入对模型似然函数有足够大贡献的回归因子,获得基本气候态模型,包含 64 个基本因子,解释方差占总方差的 51%,剩余方差绝大部分属于随机天气变率。图 6-16 是基础模型模拟的各月风速分布,可见研究区之西北部（北大西洋）风速较大,东南欧大陆风速较小;冬季风速较大,夏季风速较小。另外,基础模型还揭示了风速从海面到内陆迅速减小,但从平原到山地又有所增大等事实。这些基本气候态特征包括很多细节都符合观测事实,说明模型相当有效。

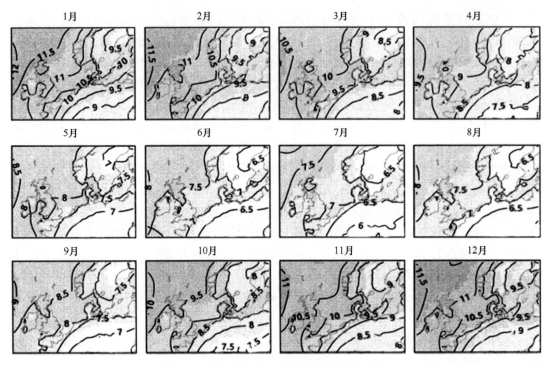

图 6-16　基础模型对逐月风速的模拟结果

风速等值线数值单位为 m/s

残差分析表明，基础模型的 Anscombe 残差和正态分布的 Q-Q 图呈现近乎完美的对角线，说明 Gamma 模型的选择是合理的；区域平均的各月 Pearson 残差大致落在白噪声范围内，说明气候态模型已经足够好地模拟了区域风速的季节性变化；然而，区域平均的逐年残差序列呈现上升趋势（图 6-17），反映了基础模型尚未引入该区域风速长期气候变化的影响因子。

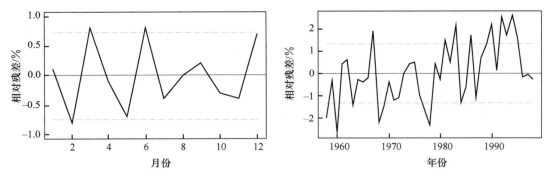

图 6-17　基础模型的残差统计

（a）月平均 Pearson 残差；（b）年平均 Pearson 残差。虚线表示 95%置信区间

在基础模型中引入"外因"，即各种大尺度环流和气候因子及其与基本因子之间的相互作用项，模型拓展为

$$\ln \mu_{\mathrm{st}} = \beta_0 + \sum_j \beta_j x_{\mathrm{st}}(j) + \sum_k \gamma_k z_t(k) \tag{6-12}$$

式中，γ_k 为常系数，代表每个外部因子 $z_t(k)$ 的效应大小。各种"外因"对风速的影响可能具有季节性及区域性，这在模型中体现为"外因"与基础因子的乘积项。同样采用似然比检验的方法，通过逐步引进反复考察各种"外因"对似然函数的贡献，最终 GLM 模型包含 110 个因子，解释方差占总方差的 52%。引入"外因"的解释方差增加了约 1%，貌似很小。这主要是因为该模型并没有引入天气尺度的因子来解释天气变率。此外，引入"外因"及其与基本因子的乘积项，会分担掉一部分原有基础模型的基本因子的方差贡献，所以"外因"的方差贡献并不限于 1% 的增量。实际上，引入"外因"后的模型很好地解释了该区域最大风速的长期趋势和部分年际变率。

表 6-2 列出对欧洲风速具有显著影响的大气环流指标和气候因素。表中前 6 个因子的影响既有区域性（模型包含其与地理因子的乘积项），又有季节性（模型包含其与季节函数的乘积项）。其中，影响最显著的是 AO 和 NAO，两者正位相期间欧洲风场总体显著偏强（$\gamma_0 > 0$）；其次为 NHT，北半球偏暖期间研究区风场总体显著偏弱（$\gamma_0 < 0$），但要注意其影响存在复杂的季节性和区域差异。接着 6 个因子，其影响有区域性但没有显著的季节差异，其中 SHT、东大西洋急流型（EAJ）、PNA、SOI 偏正期间，欧洲风场整体显著偏强。广义线性模型揭示的这些大尺度气候和环流因子对欧洲风场的影响，大多数都符合气象学常识，但也有一些结果是传统研究难以获得的新认识。

表 6-2　欧洲逐日最大风速的主要"外因"影响总结

影响因子	$\sigma_k\gamma_{o,k}$	地理位置	季节
北极涛动（AO）	0.0086*	Yes	Yes
北大西洋涛动（NAO）	0.0056*	Yes	Yes
北半球温度（NHT）	−0.0037*	Yes	Yes
东大西洋环流型（EA）	−0.0004	Yes	Yes
北大西洋温度（NAT）	0.0004	Yes	Yes
南大西洋温度（SAT）	−0.0002	Yes	Yes
南半球温度（SHT）	0.0049*	Yes	No
东大西洋急流（EAJ）	0.0034*	Yes	No
太平洋-北美环流型（PNA）	0.0027*	Yes	No
南方涛动指数（SOI）	0.0026*	Yes	No
大西洋-俄罗斯环流型（EAWR）	−0.0026*	Yes	No
东太平洋环流型（EP）	−0.0009*	Yes	No
斯堪的纳维亚环流型（SCA）	−0.0038*	No	No
热带-北半球环流型（TNH）	−0.0036*	No	No
北太洋环流型（NP）	0.0013*	No	No
亚洲夏季环流型（AS）	−0.0009	No	No
西太平洋环流型（WP）	0.0004	No	No
北极-欧亚环流型（POL）	−0.0002	No	No
太平洋过渡型（PT）	−0.0001	No	No

注：第一列（影响因子）包括 AO、NAO、NHT、SHT、SOI 等常用气象因子（详见 Yan et al., 2002a）；第二列数值（$\sigma_k\gamma_{o,k}$）代表第 k 个因子对于研究区最大风速的总体影响，正（负）值说明该因子越大风速越大（小），"*"指显著结果；"地理位置" Yes 或 No 说明该因子的影响随地理位置而变或不变；"季节" Yes 或 No 说明该因子的影响随季节而变或不变。

这里值得一提的是 AO 和 NAO 的影响。气象界的常识是：NAO 是 AO 伸向大西洋的某种分支现象，两者具有高度的正相关关系。在线性回归分析中往往要避免同时用两个显著相关的回归因子。然而，在上述区域气候变量场的广义线性模型中，引入其中任意一个因子后再引入另一个因子，都对模型的似然函数具有显著贡献。这说明两者对欧洲风场的影响有所不同，不能相互替代。如图 6-18（a）所示，强 AO 期间，除夏秋季南欧一带之外，风速在大部分区域所有季节都增强。而在强 NAO 期间，风速主要是在秋冬季整个区域都增强［图 6-18（b）］。由此可见，NAO 和 AO 对欧洲风场的影响是有明显差别的，而广义线性模型能有效地辨别出这种差别。

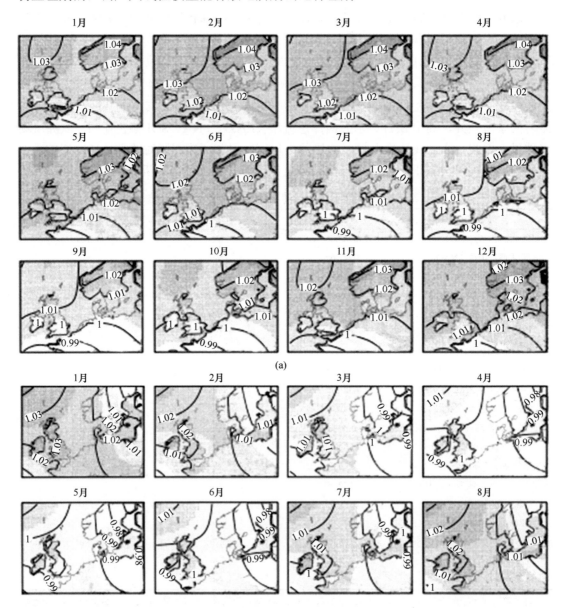

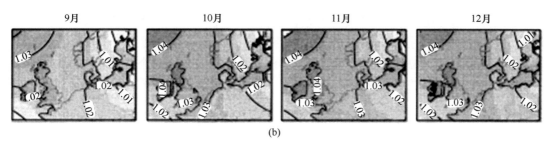

(b)

图 6-18　AO（a）和 NAO（b）对欧洲不同月份风场的影响系数（γ）的地理分布

该图代表完整模型中 AO 和 NAO 指数分别增大 1 个单位对应的风速变化格局。图中 γ 数值大（小）于 1 表示
对风速的正（负）影响

　　另一个值得一提的因子是 SHT。如图 6-19 所示，SHT 偏暖期间，欧洲西北部风速
增强，而东南部风速减弱。这一风速变化趋势的基本格局正是过去几十年观测到的气候
变化事实。SHT 在众多"外因"中脱颖而出，成为唯一直接解释上述风速变化趋势格局
的回归因子，这不是偶然的。为什么南半球增暖会导致欧洲风场如此变化呢？南半球大
部分为海洋，其对于欧洲气候的影响最直接的部分是：过去几十年低纬大西洋显著增暖。
近赤道大洋增暖，有助于北大西洋副热带高压增强并向北拓展，导致其北侧的大西洋风
暴轴往北偏移，这是西北欧风速增大而南欧风速减小的最直接的大尺度环流背景。

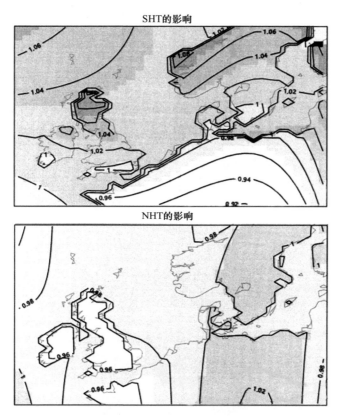

图 6-19　SHT 和 NHT 对欧洲风场的影响系数（γ）的地理分布

该图代表完整模型中年平均 SHT 和 NHT 分别升高 1℃对应的日最大风速变化格局。图中 γ 数值大（小）于 1 表示
对风速的正（负）影响

上述研究案例展示了广义线性模型在研究区域气候变化格局及其成因方面的巨大潜力。广义线性模型把一个区域内各个地点每日的天气值视为遵从某个气候分布的样本，基于大量样本建立逐日气候学模型，并进而从整体上揭示一个区域各地的气候（包括平均和极端天气状态）变化及其影响因子。这方面的优越性是传统气候统计方法难以比拟的。

思 考 题

1. 试解释 CSR 求解最优模型系数所用到的惩罚项的意义。

2. 列举熟知的某因子对某区域气候格局的影响，说明为何需要用整体分析的方法来揭示区域气候变化格局及其可能的成因。

第7章 气候变量场的时空分解

一个气候变量场往往包含多种变化信号，要从众多资料中分辨出那些最主要的气候变率，通常会用到主成分（principal component，PC）或经验正交函数（empirical orthogonal function，EOF）分解方法。两个气候变量场之间也往往存在各种时空尺度的联系，要从中分辨出最主要的气候联系，则可运用奇异值分解（SVD）方法加以分析。这类时空分解方法已被广泛应用于气候研究，可运用现成的软件轻松实现。本章仅在简单介绍 EOF 和 SVD 方法原理的基础上，讨论常见的应用问题，并通过典型研究案例来理解其应用价值。

7.1　EOF 分析的基本原理

多个地点（站点或格点）的气候序列可构成一个随时间变化的气候变量场，这是气候分析常遇到的资料形式。设 X 代表 M 个地点的气候序列，每个序列包含 N 个时刻的数值，即 X 为一个 $M \times N$ 的二维矩阵。在气候研究中往往关注的是各地的气候变率，因而通常将各地的气候序列各自转化为距平序列，或标准化距平序列，构成一个均值为 0（或标准化）的气候数据场 $Z_{m \times n}$，　$m = 1, 2, \cdots, M; n = 1, 2, \cdots, N$，再做进一步分析。

在一个气候变量场中，不同地点的气候序列之间往往存在不同程度的相关。如果只有少数地点，则通过计算这些地点两两之间的协方差或相关系数，即可了解各地气候的关联程度。然而，若涉及的地点很多，就很难从 $M \times M$ 的协方差矩阵（或相关矩阵）获得简明信息。要从中辨别主要的气候变率结构，一个常用方法就是主成分（PC）分析，在气象文献中亦常称为经验正交函数（EOF）分析。

EOF 分析的核心是求解对称的协方差矩阵 $[A] = ZZ^{\mathrm{T}} / (N-1)$ 的 M 个特征矢量（$\vec{e_m}$）及其相应的特征值（λ_m），　$m = 1, 2, \cdots, M$，满足如下方程：

$$[A]\vec{e_m} = \lambda_m \vec{e_m} \qquad (7\text{-}1)$$

其中特征矢量具有单位长度，即 $\|\vec{e_m}\| = 1$，为标准正交矢量，满足：$\vec{e_i}^{\mathrm{T}} \vec{e_j} = \begin{cases} 1, i = j \\ 0, i \neq j \end{cases}$。

标准正交的特征矢量 $\vec{e_m}, m = 1, \cdots, M$ 定义了新的空间坐标，原气候变量场的协方差矩阵在新坐标空间转换为一个对角阵。协方差方阵 $[A]$ 可表达为如下公式：

$$[A] = [E] \begin{bmatrix} \lambda_1 & \cdots & 0 \\ \vdots & \ddots & \vdots \\ 0 & \cdots & \lambda_M \end{bmatrix} [E]^{\mathrm{T}} \qquad (7\text{-}2)$$

$$或 [A] = \sum_{k=1}^{M} \lambda_k \overrightarrow{e_k}\overrightarrow{e_k}^{\mathrm{T}} \tag{7-3}$$

其中，$[E] = \begin{bmatrix} \overrightarrow{e_1} & \cdots & \overrightarrow{e_M} \end{bmatrix}$。式（7-3）意味着原气候变量场的协方差矩阵 $[A]$ 可被视为一系列特征矢量自乘积矩阵的加权和。权数 $\lambda_k, k = 1, \cdots, M$ 由大到小排列，可衡量各特征矢量的重要性。

　　将原气候变量场 $Z_{m \times n}$ 投影到最大的若干特征值对应的新坐标 $\overrightarrow{e_k}, k = 1, \cdots, K$，即可构建一系列的新变量，也即主成分。把 $Z_{m \times n}$ 投影到第 k 个新坐标，就是计算乘积 $(\overrightarrow{e_k}^{\mathrm{T}})_{1 \times M} Z_{M \times N}$，结果可获得一列时间系数，也称为第 k 个主成分的时间系数。第 k 个主成分对原气候变量场的方差贡献为

$$R_k^2 = \frac{\lambda_k}{\sum_{m=1}^{M} \lambda_m} \times 100\% \tag{7-4}$$

式中，λ_m 为第 m 个特征值。一般情况下，前 K 个主成分的方差贡献之和即可占原气候变量场总方差的绝大部分，而 K 远小于 M。

　　简言之，EOF 分析就是把一个气候变量场分解为一系列分量场；每个分量对原场的方差贡献按大小排列，称为 EOF1（第一主成分）、EOF2（第二主成分）等；每个 EOF 分量都包含一个空间分布型及其随时间变化的系数序列；通常由前 K 个分量就可近似复原气候变量场，而 K 远小于 M，从而简明地揭示大量气候数据中的主要气候分布格局及其随时间的演变。

　　把气候变量场的 EOF 分析类比气候序列的谐波分析，则前者的特征矢量就类似于后者的波动基函数（三角函数），而特征值则类似于波动振幅。不同的是，EOF 分析中没有固定的基函数形式，特征矢量结构由数据本身决定，这也是称其为"经验正交函数"的原因。

7.2　EOF 应用于气候研究的若干问题

7.2.1　时间变率还是空间格局？

　　7.1 节提到的气候变量场是一个 $M \times N$ 的数据矩阵，其中 M 代表地点（站点或格点）个数或变量个数，N 代表不同时间获得的样本数。理想的情况是 $M < N$，这样求解 $M \times M$ 协方差矩阵的特征根的计算量相对较小。然而，在全球或区域气候分析中更常遇到的资料是：很多地点（如中国数百站、全球上万格点）在有限时期（如近几十年）的气候资料，意味着 M 通常要比 N 大得多。

　　因而，气候研究中的 EOF 分析更常见的做法是，计算不同时间节点之间的 M 个地点气候要素的空间相关性（或协方差），构成一个 $N \times N$ 的协方差矩阵。求解该对称方阵的特征根，所得结果可以理解为：气候变量场中存在的一系列最主要的时间变化信号；把气候资料场投影到其中的若干最强信号，即可获得这些信号的空间分布格局。

　　显然，上述两种气候资料处理方式并不影响 EOF 分析的数学过程，但对结果的物

理解释是有所不同的。前者压缩的是空间信息,分解出主要的空间分布模态(S-mode),再计算这些空间格局随时间的演变;后者压缩的是时间信息,分解出主要的时间变率模态(T-mode),再计算这些变率的空间分布格局。

在应用现成的 EOF 或 PC 分析软件时,需要注意输入恰当的数据矩阵,并正确解读输出的结果。

7.2.2　距平还是标准化距平?

7.1 节述及数据预处理时指出,通常要把气候序列先处理成距平或标准化距平数据,由此可计算相应的协方差阵[S]或相关阵[R]。值得强调的是,基于[S]和[R]的 EOF 分析结果及其物理含义是有所不同的,有时甚至大不相同。

基于协方差阵的 EOF 分析强调气候变量场中的绝对最大变化。例如,近百年全球气候变暖,北极地区变暖最剧烈,热带地区变化相对较小,基于[S]的 EOF 分析结果适于反映上述事实。

而基于相关阵[R]的 EOF 分析则更强调气候变量场中最广泛存在的变化信号,因为标准化数据具有单位方差,某种变化信号是否重要,主要取决于其是否广泛存在于资料场中。例如,在涉及 20 世纪中后期以来华北干旱化的降水气候变化分析中,就需要先对降水资料进行标准化处理,因为基于[R]的 EOF 分析更适于揭示华北一带广泛存在的降水减少信号。不然的话,由于湿润区降水量大,其变幅的绝对值也大,基于[S]的 EOF 分析就可能忽视半干旱的华北一带的信号,而把湿润区的某些较大幅度的变化作为最"主要"的变化信号。

当 EOF 分析涉及多个不同量纲或特征尺度的变量时,应将数据处理为标准化数据,如温度和降水的双变量 EOF 分析、不同空间层的位势高度场联合 EOF 分析等。

总之,在应用现成软件时,需要注意其是否自动对输入的数据矩阵进行标准化处理,应根据具体科研问题加以选择。否则,结果可能和预期大相径庭。

7.2.3　EOF 和 PC 及有关术语

20 世纪初 Karl Pearson 发展了 PC 分析(PCA)方法。其本意是利用多个具有相互关联的变量数据,重构少量相互独立的新变量,实现信息降维,从而简明地解释原数据的主要结构。Obukhov(1947)将该方法引入大气科学中。

Lorenz(1956)的工作促进了该方法在大气科学领域的应用。Lorenz 赋予该方法明确的时-空分解的物理含义,称为 EOF 分析。此后 EOF 或 PC 分析在气候研究领域获得越来越多的应用。多年来,两种称谓都常见于气候文献中。虽然称谓不同,但二者本质上是一种方法。

除了方法名称外,在描述结果方面,也有很多不同的术语。EOF 分析的关键结果是协方差阵的特征矢量,根据协方差阵的构成方式,其特征矢量可称为空间模态(S-mode)或时间模态(T-mode)。每个特征矢量包含 M(或 N)个元素,或称扩展系数(expansion coefficient)。而描述元素大小的术语更多,包括载荷(loading)、得分(score)、振幅或变幅等。

在查阅有关文献时，要注意不同领域所用的术语会有所不同，甚至有的文献会混用两套术语。例如，用 EOF1 表示第一个主成分的空间分布，而用 PC1 表示第一个主成分的时间序列。只要文献中有明确定义或说明，并不影响读者理解其结果。如果要避免这种混淆，那么最好在一篇论文中只用其一，如"EOF1 的空间分布型及时间变化序列"，其意义就足够明确了。正如前面已强调的那样，一个气候变量场可分解为若干分量场，每个（EOF）分量都是由其空间分布和时间序列共同决定的。

7.3　EOF 分析的应用

7.3.1　典型应用案例分析

在空间模态（S-mode）的分析中，每个特征矢量均包含气候资料场的 M 个地点的元素，因而可将特征矢量绘制到地图上，直观地考察哪些区域具有较强信号（载荷较大）；把气候数据场投影到该特征矢量，可获得一个时间系数序列，用以描述该空间模态随时间的演变。类似地，把气候资料场投影到一个时间模态（T-mode），也可以获得 M 个地点的数值，构成一个空间分布型。因而，EOF 分析的结果总是成对地给出主分量的时间变化和空间分布（图 7-1），而不必强调最初的协方差阵是如何构建的。

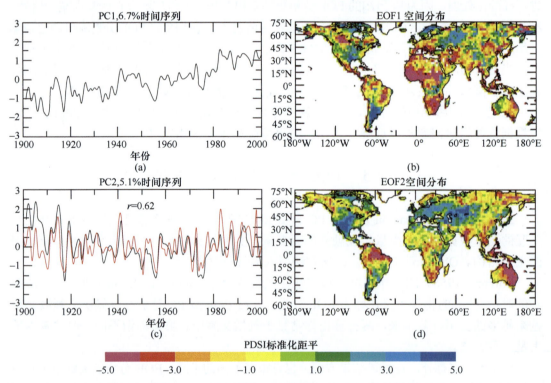

图 7-1　1900～2000 年全球干旱指数 PDSI（标准化距平数据）的前两个主成分的时间变化 [（a）和（c）] 及空间分布 [（b）和（d）]

其中 PC2 图中红色线为超前 6 个月的 Darwin 海平面气压序列，两者相关系数为 0.62（Dai et al.，2004）

图 7-1 显示了 1900～2000 年全球干旱指数 PDSI 场的前两个主成分的时空变化。主成分的空间分布显示了 PDSI 在全球的正/负异常中心，而时间序列则体现了空间分布格局随时间的演变；需要结合两者才能解释主成分的物理含义。例如，第一主成分时间序列（图中 PC1）呈现从早年偏负到近年偏正的演变趋势，这就是空间分布型（图中 EOF1）中正值区域的一个主要气候变化（即湿润化）过程；但空间分布型中的负值区域，则是相反的演变（即干旱化）过程，如 EOF1 子图显示北非到印度以及华北等区域普遍呈现负值，说明这些区域近百年来存在干旱化的趋势。

根据该研究，20 世纪最主要的一个气候变化信号就是图 7-1 的 PC1 和 EOF1 共同显示的全球干湿趋势分布。除此之外，最主要的一种气候变率就是 PC2 时间序列所反映的与 ENSO 有关的年际变化。如图 7-1（d）所示，澳大利亚东部普遍呈现负值，可以推测 ENSO 指标偏正（也即厄尔尼诺）期间该区域偏旱。研究者发现超前 6 个月的 Darwin 站气压（常用来指示 ENSO 的一个指标）与此 ENSO 变率相当吻合（PC2 子图），具有预测意义。

在查看 EOF 结果时要注意的是，各主成分彼此独立无关，因而前一个主成分的基本特征不会再出现于后面的主成分。例如，上述第一主成分体现了一个长期趋势，则后续的主成分不会再呈现类似的长期趋势；第二个主成分主要体现了与厄尔尼诺有关的年际变率，则其他主成分就不会再包含类似变率。从空间型来看也是如此。

7.3.2　应用 EOF 的注意事项

气候数据场的 EOF 分析面临的一个普遍问题是：气候数据的空间分布通常是不均匀的，如气象站点分布总是不均匀的、经纬度格点密度（单位面积上格点的数量）随纬度增加等。这可能造成 EOF 分析的结果偏向于空间点较集中的地区。例如，对于经纬度格点的数据场而言，其 EOF 分析结果可能会过于强调高纬度地区的变化信号而忽视低纬度地区的变化信号。一种改进的方法是考虑随纬度变小的面积权重，即气候数据乘以 $\sqrt{\cos\varPhi}$，其中 $\varPhi$ 为纬度（North et al.，1982），或协方差/相关矩阵的元素乘以 $\sqrt{\cos\varPhi_k}\sqrt{\cos\varPhi_l}$。对于站点数据来说，要尽量让选择的站点具有较为均匀的地理分布。

在 EOF 分析中还可能面临如下问题：数据变化的尺度等同于甚至大于样本数据的时空域。此时 EOF 分析所得到的特征矢量是有局限性的，难以表述潜在的数据变化结构。这就是所谓的 Buell 型（Buell，1979），即样本不足导致的数学上的虚假模态。

7.3.3　扩展 EOF 分析

涉及多个气候变量的分析中，可以将某个 EOF 分量与其他变量场进行回归，如用 SST 的前几个分量时间系数与 SST 以及表面风速场进行回归，从而展示 SST 不同空间型与表面风速场之间的联系。

一个更自然的办法是，同时对两个或多个变量场做 PCA。假设对于空间场中的 K 个点，每个点有 L 个变量，则待分析数据的维数扩展至 KL，其中前 K 个元素为第一个变量值，第二组 K 个元素为第二个变量值，依次类推。通常 L 个变量的单位不同，因此需要经过标准化处理，基于相关阵进行 PCA，其中的相关阵$[R]$与特征矢量阵$[E]$的维数均为（$KL \times KL$）。这样的 PCA 结果是最大化 L 个变量的联合变化，而这些联合变化既可反映 K 个观测点中每个变量间的相关，也可反映不同观测点间的变量之间的联系。这样的多变量主成分分析称为联合或复合 PCA（combined PCA，CPCA），亦称扩展 EOF（extended EOF，EEOF）。对于 L 个变量，CPCA 的结果可分别绘制出每个变量的空间分布型，也可以将这些变量的空间型绘制在同一地图上。

图 7-2 显示了利用 20 世纪再分析资料对东亚季风区夏季平均 850hPa 风场（纬向风和经向风）进行双变量（即 $L=2$）的 EOF 分析结果。由图 7-2 可见，EOF1（图中标记为 EA1）主要体现了 850hPa 风场的经向异常分布型，异常气旋中心位于台湾，反气旋中心位于渤海，对应年代际太平洋–日本型［图 7-2（a）］，该型的时间变化显示其振幅在 1967～2021 年相对 1920～1967 年减少了大约 70%［图 7-2（c）］，这说明该空间型的振荡强度随时间而减弱。EOF2（即 EA2 型）模态的异常气旋中心从东北扩展到日本，其南部有一个弱的异常气旋覆盖在中国东南，进一步研究发现，该模态与年代际环球遥相关型有关。

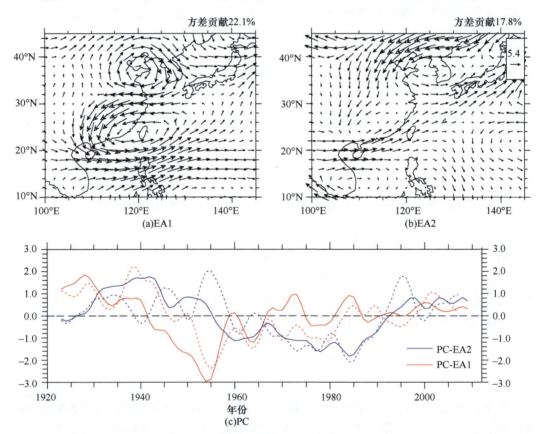

图 7-2　东亚季风区 1920～2012 年夏季平均 850hPa 风场前两个主成分的空间分布［（a）和（b）］及时间变化（c）

（a）和（b）由 20 世纪再分析资料（20CR）计算获得；（c）为标准化时间序列。实线是 20CR 的结果；虚线是对比资料 ERA-20C 的结果（Wu et al.，2016）

7.4　旋转 EOF

在 EOF 分析中，第一特征矢量取决于原数据场中最大的变化方向，其他特征矢量必须与之前的特征矢量正交。然而，任何实际气候变化信号都可能包含不止一个"正交方向"的演变特征。EOF 分析中要求主成分正交而互不关联，显然这是不利于反映实际物理过程的。旋转 EOF（rotated EOF，REOF）就是要把主成分聚焦到实际气候变化信号的方向。从这个意义上来说，EOF 分析更适于大数据的信息降维处理，而 REOF 则更适于揭示实际气候变化信号。

7.4.1　截　　断

在学习 REOF 前，需了解主成分分析的截断问题，即如何选取保留主要信息而摒弃"噪声"的临界点。前几个 EOF 可以反映气候数据场的主要变化特征，但到底需要几个 EOF 并没有明确的截断标准。一个基本准则是截断后留下的若干个 EOF 保留足够多信息，即保证其解释方差大于某个临界值。一般建议该解释方差在 70%～90%。这可以通过特征值建立某种客观的标准。前面已知特征值代表其对应的主成分的方差，可以定义最后一个"重要的"特征值满足：

$$\lambda_m > \frac{T}{K} \sum_{k=1}^{K} S_{k,k} \tag{7-5}$$

即第 m 个特征值为临界点，应大于所有 K 个特征矢量总方差的某个比例。设 $T=1$，则式（7-5）代表所有特征矢量方差的平均水平。如果各个 EOF 分量的方差是线性减小的，则截断数 $m=K/2$。实际上，由于前几个 EOF 往往占据总方差的绝大部分，因而 m 会远小于 $K/2$。对于某些具体研究来说，需要多保留一些信息，则可放宽上述条件，如设 $T=0.7$（Jolliffe，2002）。

要更客观地确定截断，可运用截断检验的方法。其中，最常用的规则是 Rule N。其核心思想是通过产生随机协方差阵来得到特征值的原分布再取样（Preisendorfer et al.，1981），即随机产生（$K \times n$）个独立的正态随机数，再计算该数据协方差阵的特征值。上述过程计算的特征值经尺度变换后即与真实数据计算的特征值量级相当。将真实数据的特征值与人造数据特征值进行比较，若超出其原分布的第 95 百分位临界值，则保留该特征值对应的 EOF。Overland 和 Preisendorfer（1982）给出了对应于不同的 K 和 n 值的第 95 百分位临界值。截断检验方法应用于气候数据场时，要考虑气候序列具有时间上的持续性，因而需要计算每个变量时序的有效自由度，再选出其中最小的有效自由度并查询对应的临界值。

7.4.2　REOF

REOF 就是要将 EOF 分析的特征矢量旋转至新的坐标系统中。通常只对前 m 个 EOF

进行旋转，这就涉及前述的主成分截断问题了。旋转后的特征矢量减少了"正交"约束所导致的非自然特征，能更切实地显示气候数据场中的主要信号。

　　数学上，将原 K 个特征矢量进行如下线性转换，即可得到旋转特征矢量：

$$\underset{(K \times M)}{\left[\tilde{E}\right]} = \underset{(K \times M)}{\left[E\right]} \underset{(M \times M)}{\left[T\right]} \tag{7-6}$$

式中，$[T]$ 为旋转矩阵。若 $[T]$ 是正交矩阵，即 $[T][T]^{\mathrm{T}} = I$，则上述旋转方案为正交旋转，否则为斜交旋转。旋转方案有很多，Richman（1986）给出了 19 种旋转矩阵 $[T]$，最为常用的是极大方差的正交旋转方法（Kaiser，1958）。其核心思想是尽可能使旋转后的结果简单清晰。换言之，就是使旋转后的特征矢量的大多数元素接近 0，而只有少数元素远非零。例如，旋转后的 REOF 空间模态的高载荷将集中在特定区域，而其余区域的载荷近于 0，从而获得空间结构简洁的某种气候变率的分布格局。

　　REOF 的优点是能分解出更切实的气候变量场中的主要变率时空分布特征，代价是丧失了 EOF 的方差主导性，第一个 REOF 不必是具有最大方差的原数据线性组合；气候变量场的方差会较为均匀地分配给旋转后的特征矢量，因此其特征值谱较为平坦。一般说来，REOF 不再是正交的，因而丧失了 EOF 可复原气候变量场的数学价值。

7.4.3　应用案例

　　图 7-3 给出了美国气候预测中心（Climate Prediction Center，CPC）分别利用 EOF 和 REOF 分析北半球 1000mbar 和 500mbar 高度场获得的北极涛动（Arctic Oscillation，AO）和北大西洋涛动（North Atlantic Oscillation，NAO）的空间型。对比两幅图可见，REOF 凸显出北大西洋和北极区域的反相振荡中心，实现了简约化结构的目的，十分清晰地揭示了 NAO 的主要影响范围。由此案例可见，如果一个气候变量场中存在一些区域性的变率中心，那么 REOF 就大有用武之地。

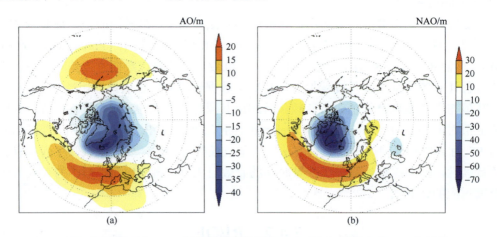

图 7-3　1979～2000 年逐月 1000mbar 高度异常场的首个 EOF［（a）解释方差 19%］以及 1950～2000 年逐月 500mbar 高度异常场的 REOF［（b）解释方差 10.2%］

资料来源：Climate Prediction Center.https://www.cpc.ncep.noaa.gov/

　　REOF 分析是辨识和分类主要的区域气候变率的常用方法。如图 7-4 所示，基于 REOF 分析，我国夏季降水场存在 12 种主要空间分布型，最常见的一种就是所谓的"华北-江淮-华南"三极振荡型 [图（a）]。图 7-4 中还给出了每个 REOF 对应的解释方差，可见各种降水分布型的方差贡献差异不大，从一个侧面说明我国夏季降水气候变率的复杂性。

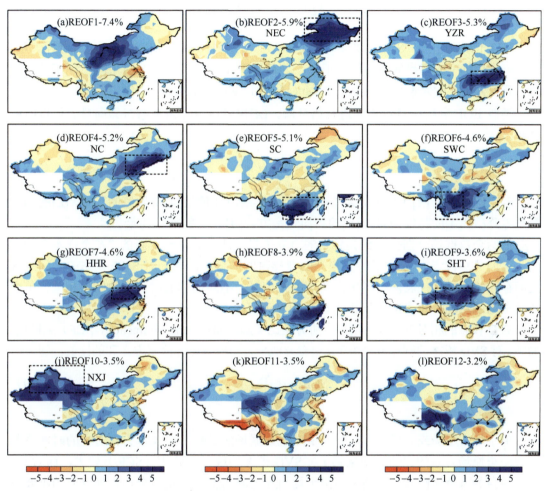

图 7-4　1961～2012 年夏季标准化降水的前 12 个 REOF 型及其解释方差
图中虚线框及区域名缩写详情见 Xu 等（2015）

7.5　奇异值分解

　　奇异值分解（singular-value decomposition，SVD）是线性代数中一种重要的矩阵分解方法。相比 EOF 分析针对的是一个气候变量场，SVD 则是针对两个变量场，寻找其中相互最为关联的成对主信号。SVD 分析的核心是求解两个数据场的协方差矩阵的特征问题，所获得的两个数据场的特征结构具有最好的相关性，即这对特征结构最大程度上解释了两数据场中的协同变化。

设有两个数据场 $X_{N \times K}$ 和 $Y_{M \times K}$ 分别具有 N 个和 M 个变量，样本数相同（记为 K），分别称为左场和右场。计算两个场的交叉协方差矩阵 $\underset{N \times M}{[A]} = XY^{\mathrm{T}}$ 用于 SVD 计算。EOF 分析中的矩阵分解的对象是一个对称阵，也即某个变量场自乘所得的协方差或相关方阵，而 SVD 的分解对象则是推广至（$N \times M$）的矩阵，即

$$\underset{(N \times M)}{[A]} = \underset{(N \times M)}{[L]} \underset{(M \times M)}{[\Omega]} \underset{(M \times M)}{[R]^{\mathrm{T}}}, \ N \geqslant M \tag{7-7}$$

式（7-7）也称为"瘦" SVD。其中，$[L]$ 的 M 列为左奇异矢量；$[R]$ 的 M 列为右奇异矢量，奇异矢量矩阵中的奇异矢量均彼此正交，即 $[L]^{\mathrm{T}}[L]=[R]^{\mathrm{T}}[R]=I$。$[\Omega]$ 为对角阵，为 $[A]$ 的奇异值，其中大于零的元素个数应不大于 $\min(M, N)$，实际个数取决于 $[A]$ 矩阵的秩（rk）。

类似 EOF 分析中对对称阵进行谱分解，$[A]$ 也可以表述为左右奇异向量的加权内积之和：

$$[A] = \sum_{i=1}^{rk} \omega_i \vec{l_i} \vec{r_i}^{\mathrm{T}} \tag{7-8}$$

若 $[A]$ 非对称，$[A]^{\mathrm{T}}[A]$ 以及 $[A][A]^{\mathrm{T}}$ 两个方阵的特征值是 $[A]$ 奇异值的平方，$[L]$ 的列向量是方阵 $[A]^{\mathrm{T}}[A]$ 的特征向量，$[R]$ 的列向量是方阵 $[A][A]^{\mathrm{T}}$ 的特征向量。

把两个数据场分别投影到其各自的奇异矢量，即可获得一对新的"K 个样本"的序列，它们分别代表左场/右场特征模态随取样时间的变化。同一对 SVD 模态的时间系数之间存在相关性，代表两个场中的协同变化信号；不同模态的时间系数则不相关。单个场（左场或右场）本身的不同模态也是相互正交的。

SVD 模态的相对重要性可用平方协方差比（squared covariance fraction，SCF）来描述，如第 i 对 SVD 模态的解释方差为第 i 个奇异值平方与所有奇异值平方之和的比值，即

$$\mathrm{SCF}_i = \frac{\omega_i^2}{\sum_{j=1}^{rk} \omega_j^2} \tag{7-9}$$

单个场（左场或右场）的奇异向量对原数据场的贡献可以表示为其对应的时间系数的方差与原场方差的比值。如果第 i 对 SVD 模态的解释百分比（SCF_i）较大，而对左、右场各自的方差贡献较小，则说明两个场相互关联的变率不是两个场自身变率的主要成分，可能存在其他因素引起两个场各自的变化。参照吴洪宝和吴蕾（2005），第 h 对 SVD 模态分别对左场和右场各自方差的贡献为

$$P \mathrm{var}_{X,h} = \frac{\frac{1}{K} \sum_{t=1}^{K} a_{h,t}^2}{\sum_{i=1}^{N} \frac{1}{K} \sum_{t=1}^{K} x_{i,t}^2}; P \mathrm{var}_{Y,h} = \frac{\frac{1}{K} \sum_{t=1}^{K} b_{h,t}^2}{\sum_{j=1}^{M} \frac{1}{K} \sum_{t=1}^{K} y_{j,t}^2} \tag{7-10}$$

式中，x_i 和 y_i 分别为原 X 场（左场）第 i 个和 Y 场（右场）第 j 个时间序列；$a_{h,t}$ 和 $b_{h,t}$ 分别为第 h 对 SVD 模态的时间系数。

7.6　气候分析中的 SVD/MCA

气候研究中常探讨两个气候变量场之间的相互关系。SVD 分析的结果正是两个变量场中最相似的协同变化成分。该方法在气候分析中常用的另一个称谓是最大协方差分析，即 Maximum Covariance Analysis 或简写为 MCA（Wilks，2019）。

设有两个气候变量场 $X_{N \times K}$ 和 $Y_{M \times K}$，它们具有同样的时间样本数 K。把两个气候场的时间样本处理为距平或标准化距平序列，计算两个场的交叉协方差矩阵 $A_{N \times M}$ 用于 SVD 计算。由此得到两组奇异向量，其中任一对奇异向量（左奇异向量[L]和右奇异向量[R]）分别对应两个气候变量场中某种主要协同变率的空间模态。第 1 对奇异向量的投影时间系数之间的协方差最大；第 2 对的协方差为次大；……；由此得到一系列时间变化同步性最好的成对的气候变率。第一对 SVD 模态（SVD1）可以理解为：气候变量场 X 与 Y 中最主要的协同变率；SVD2 则是除了 SVD1 外的最主要的协同变率；等等。

考虑全球 SST 对陆地降水和干湿变化有着重要影响，图 7-5 给出一个 MCA 的结果，即 SST 和干旱指数（scPDSI）的第二对协同变化模态 MCA2。从 MCA2 的时间系数以及对应的空间型看，海温模态主要体现了 ENSO 型的气候变率，其时间系数[图 7-5（a）中黑线]与 ENSO 指数[Niño3～4 区的 SST，图 7-5（a）中蓝线]存在强相关（$r2 = 0.87$）。因而，这对 MCA2 主要反映了由 ENSO 引起的全球干旱气候变化。

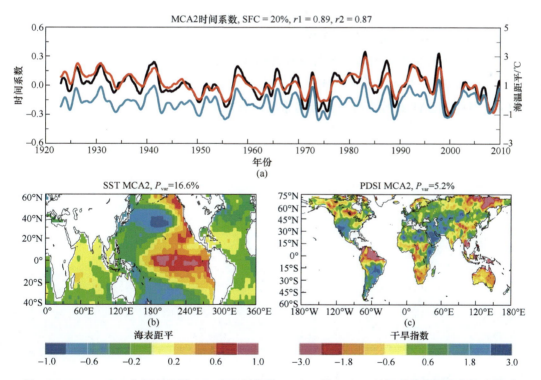

图 7-5　1923～2010 年逐月海温 SST 和干旱指数 scPDSI 的 MCA2 时间系数序列和空间分布型
（a）MCA2 对应的时间系数（左轴），黑线代表 SST，红线代表 scPDSI，蓝线代表 Niño3～4 区 SST 指数（右轴），SFC 为 MCA 模态平方协方差比，$r1$ 和 $r2$ 分别为黑线和红线以及黑线和蓝线的相关系数；（b）和（c）分别是 MCA2 对应的 SST 和 scPDSI 空间分布型，P_{var} 是 MCA 模态解释方差（Dai，2013）

　　从 SST 的 MCA2 时间系数序列可见，ENSO 模态存在十年到几十年尺度的变化。将图 7-5（a）中黑线与图 7-5（b）中的空间模态结合观之，可见自 1999 年以来中东部太平洋的海表面温度比 1977～1998 年偏低。结合图 7-5（a）～图 7-5（c）则体现了 ENSO 对全球干湿变化的影响，可见在 El Niño 年澳大利亚、南亚、南美北部、撒哈拉以及非洲南部偏干，而美国、阿根廷、南欧以及西南亚偏湿。

思 考 题

　　设有两个气候变量场 X 和 Y，分别包含 N 个和 M 个站点观测序列（$N>M$），时间样本数均为 K。例如，可从美国国家气候数据中心（National Climatic Data Center，NCDC）下载 Extended Reconstructed Sea Surface Temperatures 格点化月 SST 资料作为场 X；从全球降水气候计划（Global Precipitation Climatology Project，GPCP）下载格点化月降水资料。试作如下分析。

　　1. 对 X 进行 EOF 分析，并回答以下问题：

　　（1）EOF 分析所得的特征矢量矩阵是什么？

　　（2）第一分量（EOF1）包含哪些内容？如何解释其物理意义？

　　（3）EOF1 的方差贡献怎么计算？

　　2. 对 X 和 Y 进行 MCA 分析，并回答以下问题：

　　（1）MCA 的协方差阵的特征方程是什么？

　　（2）MCA1 包含哪些内容？如何解释其物理意义？

　　（3）如何评估 MCA1 的重要性？

　　（4）解释 MCA1 及对应的一对时间系数的物理含义。

第8章 多尺度气候信号分析

一个气候序列往往混杂了多种时间尺度的变化信号，分辨这些信号的方法有很多，常用的传统方法之一是谐波分析，即把气候序列分解为一系列不同时间尺度的波动。小波分析则可以揭示随时间呈现强弱变化的气候波动。近年来，越来越多的人用到集合经验模分解（EEMD）方法，把气候序列分解为一个非线性趋势及叠加其上的多个"自然"波动，其结果更符合实际气候变化特征。本章简单介绍这些方法的原理，并通过研究案例传授应用经验。

8.1 时间序列的平稳性

8.1.1 何谓平稳？

将随机变量的样本按出现时间的顺序排列起来即构成一个时间序列。平稳时间序列是指其中随机变量的统计规律在不同时段均维持不变。例如，其在不同时段的数学期望值相等，方差也相等；其相关函数也与时间无关（协方差平稳）。在严格平稳的意义下，随机变量或随机过程的所有统计参数都与时间无关。

对于一个弱平稳（或简称为平稳）时间序列，可用如下数学语言表述。设有时间序列 $\{X_t, t \in Z\}$，其一阶矩（均值）和二阶矩（自相关或方差、自协方差）满足如下条件：

（1）$E(X_t^2) < \infty, \forall t \in Z$；

（2）$EX_t = \mu, \forall t \in Z$；

（3）$\operatorname{cov}(X_t, X_{t-h}) = \gamma(h)$。

其中（1）表示其具有有限方差；（2）表示其一阶矩（均值）为常数；（3）表示二阶矩（方差及自协方差）仅与时间差 h 有关，而与时间点 t 无关。对一个气候序列进行时间变化信号分析，通常要求其满足弱平稳性。

8.1.2 平稳化处理

平稳与非平稳的时间序列的统计特征非常不同，推断过程也不同，最简明的判别两者的方法就是画图。在应用中，如果一个时间序列的均值和方差在统计意义上变化不大，即可视其为平稳序列。

然而，气象变量的时间序列绝大多数是非平稳的，最主要的原因之一来自季节循环。例如，中高纬度的气温、海平面气压等的时间序列都具有很强的季节循环。气候分析往往先去除一个长期平均的季节循环，这样可保持序列均值为 0；但很多情况下方差也随季节而变，如我国大部分地区气温变率冬季大于夏季等。此外，气候系统受到多种外部强迫，如地球轨道参数变化、人为排放 CO_2 浓度增加等，都会导致气候序列非平稳。气候系统内在的一些低频变率，也会导致较短时间尺度的气候分析结果表现出非平稳性。

　　绝大多数时间序列的分析方法是基于时间序列的平稳性而发展起来的。要应用这些方法，就需要把非平稳的气候序列转化为平稳或接近平稳。例如，去季节循环的气候序列，不仅可以剔除均值的季节循环，还可以随季节循环进行标准化处理，使得不同月份的数据具有相同的均值和方差，从而获得近似平稳的序列。实际气候分析常选取同一个季节或月份的变量或统计量构成一个逐年序列（如某地冬季气温序列），再运用统计检验来判断"平稳"假设是否成立（即是否存在显著的气候变化信号）。

8.1.3　时间序列分析方法

　　时间序列分析方法大致可分为两类。其一侧重于时间域的变化，如 Markov 链或自回归过程。其二侧重于频率域的结构，考虑不同时间尺度或频率的变化程度。

　　时间序列分析的结果类似于为随机数据拟合某种理论分布，即用少数几个参数来刻画大量数据的基本特征。其不同的是，理论分布不考虑数据的排序，而时间序列分析是要推断有序数据的变化特征。

　　时间序列分析的目的是预测未来数据特征，这对于平稳序列而言是不难实现的。然而，实际气候变化总是非平稳的，这也是气候序列分析需要面对的一个挑战。

8.2　谐　波　分　析

　　谐波分析是用一系列三角波动函数（正弦和余弦函数）拟合一个时间序列，用以表征原始数据随时间的振荡或波动特征。

8.2.1　一个谐波函数表征一个简单的时间序列

　　用谐波函数表征时间序列的基本设想包含如下三点（图 8-1）。

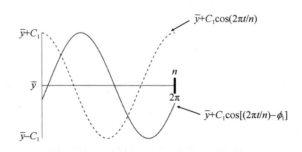

图 8-1　谐波函数表征时间序列示意图

（1）将一个数据序列 y_t 的长度 n 视为一个基本周期，则其时间点 t 可以转化为三角函数周期（360°或 2π）中的一个角度：

$$\alpha = 2\pi \frac{t}{n} = \omega_1 t$$

其中 $\omega_1 = \dfrac{2\pi}{n}$ 为基本频率，下标 1 表示整个序列只有一个完整周期的波动循环。

（2）将一个三角波动函数（余弦函数）上下移动到原数据序列的平均水平，然后拉伸或压缩到与原数据相同的振幅范围，即 $y_t = \bar{y} + C_1 \cos\left(\dfrac{2\pi t}{n}\right)$，其中 C_1 为振幅。

（3）再将谐波函数水平移动，使其与原序列的脊和槽相匹配，即 $y_t = \bar{y} + C_1 \cos\left(\dfrac{2\pi t}{n} - \phi_1\right)$，$\phi_1$ 为位相角，也即波动函数向右移动的时间单位（角度），如此调整后的新函数在 $t = \dfrac{\phi_1 n}{2\pi}$ 处达到最大值。

（4）中式子里的余弦系数可转换为一对三角函数的线性组合，从而进行变量代换，转化为一般的多元线性回归问题，两个回归因子为

$$x_1 = \cos\left(\frac{2\pi t}{n}\right), x_2 = \sin\left(\frac{2\pi t}{n}\right) \tag{8-1}$$

对于时间步长相等且无缺测的时间序列，可通过如下最小二乘估计得到参数 $b_1 = \dfrac{2}{n}\sum_{t=1}^{n} y_t \cos\left(\dfrac{2\pi t}{n}\right)$ 和 $b_2 = \dfrac{2}{n}\sum_{t=1}^{n} y_t \sin\left(\dfrac{2\pi t}{n}\right)$，进而求得波动振幅 $C_1 = [b_1^2 + b_2^2]^{1/2}$。位相角满足 $0 < \phi_1 < 2\pi$，计算公式为

$$\phi_1 = \begin{cases} \tan^{-1}(b_2/b_1), b_1 > 0 \\ \tan^{-1}(b_2/b_1) \pm \pi, b_1 < 0 \\ \pi/2, b_1 = 0 \end{cases} \tag{8-2}$$

8.2.2　多个谐波的拟合

单一谐波只能用来拟合类似季节循环这样的简单序列。对于一般的气候序列来说，类似于多元回归问题，增加更多（回归因子）三角波动函数有助于提高谐波拟合效果。数学上已证明包含 n 个点的时间序列可以用 $n/2$ 个三角波动函数完全拟合所有原数据，即原序列可表达为 $n/2$ 个波动的线性组合：

$$y_t = \bar{y} + \sum_{k=1}^{n/2}\left[b_{1,k}\cos\left(\frac{2\pi kt}{n}\right) + b_{2,k}\sin\left(\frac{2\pi kt}{n}\right)\right] \tag{8-3}$$

其中，第 k 个波的频率（圆频率）为 $\omega_k = \dfrac{2\pi k}{n}$。在时间步长均等，且无缺测的前提下，通过求解多元回归方程可得到：

$$b_{1,k} = \frac{2}{n}\sum_{t=1}^{n} y_t \cos\left(\frac{2\pi kt}{n}\right) \tag{8-4}$$

$$b_{2,k} = \frac{2}{n}\sum_{t=1}^{n} y_t \sin\left(\frac{2\pi kt}{n}\right) \tag{8-5}$$

即离散傅里叶变换，$b_{1,k}$ 和 $b_{2,k}$ 为傅里叶系数，进而可计算振幅谱 C_k 和位相谱 ϕ_k：

$$C_k = \left[b_{1,k}^2 + b_{2,k}^2\right]^{1/2} \tag{8-6}$$

$$\phi_k = \begin{cases} \tan^{-1}(b_{2,k}/b_{1,k}), b_{1,k} > 0 \\ \tan^{-1}(b_{2,k}/b_{1,k}) \pm \pi, b_{1,k} < 0 \\ \pi/2, b_{1,k} = 0 \end{cases} \tag{8-7}$$

多元回归理论上，当拟合线通过所有数据点时，复相关系数为 100%，为过度拟合。同样，当谐波方程中包含过多谐波时，也为过度拟合。单个谐波包含 2 个参数，即振幅和位相。当 n 为偶数时，最多可以有 $n/2$ 个谐波，意味着 n 个独立参数，即 $n/2$ 个振幅 $+(n/2-1)$ 个位相+样本平均值（$\phi_{n/2} = 0$）；当 n 为奇数时，可以有 $(n-1)/2$ 个谐波，参数为 $(n-1)/2$ 个振幅+$(n-1)/2$ 个位相+样本平均值，仍有 n 个独立参数。因而，$n/2$ 个谐波可完全拟合包含 n 个样本的原序列。

实际应用中，通常并不需要用 $n/2$ 个谐波来拟合原序列，而是选用若干个最重要的谐波来表征原序列的变化特征。

谐波分析与一般的多元回归的不同在于：谐波之间是彼此独立的，因此每个谐波参数可独立计算求取；若有新的谐波加入方程，则已在谐波方程中的谐波参数保持不变。谐波函数彼此独立的特性来自于三角波动（正弦和余弦）函数的正交性。

图 8-2 给出了一个谐波分析的应用实例，由图 8-2 中可见，天津塘沽站 1961~2010 年夏季平均气温（图中灰色实线）呈现出前期由高到低后期增高的变化态势。一阶谐波（图中黑色虚线）虽大致体现了这个基本特征，但没有显示出 20 世纪 70 年代末期到 90 年代初期的小波峰特点，叠加二阶谐波（图中黑色实线）后能更好地体现该站历史夏季温度的变化。显然，叠加若干合适尺度的谐波，就能展示原序列的主要波动特征。

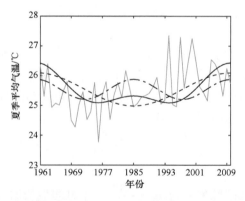

图 8-2　天津塘沽站 1961~2010 年夏季平均气温时间序列图

灰色实线为实测温度；黑色虚线为一阶谐波；黑色点划线为二阶谐波；黑色实线为前两个谐波的叠加

8.2.3　谐波对原序列的贡献

先来看看单个谐波的重要性。由于每个谐波之间彼此独立，因此它们对原序列的方差贡献并不随谐波方程的变化而变化。第 k 个谐波的方差贡献为：$R_k^2 = \dfrac{(n/2)C_k^2}{(n-1)s_y^2}$，其中，$s_y^2$ 为原序列的样本方差。方差贡献越大，说明原序列中类似该谐波的某种波动变化越强。可累积谐波方程中所有谐波的方差贡献得到总贡献。若方程包含所有 $n/2$ 个谐波，则 $\sum\limits_{k=1}^{n/2} R_k^2 = 1$。图 8-2 所示的例子中一阶谐波的方差贡献约为 28.1%，二阶约为 10.3%，两者叠加后的方差解释率大约为 38.4%，要获得原时间序列的更多信息则需要运用更高阶谐波。

要考察任一谐波的重要性并比较哪些更重要，则需计算时间序列的功率谱，即不同频率的波动或振荡对该序列变化的贡献。最简单的功率谱图由各种频率的波动的振幅平方构成，称为离散功率谱，也可处理成标准谱密度。功率谱图的谱密度（代表能量或振幅）坐标通常设置为对数坐标，这样有利于更好地表达由少数几个主频谐波主导的时间序列的谱图。

谐波分析中需要注意几个重要频率，当 $k=1$ 时，有基本频率 $\omega_1 = \dfrac{2\pi}{n}$；当 $k=n/2$ 时，有 Nyquist 频率 $\omega_{n/2} = \pi$，即每两个时间间隔有一个完整的循环。后者指示了离散序列谱分析能分辨的最高频率，与原序列的时间分辨率有关，也是谱分析的一个重要限制。

8.2.4　假　名　现　象

如果序列中存在的重要物理过程频率比 Nyquist 频率更高频，那么这些短周期振荡是难以直接分辨出来的；然而，它们的作用会体现在较长的周期（ω_1 和 $\omega_{n/2}$ 之间）中，即这些高频变化被"冒名顶替"了，这就是谱分析中的"假名"现象。一个离散时间序列的分辨率总是有限的，数据取样间隔的局限性导致不能分辨那些快变化。然而，高频的真实变化并不会因取样局限而消失，而是虚假地体现在可分辨的频率中。

通过一个简单例子来分析假名现象。设有一气温序列，取样间隔为 18h，则对应的 Nyquist 频率的波长为 2 个取样间隔，即 36 h。实际气温存在日循环，即 24 h 循环。若考虑第一次取样恰好在日温度峰值时间，则后续取样与实际峰值存在特定时差关系，如表 8-1 所示。

由表 8-1 可类推，这个气温序列将在第 1 个，第 5 个，第 9 个，第 13 个，第…个取样点达到峰值，而峰值间的间隔为 4×18 h=72 h，对应波长为 72h。显然，这是一个虚假的谱峰。取样时间分辨率不足，导致序列把气温的 24h 周期（日循环）信号"假名"到了 72h 周期上。

表 8-1　设一气温序列实际峰值与取样时差的关系表

	取样次数				
	1	2	3	4	5
取样时间/h	0	18	36	54	72
实际峰值与取样关系	首日峰值	提前第 2 日峰值 6h	提前第 3 天峰值 12h	提前第 4 天峰值 18h	恰是第 4 天峰值点

　　一般而言，假名周期可表现为取样间隔与真实循环周期的最小公分母。如上例，取样间隔为 18h，真实周期为 24h，二者最小公分母为 72h。

　　通过提高数据分辨率，可避免或弱化假名现象。根据已知的物理过程来确定资料取样间隔，也能抑制假名现象。对于探索性的研究，即不知道物理本质的问题，是没有办法去除假名现象的。实际分析中，如果接近 Nyquist 频率的功率谱能量接近 0，则可能说明高频部分的能量很小，不会产生严重的假名现象。

8.2.5　离散功率谱

　　离散功率谱的计算主要是估计不同波数 k 的傅里叶系数，即式（8-4）和式（8-5）。用原序列或距平序列的计算结果是一致的。实际上，直接采用式（8-4）和式（8-5）计算离散傅里叶变换是非常低效的，原因是存在多次反复调用完全相同的计算过程。可以采用快速傅里叶变换（FFT）解决上述问题。很多计算软件都包含有 FFT 程序。

　　要检验离散功率谱的显著性，需要计算统计量：

$$F = \frac{s_k^2/2}{(s^2 - s_k^2)/(n-2-1)} \tag{8-8}$$

　　该统计量遵从分子自由度为 2、分母自由度为 $n-2-1$ 的 F 分布；s^2 为原序列的方差；$s_k^2 = \frac{1}{2}C_k^2$ 为不同波数 k 的功率谱值。对第 k 个谐波，算得 F 值。查表 0.05 显著水平对应的临界值，若 F 更大，则该波动是统计显著的。

8.2.6　连续功率谱

　　离散功率谱只给出了频谱在离散点（$\omega_k = \frac{2\pi k}{n}$）上的值，而无法反映这些点之间的频谱内容。把离散功率谱绘制成连续的谱线，并不表示它就是连续功率谱，必须采用连续功率谱来考察丢失的谱值（黄嘉佑，2004）。

　　连续功率谱可通过时间函数的傅里叶分解来理解。以周期 T 变化的时间函数 $x(t)$ 可展开为傅里叶级数：

$$x(t) = A_0 + \sum_{k=1}^{\infty} \left(A_k \cos\frac{2\pi k}{T}t + B_k \sin\frac{2\pi k}{T}t \right)$$

令 $\omega_k = \dfrac{2\pi k}{T}$，则　　　　　　　　　　　　　　　　　　（8-9）

$$x(t) = A_0 + \sum_{k=1}^{\infty} \left(A_k \cos\omega_k t + B_k \sin\omega_k t \right)$$

其中参数为

$$A_0 = \frac{1}{T}\int_{-\frac{T}{2}}^{\frac{T}{2}} x(t)\,\mathrm{d}t$$

$$A_k = \frac{2}{T}\int_{-\frac{T}{2}}^{\frac{T}{2}} x(t)\cos\omega_k t\,\mathrm{d}t \qquad （8\text{-}10）$$

$$B_k = \frac{2}{T}\int_{-\frac{T}{2}}^{\frac{T}{2}} x(t)\sin\omega_k t\,\mathrm{d}t$$

将参数代入傅里叶级数公式，可推导出式（8-11）：

$$x(t) = \frac{1}{T}\int_{-\frac{T}{2}}^{\frac{T}{2}} x(\lambda)\,\mathrm{d}\lambda + \sum_{k=1}^{\infty}\frac{2}{T}X(\lambda)\cos\omega_k(t-\lambda)\,\mathrm{d}\lambda \qquad （8\text{-}11）$$

一个非周期信号可看成是周期无限长的周期信号，当周期增大时，呈谐波关系的各分量在频率上就会越来越接近；当周期变得无穷大时，离散的线谱就成为一个连续谱，即从求和变成了积分。此时，任意两个相邻谐波之间的频率差趋近于 0：

$$\Delta\omega = \omega_k - \omega_{k-1} = \frac{2\pi k}{T} - \frac{2\pi(k-1)}{T} = \frac{2\pi}{T} \qquad （8\text{-}12）$$

连续功率谱可基于时间序列的自相关特征进行间接估计，其计算步骤如下。

（1）计算样本长度为 n 的时间序列的滞后自相关系数 $r(\tau)$（$\tau = 0,1,2,\cdots,m$），m 为最大滞后时次，其值取 $n/10 \sim n/3$ 为宜。

（2）求粗谱公式：

$$\hat{S}_j = \frac{1}{m}\left[r(0) + 2\sum_{\tau=1}^{m-1} r(\tau)\cos\frac{j\pi}{m}\tau + r(m)\cos(j\pi) \right] \qquad （8\text{-}13）$$

其中，波数 j 取值 $0\sim m$。

（3）计算平滑功率谱（对粗谱做平滑处理，以消除粗谱的抽样误差）。

$$\begin{cases} S_0 = \dfrac{1}{2}\hat{S}_0 + \dfrac{1}{2}\hat{S}_1 \\[2mm] S_j = \dfrac{1}{4}\hat{S}_{j-1} + \dfrac{1}{2}\hat{S}_j + \dfrac{1}{4}\hat{S}_{j+1},\ (1 \leqslant j \leqslant m-1) \\[2mm] S_m = \dfrac{1}{2}\hat{S}_{m-1} + \dfrac{1}{2}\hat{S}_m \end{cases} \qquad （8\text{-}14）$$

（4）作谱图：以波数 j 为横坐标（标上对应的周期或频率），平滑功率谱密度估计值 S_j 为纵坐标作图。

实际应用中为寻找某些主要的周期波动,可通过其方差贡献大小来判断。因而,时间序列分析中的功率谱也常称为方差谱或能谱。在应用分析中,把功率谱图的横坐标变量(频率)转化为周期,成为周期谱图,即可直观考察哪些周期的波动较重要。

连续功率谱的显著性检验是通过比较非周期性随机过程来进行的,可以前述的白噪声过程(不含有任何规律性波动的纯随机过程)和红噪声过程(一阶马尔可夫过程或一阶自回归模型)为背景来进行。如果$r(1)$接近于0或为负值,表明序列无持续性,则用白噪声标准谱检验。白噪声标准谱 $S_w(\omega) = \overline{S}$ 可按式(8-15)来计算:

$$\overline{S} = \frac{1}{2m}(S_0 + S_m) + \frac{1}{m}\sum_{j=1}^{m-1} S_j \tag{8-15}$$

若满足以下关系,则波动为统计显著的:

$$S(\omega) \geq S_w(\omega)(\frac{\chi_\alpha^2}{\nu}) \tag{8-16}$$

式中, χ_α^2 为显著性水平α对应的χ^2分布值; ν为自由度$2n - \dfrac{m}{2}$。

如果序列的一阶滞后自相关系数$r(1)$为较大正值,则表明序列具有持续性,要用红噪声标准谱检验。红噪声标准谱如下:

$$S_r(\omega) = \overline{S}\left[\frac{1 - r(1)^2}{1 - 2r(1)\cos\omega + r(1)^2}\right] \tag{8-17}$$

若满足以下关系,则波动为统计显著的:

$$S(\omega) \geq S_r(\omega)\left(\frac{\chi_\alpha^2}{\nu}\right) \tag{8-18}$$

8.2.7　应用案例

谱分析方法较早在年轮气候学中得到关注,LaMarche 和 Fritts(1972)首次应用现代谱分析方法研究了树轮资料中的太阳辐射变化信号。LaMarche(1974)用连续谱分析了美国东部内华达州上、下树线(山地树林生长范围的上、下限)的变化特征。

如图 8-3 所示,低频信号在上树线(图中实线)的变化中具有较大方差,而下树线

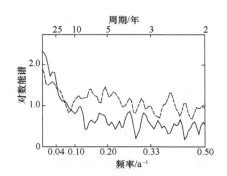

图 8-3　美国东部内华达州 1480～1965 年上(实线)、下(虚线)树线的频率特征(LaMarche,1974)

（图中虚线）则体现出较强的高频变化。进一步研究发现，上树线的低频变化更多地反映了温度变化的影响（高海拔山地温度主导树木生长），而高频变化则反映降水变化的影响。

Li 等（2011）对古气候记录重建的 ENSO 方差序列进行连续功率谱检验，结果表明，在多年代际尺度上存在两个显著的周期，分别是 50～60 年和 82～90 年（图 8-4）。

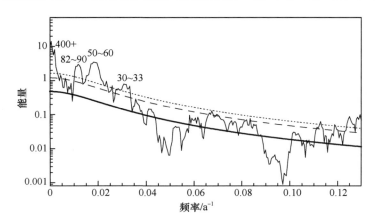

图 8-4　基于红噪声背景谱的连续功率谱检验示意图（Li et al.，2011）

细黑实线为古气候记录重建的 ENSO 方差序列；粗实线为原假设的红噪声谱；虚线和点线分别是 0.05 和 0.01 显著性水平的临界线；低频段的数值表示显著周期（年）

8.3　小 波 分 析

小波分析把一个一维时间序列分解成二维时间-频率图。比较而言，傅里叶变换把复杂的时间信号转换到频率域中，用频谱特性去分析和表示时域信号的特性。然而，傅里叶变换是"全局性"的，不能反映局部时域的特征。虽然从傅里叶变换能看到一个信息包含的各个频率分量的强弱，但不能揭示不同频率信号的生消时间及强弱演变。实际上，人们往往需要了解某些特定时段上发生的主要频率特性，也就是需要了解局部的时-频特征。傅里叶变换的缺陷源于傅里叶变换的基函数（正弦、余弦函数）在时域是无限的。因此，通过改进基函数，将正弦、余弦函数乘以一个时域内衰减很快的函数，使其能够集中反映时域上某一局部的信息。

1946 年 Dennis Gabor 提出了"窗口傅里叶变换"，当窗口取为高斯窗时即 Gabor 变换。Dennis Gabor 还被公认为是小波变换的创始人之一。但是，窗口傅里叶变换既不准确也不是有效的时-频局部化方法，所以很快就进化为小波分析。小波分析没有采用可变窗口大小，而是直接把傅里叶变换的基函数给换了，即把无限区间的三角函数基换成了任意点附近有限区间内迅速衰减的小波基。把一个信号投影到以任意点为中心的一系列小波基函数上，也即把小波基函数和信号相乘，就可获知该信号在任意点附近区间所包含的各种频率成分的强弱和位相。对于一个气候序列而言，在每个时间点进行上述小波投影计算，就可获知随时间演变的各种频率的气候波动成分。

"小波"不是指其波动的幅度很小，而是指其仅在给定点附近很小区间存在。对于时间序列分析，小波仅在给定时间点附近很短一段时间内为非零值。图 8-5 为一个小波函数的例子。

　　具有以下两个性质的窗口函数 g 称为小波：

$$
\begin{cases}
\int_{-\infty}^{\infty} g(t)\,\mathrm{d}t = 0 \\
\int_{-\infty}^{\infty} \dfrac{|G(\omega)|^2}{\omega}\,\mathrm{d}\omega < \infty
\end{cases}
\tag{8-19}
$$

式中，$G(\omega)$ 为小波函数 $g(t)$ 的傅里叶变换。$g(t)$ 必须为时正时负的波动，以保障 $g(t)$ 积分为零；$G(\omega)$ 在 $\omega = 0$ 处的值必须为零，即 $G(0) = 0$。满足上述关系的小波函数即为基小波，或称母小波。Daubechies 小波、Morlet 小波（图 8-5）、Mexican Hat 小波是一些著名的母小波。

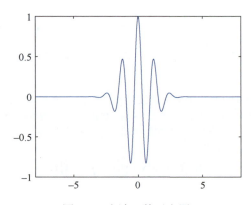

图 8-5　小波函数示意图

　　图 8-6 展示了两种母小波运用于 Niño3 区海温距平序列所得到的小波变换结果，即该气候指数在其时–频空间的能量演变图（Torrence and Compo，1998）。由图 8-6 可见，海温序列中的一个主要变化尺度在 3～4 年，这正是厄尔尼诺现象的一个主要时间尺度。比较两种基函数的小波分析能谱可见，对于气候序列中特定时间尺度的变率而言，Mexican Hat 小波有助于更精准地判别最强变率的出现时间，而 Morlet 小波则有助于分析特定尺度变率的持续性演变规律。由此可见，不同母小波所得的小波分析结果各有所长，可根据研究目的来加以选择。

　　很多计算软件都包含有经典小波分析的程序包。Torrence 和 Compo（1998）总结了如下小波变换的基本步骤，配套的程序包可上网查阅。

　　（1）确定要分析的距平化时间序列，两端加上足够多的零，以处理边界效应；

　　（2）选择小波函数以及要分析的尺度（周期或频率）范围；

　　（3）对每个尺度构建归一化小波函数；

　　（4）计算该尺度的小波变换；

　　（5）确定影响椎的范围（边界效应）和该尺度相应的傅里叶波长；

　　（6）对每个尺度重复上述的第（3）步～第（5）步，去掉第（1）步中加入的边界两端的零值对应的结果，绘制小波功率谱；

（7）设定用来进行显著性检验的傅里叶功率谱（如采用红噪声），用 χ^2 分布表确定每个尺度对应的 0.05 显著水平包含的范围，如果小波谱值落在该范围内，则说明该尺度（周期）变率在给定时间附近是统计显著的。例如，图 8-6 的（d）中黑色粗实线包围的范围内为统计显著的。

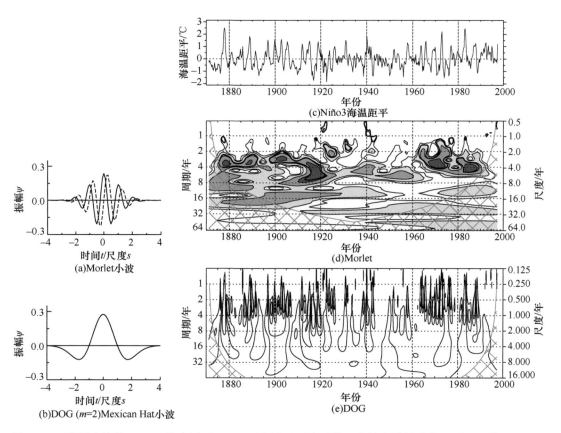

图 8-6　两种母小波［（a）、（b）］应用于 Niño3 区海温距平序列［（c）］的小波能谱［（d）和（e）］（Torrence and Compo，1998）

DOG 全称为 derivative of a Gaussian

8.4　集合经验模分解

作为第一代、第二代时频分析技术的谐波分析、小波分析都是事先给定基函数，如谐波分析用的三角函数、小波分析用的 Morlet 小波或 Mexican Hat 小波等。这些假定的基函数并不一定符合数据本身的特征，因而所得结果会随着数据样本的增多或选取的基函数不同而产生差异。而被称为"第三代时频分析技术"的希尔伯特–黄变换（Hilbert-Huang transform，HHT）的一个特点就是：不事先假定基函数，而让数据自己决定。

HHT 方法被称为美国国家航空航天局历史上应用数学领域的最重要发现之一。其发明人黄锷也因此入选了美国国家工程院院士并荣获"2005 年度美国国家航空航天局政府创新贡献奖"。HHT 方法是一项信号处理技术，是高效、自适应、方便用户的一套算法，专门为非线性且非平稳的信号而设计，也可以广泛应用于各种数据分析。作为对比，傅里叶分析不适于分析非线性和非平稳信号；小波分析不能反映波内调频现象（Huang et al.，1998）。三代时频分析技术的更多具体比较可参阅黄锷和吴召华的 HHT 方法综述（Huang and Wu，2008）之表 1。

　　HHT 包括两部分：经验模分解（empirical mode decomposition，EMD）（Huang et al.，1998）和希尔伯特（Hilbert）谱变换。本节主要介绍 EMD 的改进版集合经验模分解（EEMD）方法。

8.4.1　集合经验模分解的由来和用处

　　集合经验模分解（ensemble empirical mode decomposition，EEMD）方法是 Wu 和 Huang（2009）发展的一种时间上局部、自适应的时间序列分析技术。EEMD 方法适于分析非线性、非平稳的时间序列，它把一个复杂序列分解为有限个不同时间尺度的振荡分量（图8-7）。这种分解是基于数据本身的，没有事先引入基函数，所以是一个自适应的滤波器。

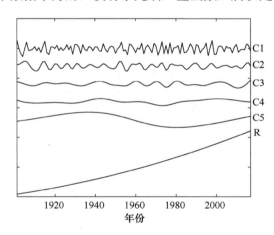

图 8-7　示例数据（全球平均地表气温距平的逐年序列）的 EEMD 分析结果示意图
C1～C5 是原序列包含的时间尺度从短到长的不同振荡分量，R 为原序列的非线性趋势

　　EEMD 是 EMD 的改进版，改进了 EMD 的"模态（尺度）混合"（mode mixing）问题，使分解结果更稳定（Wu and Huang，2009）。EMD 通过一个筛选过程（即把原数据或已减去若干振荡分量后的序列的局部极大值和极小值用 3 次样条函数连起来形成上、下两条包络线，用原数据减去两条包络线的局部均值，经过反复计算直到局部均值处处为零，得到某个振荡分量），把原数据表示成有限个振荡成分和一个长期趋势项的叠加。而 EEMD 方法是利用"多次测量取平均值"（消除测量随机误差）的原理，通过在原数据中加入适当大小的白噪声来模拟多次"观测"，进行多次 EMD 计算并取其结果的集合平均（钱诚等，2011）。

　　EEMD 方法的用处大致包括但不限于以下 3 类。

　　（1）非线性趋势分析。趋势分析是气候、水文等很多学科研究中常见的需求。EEMD 和传统线性趋势分析不同的是，它并不假定趋势是线性的，而是从数据本身提取的。EEMD 的趋势项可以是线性的，也可以是非线性的，反映原序列数据本身的长期演变特征。例如，图 8-7 中的"R"和图 8-8 中的"趋势"分量单调上升或下降，中间没有极值点；也可以是中间有一个极值点的趋势性变化，如 Qian 等（2009）研究中所示的 EEMD 趋势，反映了开春日期从 1885 年以前的推迟趋势转为之后的提前趋势。

（2）多时间尺度分析。气候序列往往是由各种时间尺度变率叠加而成的，EEMD 方法可用于分离各种时间尺度变率和重构序列。例如，图 8-8 给出用 EEMD 方法获得的 Niño 3 区平均海表温度的几个主要时间尺度变率：年内高频变率、年循环、年际变率、年代际变率和趋势。和传统的带通滤波不同的是，EEMD 方法并没有事先假定所得振荡分量的频率范围，而由数据本身的特征时间尺度得到。

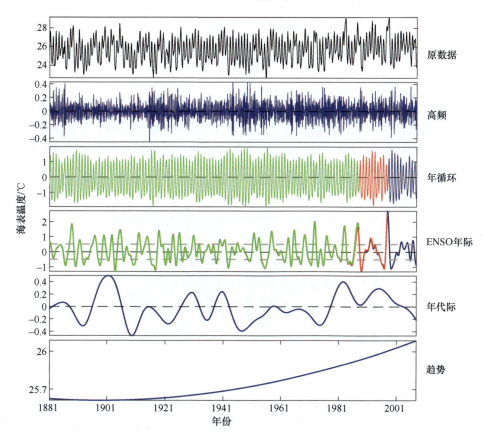

图 8-8　用 EEMD 方法得到的 Niño 3 区平均海表温度多时间尺度分量（Qian et al.，2011c）

（3）滤噪提取信号。应用领域的数据大都包含"噪声"，虽然不同研究的"噪声"内涵不同，但都可理解为相对于所要研究的"信号"而言不重要的部分。EEMD 方法可以用作滤波器，滤去噪声而提取信号。例如，图 8-9 用 EEMD 滤去逐日气温序列中的年内尺度高频变率（噪声），得到想要的年以上尺度的平滑序列。和传统的高通滤波或低通滤波（如滑动平均）方法不同的是，EEMD 不事先假定滤波窗口大小（如滑动平均中取 5 天窗口还是 31 天窗口），而是由数据本身特性决定的。因此，它是一个自适应的滤波器。

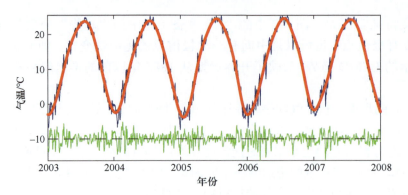

图 8-9　用 EEMD 方法滤去 2003～2008 年全国平均的逐日气温序列（蓝色）的年内尺度高频噪声（绿色）
而得到平滑序列（红色）（钱诚等，2011）

8.4.2　EMD 原理

学习 EEMD 方法，首先需要学习 EMD 方法。EMD 是由美国国家工程院院士黄锷
于 1998 年正式提出来的（Huang et al.，1998）。它利用了局部极值和包络线的原理，把
输入的快波和慢波信号自然地拆分开。所谓的局部极值是指如果某个点比相邻两个点都
大（小），则它是局部极大（小）值；而包络线则是局部极大（小）值分别连接起来的
上、下两条线，如图 8-10。

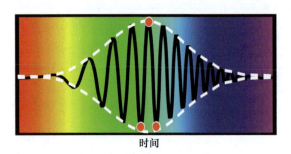

图 8-10　局部极值（红点为某一个局部极大值和某两个局部极小值）和包络线（虚线）示意图

图 8-11 给出 EMD 分析的示意图。一个快波信号和一个慢波信号叠加形成一个合成序
列，上下两条包络线的局部平均值就是输入的慢波信号，从合成序列中减掉慢波信号剩下
的就是输入的快波信号。在得到分解的信号之后，把它们分别映射到希尔伯特谱空间就可
以得到各自的瞬时频率。希尔伯特变换如下：把原序列表示为 EMD 振荡分量和残差项组
合，即 $X(t) = \sum_{i=1}^{n} c_i + r_n$；$X(t)$ 反映到希尔伯特空间为：$Y(t) = \dfrac{1}{\pi} P \int_{-\infty}^{\infty} \dfrac{X(t')}{t - t'} dt'$；$X(t)$ 和 $Y(t)$

关系也可表示为：$Z(t) = X(t) + iY(t) = a(t) e^{i\theta(t)}$，其中瞬时位相为 $\theta = \arctan \left[\dfrac{Y(t)}{X(t)} \right]$。对

瞬时位相求导可得到瞬时频率：$\omega = \dfrac{d\theta(t)}{dt}$。这样原序列在希尔伯特谱空间表现为不同瞬

时频率的组合：$X(t) = \sum_{j=1}^{n} a_j(t) \exp\left[i \int \omega_j(t)\mathrm{d}t \right]$。由此可见，和傅里叶谱的整体频率不同，希尔伯特谱反映的频率是随时间演变的，所以是"瞬时"频率，符合真实的过程。

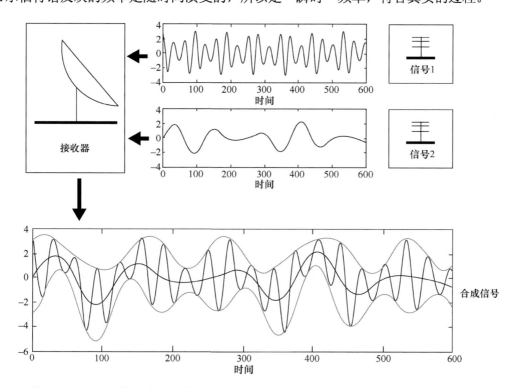

图 8-11　EMD 分析示意图：快波和慢波两个信号叠加序列的分解（吴召华教授提供）

　　如前所述，任何一个复杂的数据都可用 EMD 方法将其分解为有限个准周期振荡分量［称为本征模函数（intrinsic mode function，IMF）］和一个残差项（也称趋势项）的组合；其中的振荡分量经过希尔伯特变换后可产生瞬时频率。EMD 在概念上进行了创新，引入了 IMF 作为基函数，它基于信号的局部属性是自适应的（adaptive，来自数据本身），其振幅、频率都是时间的函数。IMF 满足两个条件：①数据中的极值个数和零点个数必须相等或最多相差一个；②在任何一点，局部极大值和极小值组成的上、下两条包络线的均值为零（Huang et al.，1998）。

　　EMD 方法的具体步骤如下：

　　（1）找出数据序列中相邻的局部极大值和极小值点，它们之间的时间间隔就是 IMF 的时间尺度。

　　（2）把所有的局部极大值和局部极小值分别用三次样条线连接起来，形成上、下两条包络线。

　　（3）设上、下两条包络线的平均值为 m_1，原数据和 m_1 之差为 h_1［即 $X(t) - m_1 = h_1$］；理论上这个 h_1 应该就是第一个分量，但由于样条插值和计算机误差等不确定因素，因此需要重复多次，从而得到第一个 IMF 分量 c_1。

（4）把 c_1 从原序列中减掉得到 r_1 ［即 $X(t) - c_1 = r_1$］；对 r_1 重复步骤（1）～（3）得到第二个 $IMF(c_2)$；以此类推，直至最后剩下一个残差项，即 $r_1 - c_2 = r_2, \cdots, r_{n-1} - c_n = R$。最后的 R 就是包含最多一个极值点的长期趋势项。

8.4.3　EEMD 原理

经过多领域大量数据的 26474 篇［截至 2022 年 10 月 25 日，Huang 等（1998）文献的引用次数］文章检验，EMD 被证明功能强大、行之有效。然而，在一些特殊情况下，特别是有间歇性噪声干扰的情况下，EMD 会出现"模态（尺度）混合"问题。例如 Wu 和 Huang（2009）研究：在受间歇性噪声干扰后，数据的 EMD 结果中不是同一时间尺度的模态出现在同一个分量中。Huang 和 Wu（2008）的研究给了另一个 EMD 受噪声干扰而产生缺陷的例子：两颗不同卫星观测的同一个变量只是在一些局部有些差异，但由于噪声干扰，各自 EMD 结果的某几个分量彼此之间差异很大。这些都说明噪声干扰了 EMD 二进滤波器的属性。

上述问题的产生要从观测数据说起。一般实践中，在某一时刻只有有限次（通常就是 1 次）观测，这就不可避免地使得测定的数据在真值上叠加了一定的噪声。EEMD 的发明人吴召华想到了基于多次测量取平均值的原理，通过在原数据中加入适当大小的白噪声来模拟多次观测的情景，经多次计算后作集合平均，以抵消原数据中包含的噪声而得到真值；由于白噪声是各个波段都有的，从而修复了 EMD 二进滤波器的属性。

EEMD 的具体步骤如下：

（1）在目标数据中加入适当大小的白噪声；

（2）用 EMD 去分解第一步加入白噪声后的序列，得到一组 IMF 和残差；

（3）多次重复步骤（1）和（2），得到各自的 IMF 和残差趋势；

（4）把相应的 IMF 分别进行集合平均，最后得到一组 EEMD 的周期分量和残差项组合。

由于大量反复加入的白噪声位相都是随机的，在集合平均时，理论上加入白噪声的效果是互相抵消的，因而 EEMD 更趋于逼近真值。EEMD 有效地解决了前述的"模态（尺度）混合"问题［如 Wu 和 Huang（2009）的研究］以及噪声干扰的问题［如 Wu 和 Huang（2009）的研究］。

自 2009 年正式提出以来，EEMD 方法已在很多领域的应用中取得了成功（截至 2022 年 10 月 25 日，引用已达 7759 次）。其应用范围包括但不限于大气、海洋、水文、地质、行星、医学、声学等多学科。此外，EEMD 还可以扩展到多维空间（Wu et al., 2009）。

8.4.4　EEMD 代码和常见问题

HHT 方法的 MATLAB 代码执行是非常简单的三步：①读入数据；②调用函数，如 rslt = eemd（data，std，N_{esm}）；③出图。其中，第二步中的参数 std 是加入的白噪声相对于观测数据的方差比，简称信噪比；而 N_{esm} 是集合次数，相当于多次测量（观测 N 次或者 N 个人去观测）。如果 std 和 N_{esm} 分别取 0 和 1，那就是用 EMD。

在 EEMD 中，std 和 N_{esm} 以及最后结果的误差存在如下关系：$\varepsilon_n = \dfrac{std}{\sqrt{N_{esm}}}$，见 Wu 和 Huang（2009）的研究。也就是说，在固定 std 后，集合次数取得越大，结果无限接近真值。但实际计算中考虑到计算耗时成本，集合次数取值是有限的。对于一般的数据，std 和 N_{esm} 的组合是 0.2 和 1000 次 [参考 Qian 等（2010）的实验结果]。在一定的 std 取值范围内，如取 0.2、0.3 或 0.4，很多情况下差异不大，只要随着 std 增大给足够多的集合次数（Qian，2016a）。至于 N_{esm} 的取值可以参考 Qian（2016b）的办法测算。

EEMD 的代码中每次 EMD 过程的筛选次数固定在 10 次，根据测试结果，这个取值使边界效应对分解结果的影响局限在边界处很小的区域内而不往中间传递，见 Wu 和 Huang（2009）的研究。代码中的边界处理方案如下：在边界处外推一个点，如果这个外推得到的点比原序列的边界点大，那么将这个外推点作为边界极大值点，否则原序列的边界点作为边界极大值点；同理，如果外推点比原序列的边界点小，那么将这个外推点作为边界极小值点，否则原序列的边界点作为边界极小值点。

在应用 EEMD 时还常见如下 3 个问题：①每个 EEMD 分量的周期是多少？②各分量的解释方差是多少，哪个是主导分量？③哪几个分量在统计上是显著的？下面是多年工作经验总结的 MATLAB 代码，可分别用以解答这些问题。

（1）周期计算可用两种方案。一种为瞬时频率方案：

omega = ifndq（component，dt）；%此处调用程序包中的 ifndq 函数

平均周期 $T = 2*pi/mean$（omega）

注意：第一个分量的平均周期在 3 左右，否则很可能出现了负的瞬时频率（这是不合理的）；其他分量如果出现不合常理周期，多半也是出现了负的瞬时频率。此时可用另一方案，即零点数方案（Qian and Zhou，2014）：

```
c1=rslt(:,2)；%C2,…Cn 同理
kk=0；
for i=1:(length(c1)-1)
    if c1(i)*c1(i+1)<0
        kk=kk+1；
    end
end
```

平均周期 $T1 = length(c1)*2/kk$

（2）解释方差（加起来等于 100%）＝ 分量方差/总方差：

第 i 个分量的方差贡献 ＝ 第 i 个分量方差/sum（N 个分量方差）

component = rslt(:,2:N)；

contribution = std(component).^2/sum(std(component).^2)*100

参考 Qian 和 Zhou（2014）。

（3）显著性检验。

[sigline95,logep]=significance(imfs,0.05); %此处调用程序包中的 significance 函数，显著水平为 0.05。

需要注意，这个显著性检验的零假定是白噪声序列，不是所有数据都能套用这个显著性检验。例如，气候研究中海温是红噪声序列，有记忆性。这种情况下就不能套用上面的检验代码。在实际科研中，需要根据实际情况检索最新发表的文献所建议的检验方法，如 Qian（2016b）。

在谈到序列的变化趋势时，经常要用到趋势是否显著的检验。对于 EEMD 趋势的显著性检验，一般基于蒙特卡罗方法。例如，①利用符合正态分布的短程相关（Ji et al.，2014）或长程相关（Franzke，2010）替代序列；②利用人为给定的分布和短程或长程相关替代序列（Franzke，2012）；③利用相同自相关，但分布不一定相同的替代序列（Franzke，2012）；④利用相同分布且相同自相关的替代序列（Qian，2016b）。其中第 4 种检验方法是自适应的，根据数据本身特点自动计算显著性检验所用的替代序列。

8.4.5　研究案例

EEMD 方法已被广泛应用于地学和其他研究领域。这里简单介绍气象、水文和海洋研究中的应用案例。

（1）气象研究案例。EEMD 常被用来揭示气候波动中发展的长期变化趋势，进而可通过回归分析揭示低频变率和长期趋势对应的不同物理机制（Wu et al.，2011），甚至可以解释特定时刻的瞬时变率（如 Ji et al.，2014）。EEMD 方法还可用于分离观测和气候模式模拟的不同时间尺度分量，进行模式性能评估（如 Fu et al.，2011）。特别地，EEMD 可用作滤波器，如 Qian 等（2009，2011a）利用 EEMD 的自适应属性滤去年内尺度高频噪声对逐日气温序列进行平滑处理（图 8-9），然后确定和任一阈值的唯一交点（图 8-12），进而定义二十四节气的阈值，揭示全球变暖背景下的中国二十四节气气候变化（Qian et al.，2012）。图 8-12 显示不同方法确定的气候入春时间（与 5℃阈值的交点）。逐日气温序列存在剧烈的波动，给确定哪天算入春带来了困难，需要对序列先进行平滑处理。可以看到，气象分析中常用的 5 天滑动平均后的序列仍然与 5℃阈值有多个交点，很难唯一地确定入春时间，在一些情况下甚至连 31 天滑动也解决不了这种困难；并且取 5 天还是 31 天窗口是人为假定的，并不一定符合数据本身的特性。多项式平均虽然可以平滑序列，然而用 3 阶、5 阶、7 阶等不同阶数拟合的结果差别很大，并且用几阶来拟合也有很大的主观性。而利用 EEMD 方法的自适应特性，则可以唯一且客观地确定入春的时间（Qian et al.，2009，2011a）。

近年来的研究利用 EEMD 来提取气候变量的年循环（Qian et al.，2010，2011a，2011b，2011c；Qian and Zhang，2015），揭示实测气温年循环振幅（Qian et al.，2011b；Qian and Zhang，2015）和位相（Qian et al.，2011a）都是随时间变化的，并不像传统气候研究中假定的年循环不变（通常用最近 30 年相应的日或月值平均计算而得）。例如，观测证据表明，近 50 多年，北半球中高纬多数陆地区域的地表气温年循环呈现变小的趋势（冬夏温差变小，四季趋于不分明），尤其是在高纬 50°N~70°N 和东亚地区，可能是受到人类活动外强迫等影响（Qian and Zhang，2015）。

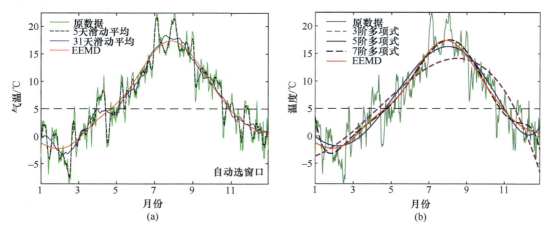

图 8-12 1991 年某逐日气温序列（绿色）用 EEMD 计算的年循环曲线（红色）与 5℃阈值线交点时间，对比滑动平均（a）和多项式拟合（b）所确定结果（Qian et al.，2011a）

（a）EEMD 和 5 天、31 天滑动平均的比较；（b）EEMD 和 3 阶、5 阶、7 阶多项式拟合的比较

（2）水文研究案例。针对近几十年"南涝北旱"，尤其是华北干旱化形势究竟是自然变率还是人为强迫影响的争议，Qian 和 Zhou（2014）用 EEMD 来提取近百年观测的中国东部"南涝北旱"中干湿演变（图 8-13）、气温、降水以及代表大气外强迫的太平洋年代际振荡（PDO）序列的低频（多年代际）变率和长期趋势，揭示 1960 年以来的华北干旱化是与 PDO 位相转变有关的多年代际自然变率主导的（1960~1990 年约贡献 70%）（图 8-13）；经过不同时间尺度的重构，揭示华北干湿演变和 PDO 在多年代际（50~70 年）尺度上存在很好的反位相关系：当 PDO 处于正位相时华北偏干，反之亦然；并且通过合成分析，揭示两者联系的物理机制。

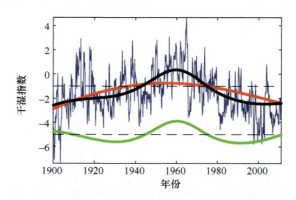

图 8-13 用 EEMD 提取 1900~2010 年华北干湿演变序列（蓝色，正值越大代表越湿润）的多年代际变率（绿色）和长期趋势（红色）以及两者共同作用下的拟合结果（黑色）（Qian and Zhou，2014）

1960~1990 年的干旱化时期正好是长期趋势开始变干、多年代际变率由波峰向波谷阶段演变两者共同作用产生的

（3）海洋研究案例。ENSO 是海洋气候研究中的热门话题，它是最强的年际尺度气候信号，每次事件在全球很多地区产生广泛的影响。传统定义 ENSO 冷暖事件是根据世

界气象组织的建议，相对于最近 30 年平均年循环计算气候距平来判断的。但是，不同的 30 年平均年循环（如 1961～1990 年、1981～2010 年等）是不一样的，这种方法监测出的 ENSO 冷、暖事件的年份会随着后续数据的延长而发生改变。例如，20 年前检测出的 El Niño 年在 20 年后回过来看，那年又不是 El Niño 年了，因为平均年循环不一样了，计算的气候距平也就不一样了。这种传统方法的结果和实际 ESNO 事件发生的海气相互作用物理过程不变相悖。Qian 等（2011c）利用了 EEMD 方法时间上局部的属性，在经过对 EEMD 分析结果的主要时间尺度重构之后（图 8-8），相对于 EEMD 得到的随时间变化（但相同时间内并不随数据延长而改变）的动态年循环（图 8-8 中的年循环分量），计算气候距平，并利用动态的年循环和背景态来进行 ENSO 事件的划分和强度定级，使得划分出的 El Niño/La Niña 年份和强度稳定（图 8-8 中的 ENSO 分量），改进了传统方法的缺陷。不仅如此，新方法完全去除了气候变量的年循环，相比传统减掉 30 年平均年循环仍然残留部分年周期信息而言，新方法更好地达到了定义气候距平去除气候变量年循环的初衷。

　　图 8-14 从多时间尺度的角度分析 ENSO 事件的成因。经过对 Niño3 区海表温度距平序列进行 EEMD 多时间尺度分解，揭示 ENSO 年际尺度变率反映的 1950 年以来 El Niño 和

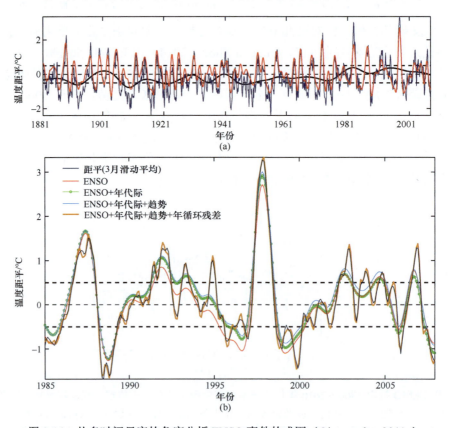

图 8-14　从多时间尺度的角度分析 ENSO 事件的成因（Qian et al.，2011c）

（a）1881～2007 年的 Niño3 区海表温度距平（相对于 1971～2000 年的 30 年平均年循环）序列（蓝色）用 EEMD 提取的年际分量（红色）以及年代际至长期趋势的背景态（黑色）。（b）用 EEMD 提取的不同时间尺度分量的组合来解释 1990～1995 年持续性的 El Niño 事件的形成

La Niña 事件的频率大致相当，气候背景态的变暖［图 8-14（a）中粗黑实线］导致传统定义的 El Niño 事件增多了；1990～1995 年持续性的 El Niño 事件并非只是 ENSO 年际变率造成的，而是分为原因各不相同的三个阶段：1991/1992 年的暖异常时期是由于年际变率叠加在了长期变暖的背景态上形成的，1993 年的暖异常时期是变暖的背景态造成的，1994/1995 年的暖异常时期是传统用 30 年平均年循环定义气候距平时没有去干净的年循环造成的（图 8-14）。

思　考　题

1. 已知某地月平均温度序列的样本标准差 s_y=12.9334°F，且已知下表所列数据的第 3 个～第 6 个谐波的振幅分别为：1.4907 °F、0.5773 °F、0.6311 °F 和 0.0001 °F，请估计该地月平均温度变化由前两个谐波所解释的比例是多少？

	1 月	2 月	3 月	4 月	5 月	6 月	7 月	8 月	9 月	10 月	11 月	12 月
均温/°F	57	62	73	82	92	94	88	86	84	79	68	59

2. 自行下载南方涛动指数（SOI）序列，试用连续功率谱和 EEMD 方法分析该序列存在的典型周期振荡。

3. 从谱分析到小波分析的发展过程中，为什么不能用窗口傅里叶变换代替小波分析？

4. 程序包中带的 EEMD 显著性检验方法适用什么特征的数据？如果是红噪声的数据该如何做显著性检验？

5. 画出所给数据的 EEMD 各分量；计算前 3 个分量的周期和解释方差。

第9章　气候跃变的诊断方法

气候跃变泛指气候从一种相对稳定状态到另一种相对稳定状态的迅速（跳跃性）转折的现象。从统计分析来说，如果一个气候序列的某种统计量在某个时间点前后发生了显著变化，则可判定该时间点前后可能发生了气候跃变。本章介绍几种典型的跃变分析方法，并结合研究案例帮助理解气候跃变及其分析方法的内涵。

9.1　滑动 t 检验

均值跃变是最简明直白的一种气候跃变形式。我们已经知道，t 检验可用来考察两组样本的均值差异是否显著。滑动 t 检验（moving-t test，MTT）的基本思想是：沿着一个气候序列的每个时间点，比较前后两段子序列的均值；用 t 检验判断两者差异是否显著。如果两段子序列的均值差异超过了一定的显著性水平，则其可能在相应的时间点附近发生了跃变。

设有时间序列 x，包含 n 个时间点的样本。在第 i 个时间点，选择前后两段长度分别为 L_1 和 L_2 的子序列：$x(j), j = i - L_1 + 1, \cdots, i - 1, i$ 和 $x(j), j = i + 1, i + 2, \cdots, i + L_2$，则该时刻的滑动 t 检验量为

$$t(i) = (M_2 - M_1)\big/\sqrt{C\sigma} \tag{9-1}$$

式中，分子是两段子序列的均值之差，分母可理解为两段子序列的平均标准差；$C = (L_1 + L_2)/(L_1 L_2)$；$\sigma = (L_1 S_1^2 + L_2 S_2^2)/(L_1 + L_2 - 2)$；$S_1^2$、$S_2^2$ 为两段子序列的距平平方和。一般应用中取两段子序列长度相等，即 $L_1 = L_2 = L$，则式（9-1）分母根号内简化为：$(S_1^2 + S_2^2)/(L-1)$。

设在某个显著水平上 t 检验量的临界值为 t_α，则当 $|t(i)| > t_\alpha$ 时说明 i 时间点附近序列均值变化显著；对所有可能的时间点 i 计算，可得 $t(i)$ 序列，其中的显著极值点即可定义为跃变点。跃变点 t 值为正表示均值增大的跃变，t 值为负表示均值减小的跃变。

应用中，子序列长度 L 的取值是主观选定的。一般原则是 L 要足够大（如大于 10），以便于获得较为稳妥的 t 检验结果。此外，还要根据具体问题来考虑，如要考察逐年气候序列中的多年代际和世纪尺度的气候跃变，则选择 $L > 30$ 为宜。滑动 t 检验中 L 的主观性对于分析方法而言可能是一个缺陷，但也留给实际应用较大的灵活性，如可选用 L 来揭示特定时间尺度上的气候跃变现象。

严格地说，式（9-1）的 t 检验要求样本数据独立。然而，气候序列通常不满足这个条件，因而需谨慎分析滑动 t 检验结果的显著性。一方面要考虑实际物理现象往往存在时间上的持续性，导致时间序列样本的自由度较小；另一方面，即使是独立的随机序列，

按时间顺序不断截取两个子序列来比较，也有可能遇到均值"显著"变化的情形。采用更为严格的"自由度"，可在一定程度上解决上述问题。更一般的解决方案是，根据气候数据的基本统计特征重建足够多的随机序列样本进行滑动检验，对比实际气候序列的滑动检验结果确定显著性。

　　实际气候研究中，并不十分在意严格的统计显著性表述。例如，Yamamoto 等（1986）用的方法本质上类似于 MTT，但其强调从物理意义上定义跃变。在某时间点，定义信噪比（singal-to-noise ratio）为

$$R_{\mathrm{SN}} = \frac{|\overline{x}_1 - \overline{x}_2|}{S_1 + S_2} \tag{9-2}$$

这里把两段子序列均值差的绝对值作为气候变化信号，而用其变率（标准差）作为噪声。式（9-1）和式（9-2）的物理含义类似。定义信噪比超过 2 表示在该时间点发生了强跃变，物理意义明确。

　　图 9-1 显示了华北夏季降水序列的 MTT 分析结果。从图 9-1 中可见，t 值在 1965 年、1980 年、1997 年前后达到或低于负值临界水平，说明 20 世纪中后期华北遭遇了接二连三的年代际降水减少跃变。这些跃变反映了东亚夏季风系统阶段性萎缩（南退）过程，构成近半个世纪以来华北干旱化的气象学背景。

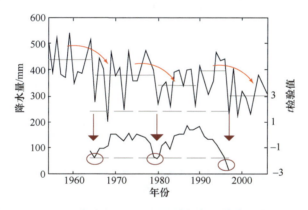

图 9-1　20 世纪 50 年代以来华北夏季降水序列（上部黑曲线，左坐标）及其 10 年滑动 t 检验值（下部黑曲线，右坐标，水平虚线为 0.05 显著水平的临界值）（Tu et al., 2010）
箭头指出三次降水减少跃变

9.2　滑动 F 检验

　　气候变率忽然变大或变小，也是气候跃变的一种重要形式。一个时间序列的变率大小可用方差来表示。我们已经知道，F 检验可用来检验两组样本的方差是否有显著差异。类似 MTT 的思路，我们也可以针对一个气候序列建立滑动 F 检验（MFT）的方法。

　　设时间序列 x，包含 n 个时间点的样本。在第 i 个时间点，选择前后两段长度为 L 的子序列：$x(j), j = i - L + 1, \cdots, i - 1, i$ 和 $x(j), j = i + 1, i + 2, \cdots, i + L$，则该时刻的滑动 F 检验量为两段子序列的方差比：

$$F(i) = \sigma_1 / \sigma_2 \tag{9-3}$$

在给定的显著水平上可知 F 分布的上、下阈值（F_{c1}、F_{c2}），若 $F(i) > F_{c1}$ 或 $F(i) < F_{c2}$，说明序列的变率在 i 时间点附近发生显著变化。对所有可能的 i 计算得 $F(i)$ 序列，其中显著的极大（小）值点即可定义为方差跃变点。

与 MTT 类似，MFT 也需要考虑样本的有效自由度等问题，才能获得更严格的显著性表达。实际研究中，可结合其他气候分析和背景知识，选择恰当的子序列长度 L，诠释滑动 F 检验指示的气候跃变事件。

图 9-2 给出过去 500 年我国中原一带旱涝气候的演变及其中的 3 次变率跃变事件。检测到的 3 次显著跃变都是旱涝变率从小到大迅速变化，说明中原一带气候跃变主要表现为"从风调雨顺忽然到大旱大涝"的形式。特别是 1582 年前后这次事件，不仅在年代际尺度上，在世纪尺度上也被检测为显著的跃变。这说明在 16 世纪后期，中原一带从早先相对风调雨顺的气候状态，忽然进入一个世纪尺度的旱涝频发期。从时间上看，或许正是这次气候跃变，为明王朝的覆灭敲响了警钟（1644 年明亡）。

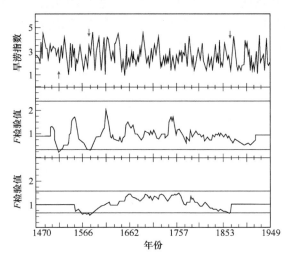

图 9-2　1470～1949 年中原旱涝指数的 3 点滑动平均序列（上）及其 30 年（中）和 80 年（下）滑动 F 检验值序列（Yan et al.，1992）

F 检验值图中的水平细线标示 0.01 显著水平的临界值；旱涝序列图中箭头指出 3 个不同时间尺度的方差跃变点，分别发生于 1527 年、1582 年、1869 年前后

9.3　滑动符号检验

研究早期气候变化时，由于缺乏现代气象观测而常用一些气候代用（proxy）资料。代用资料大都是经过数据转换和反演分析而得到的，很难具备现代气象观测那样的精确性，但在定性上还是能够反映冷、暖、旱、涝等气候状态的。从气候跃变的角度来看，如果一个时期大多数年份偏冷而紧接着一个时期大多数年份偏暖，则足以判别其间可能发生了气候跃变。这种情形下，我们只需要知道"偏暖"和"偏冷"等定性状态（可用正、负号表示），即可采用统计分析中的符号检验来分辨两组样本是否有显著差异。

类似 MTT 和 MFT，可设计针对气候序列的滑动符号检验方法。设有气候序列 x，在 i 时间点比较两段长度为 L 的序列 $x(i+k)$ 和 $x(i-k+1), k=1,2,\cdots,L$，记 p 为前者大于后者的样本数，q 为前者小于后者的样本数，$m=p+q$，则统计量：

$$S(i) = \min(p,q) \tag{9-4}$$

近似逼近正态分布（可查自由度为 m 的符号检验表）。给定显著性水平 α，若 $S(i)<S_\alpha$，则说明 i 时间点前后有显著变化。对所有可能的 i 计算可得 $S(i)$ 序列，其中显著的极小值点即可定义为气候状态的跃变点。

图 9-3 显示了根据历史文献资料计算的近 2000 年的年代尺度旱涝指数序列。这是一类典型的定性的气候状态序列，适用滑动符号检验方法来判断其中的气候跃变现象。由图 9-3 可见，主要位于黄河流域的中原地区近 2000 年来更多地处于多涝灾的气候状态。

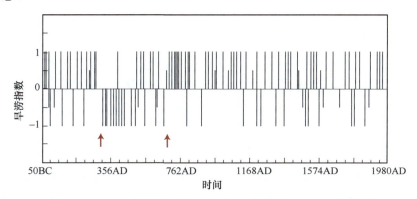

图 9-3　公元前 50 年到公元 1980 年中原地区的年代尺度旱涝指数序列（1 代表该年代涝或多涝灾、0.5 偏涝、0 正常、–0.5 偏旱、–1 旱或多旱灾）（Yan et al., 1992）

箭头指出两次气候跃变，分别发生于公元 290～300 年和公元 670～680 年。用到滑动符号检验（显著水平 0.01），滑动的子序列长度 L=20（个年代）

滑动符号检验结果表明，公元 290～300 年发生了由涝向旱的跃变；而公元 670～680 年则发生了由旱到涝的跃变。显然，公元 300 年前后，中原地区开始经历一段长达 300 多年的多旱灾期。这段非同寻常的持续旱灾期，正是我国历史上最混乱的朝代更迭期，包括西东晋南北朝到隋朝的兴衰，直至唐朝兴起。

9.4　Mann-Kendall 跃变检测

Sneyers（1990）拓展了 Mann-Kendall 趋势检验法，并将之应用于检测一个气候序列中最大变化的时间，后人简称之为 Mann-Kendall（M-K）检测法（符淙斌和王强，1992）。对于具有 n 个样本的气候要素序列 x，可构造如下基于秩比较的统计量序列：

$$s_k = \sum_{i=1}^{k} r_i, k=2,3,\cdots,n \tag{9-5}$$

其中 $r_i = \sum_{j=1}^{i} a_j$，$a_j = \begin{cases} 1, x_i > x_j \\ 0, x_i \leqslant x_j \end{cases}$。

　　不难理解，r_i 是时间序列前 $i-1$ 个值中小于第 i 个值的样本数，故 r_i 最多可达 $i-1$；而 s_k 则是前 k 个 r_i 的累计量[因 $r_1=0$，故实质上式（9-5）的累计序号 i 为 2～k]；$s_1=0$；$s_2=r_2$。如果原序列存在上升趋势，则序列后段（i 越大）计算的 r_i 很可能越大，而累计量 s_k 必然越大。

　　原假设 H_0：原序列无趋势。若 H_0 成立，则随着 k 增大，s_k 逼近正态分布，可定义如下标准化的统计量（正向秩统计量）：

$$\mathrm{UF}_k = \frac{[s_k - E(s_k)]}{\sqrt{\mathrm{var}(s_k)}}, k=2,3,\cdots,n \qquad (9\text{-}6)$$

式中，$E(s_k)=\dfrac{k(k-1)}{4}$ 为均值；$\mathrm{var}(s_k)=\dfrac{k(k-1)(2k+5)}{72}$ 为方差；$\mathrm{UF}_1=0$。可用标准正态分布来检验 UF_k 是否显著不等于 0。若 UF_k 的绝对值超过某显著水平的临界值，则拒绝 H_0，说明原序列到第 k 个时间点就已呈现显著的长期趋势。至此和第 5 章的 M-K 趋势检验分析是类似的。

　　上述分析中，计算 r_i 是通过比较第 i 个样本与其前的 $i-1$ 个样本来实现的。如果作逆向比较，则可计算 r_i'，即序列最后 $n-i$ 个样本中小于第 i 个值的样本数。可推算知：$r_i+r_i'=R_i-1$。R 是原序列的秩序列（其值域为 1～n）。构建统计量序列：

$$s_k' = \sum_{i=k}^{n} r_i', k=1,2,\cdots,n-1 \qquad (9\text{-}7)$$

　　类似地可构建标准化的逆向秩统计量 UB_k。标准化所用的均值 E 和方差 var 公式与上述用于 UF 的类似，只需把其中的 k 替换成 $n-k+1$ 即可，结果可得一系列 UB_k，$k=1,2,\cdots,n-1$；$\mathrm{UB}_n=0$。

　　上述求 UB 的过程，相当于将时间序列 x 逆序排列成 $x_n,x_{n-1},\cdots,x_1$，重复 UF 的计算，结果记为 UF_k'；再把 UF' 按时间倒序排列，取其负值即得 UB 序列，也即 $\mathrm{UB}_k=-\mathrm{UF}_{n-k+1}'$。作为一个验算，$\mathrm{UB}_1=\mathrm{UF}_n$。

　　如果原序列没有长期趋势，则 UF 和 UB 两个序列应在正、负临界值范围内变化且随机交错。如果原序列存在一个显著的长期趋势，则两者会有部分超越临界值范围，且在原序列变化最快的时间点附近相交，这个交点即可定义为跃变点。

　　与前述 MTT 等方法相比，M-K 方法不需要选择子序列，而是对原序列整体进行分析。因而，该方法对于原序列中存在一个显著变化趋势的情形十分有效。然而，若气候序列中存在多个不同尺度的跃变，则不宜使用 M-K 方法。

　　图 9-4 显示中国西北地区夏季降水除了年际振荡外，还有明显的年代际变化。由图 9-4（a）可见，20 世纪 70 年代末期发生了较明显的变化，此后西北夏季降水高于历史平均水平，而此前多为负降水异常。笔者把 M-K 检验法应用于降水异常百分率序列，结果表明，UF 统计量序列最终超越了 0.05 显著水平的临界值，说明原序列整体存在显著上升趋势；而 UF 和 UB 序列交叉在 1978 年，说明该时间点前后西北降水发生了明显的年代际跃变。

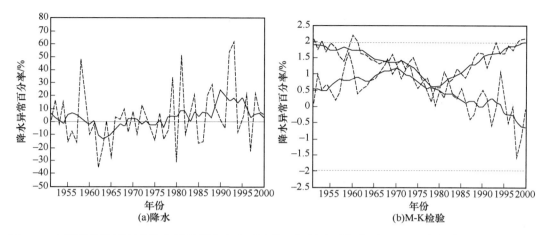

图 9-4　中国西北地区夏季降水异常百分率序列及其 9 年滑动平均序列（a）；对降水异常百分率序列的
M-K 检验值序列（b）（Zhou and Huang，2010）
虚线为 0.05 显著水平临界线。气候异常的参考时段为 1961～1990 年

9.5　Pettitt 变点检测

Pettitt 变点检测也是一种非参数检验方法，最初由 A.N. Pettitt 用于检验序列中的最大变点，故亦称 Pettitt 方法。设气候序列 $x_1, x_2, \cdots, x_n$，对应的秩序列为 $r_1, r_2, \cdots, r_n$，则可构建统计量序列：

$$S_k = 2\sum_{i=1}^{k} r_i - k(n+1), k = 1, 2, \cdots, n \tag{9-8}$$

如果 S_k 在某时间点 E 达极值，即 $S_E = \max_{1 \leqslant k \leqslant n} |S_k|$，则说明原序列在该时间点发生了剧烈变化。

和 M-K 方法类似，Pettitt 变点检测也是针对序列整体来进行的，其结果对应序列中某种意义上的最强变点。其结果和 M-K 检测结果的意义有所不同。Pettitt 方法也不适于气候序列中存在多次跃变的情形。

9.6　标准正态均一性检验

标准正态均一性检验（SNHT）是检验气候序列非均一性的经典方法，是由 Alexandersson（1986）最早提出的。气候序列的非均一性在形式上和气候跃变十分类似，因而这个方法也可用来分析气候跃变。设气候序列 $x_1, x_2, \cdots, x_n$，构建统计量：

$$T(k) = k\overline{z_1}^2 + (n-k)\overline{z_2}^2 \tag{9-9}$$

式中，$\overline{z_1} = \dfrac{1}{k}\sum_{i=1}^{k}(x_i - \overline{x})/s$，即前 k 个样本标准化距平的平均值；$\overline{z_2} = \dfrac{1}{n-k}\sum_{i=k+1}^{n}(x_i - \overline{x})/s$，即后 $n-k$ 个样本标准化距平的平均值。如果在某个时间点 T 达到极值，即 $T_{\max} = \max_{1 \leqslant k \leqslant n} |T(k)|$，

则说明序列均值很可能在此点前后发生跃变。

　　设置统计量 $T_0 = \dfrac{n[T(n)]^2}{n-2+[T(n)]^2}$，若 T_0 大于给定显著水平的临界值，则说明相应的

时间点发生了显著的跃变。

9.7　Buishand 范围检验

　　设有气候序列 $x_1, x_2, \cdots, x_n$，计算累计距平量：$S_k^* = \sum\limits_{i=1}^{k} (x_i - \bar{x}), k = 1, 2, \cdots, n$。如果原

序列没有明显的变点，则 S_k^* 将围绕 0 值附近波动。如果存在一个跃变点，则 S_k^* 在此点

前后达到一个极大值或极小值。构建检验统计量：

$$T(k) = (S_k^* / s)/\sqrt{n} \tag{9-10}$$

式中，s 为参数，用以调整范围 R：$R = (\max\limits_{1 \leqslant k \leqslant n} |S_k^*| - \min\limits_{1 \leqslant k \leqslant n} |S_k^*|)/s$；检验临界值为：$R/\sqrt{n}$。

9.8　小 波 检 测

　　气候变率的时间尺度也会有变化。例如，气候变率在一些长期气候序列中某段时期
呈现较强的年代际变化，但接着一段时期却主要是年际变化。如图 9-5，时间序列显然
发生了变化，但其均值和方差却都维持不变。因而，前面那些主要针对均值、方差等统
计量的方法是难以检测的。

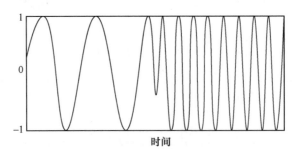

图 9-5　气候变率的频率或时间尺度变化示意图

　　对于此类变化，小波分析是有效的。时间序列 $f(t)$ 在 t_0 时刻关于信号频率（或气候
变化的时间尺度 s）的小波变换为

$$W(t_0, s) = R^{-1} \int s^{-1/2} W(t) f(t) \mathrm{d}t \tag{9-11}$$

式中，$W(t)$ 为小波基函数；$\|W(t_0, s)\|$ 代表给定时刻 s 尺度变化信号的强度或能量。考察
该"能量"随时间和尺度（s）的二维变化谱（也即小波的功率谱），即可检测图 9-5 所
示的尺度跃变现象。

　　实际上小波分析也有助于揭示其他多种形式的气候跃变现象。例如，

均值跃变：跃变点附近多种尺度的小波趋于同位相。以逐年的气候序列发生均值减小的跃变为例，在跃变点前后考察年际变化必然有一个减小的变化，年代际变化也会有一个减小的变化，因而小波分析结果就会体现出跃变点附近多种尺度波动的同位相变化。

变率跃变：$\|W\|$ 在跃变点附近锐减或剧增。气候变率忽然变大或变小，则小波的总功率也必然会相应变大或变小。

频谱跃变：某种尺度的变率忽然变大或变小。由于气候变化包含多种尺度的变化，某个尺度变率的变化，很难从时间序列中直观地判断出来，也缺乏简明的统计检测方法，可借助小波分析来加以分辨。

9.9　气候变量场中的跃变分析

前面已多次提及 20 世纪 60 年代后北非、华北、澳大利亚等很多区域都经历了降水减少的气候跃变。如果 60 年代前后确实世界上很多区域都发生了类似的降水气候跃变，那么这个信号就很可能是全球降水场中一个重要的变化信号。可以结合第 7 章的 EOF 方法来考察。

图 9-6 显示了 20 世纪 60 年代前后全球夏季降水场的第一个 EOF 分量。各地降水序列都经过标准化处理，因而 EOF1 时间序列可以被认为是代表最广泛存在的一个降水变化信号。利用 MTT 检测 EOF1 时间序列，结果表明，1967 年前后发生减少跃变，按照 Yamamoto 定义的信噪比达 2.1（强跃变）。从 EOF1 空间分布型来看，北非、印度到华北一带普遍存在降水减少的跃变，说明 60 年代亚非夏季风系统较为一致地减弱，或表现为夏季风北进不力，从而导致上述地带降水普遍减少。

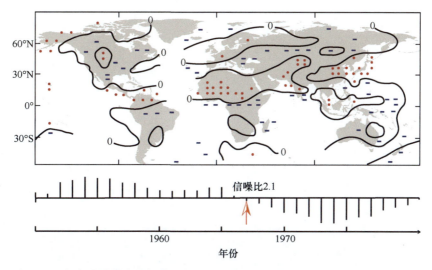

图 9-6　1951～1980 年全球夏季降水标准化距平场的 EOF1 空间分布及时间序列（严中伟等，1990）
箭头指出 1967 年前后发生的减少跃变（信噪比 2.1）。地图中加点处载荷值大于 0.02，表示存在明显的降水减少跃变；负号处载荷值小于−0.02，表示相反变化

相比单个气候序列的跃变检测，气候要素场的跃变分析更具参考价值。单一气候序

列中的"跃变"可能是由资料的非均一性所致，而实际气候变化应该具有大尺度的空间分布格局。考察跃变信号的空间分布格局，有助于确定一个气候跃变事件，从而开展进一步研究。

此外，不同检测方法所得的结果可能并不一致。因而，实际应用中，还需要灵活掌握本章各种检测法并结合其他章的方法开展研究。

思 考 题

1. 请说明滑动跃变检验方法的优缺点。

2. 试分析 M-K 跃变检测法的适用性。

3. 列举气候跃变的不同形式，并给出适用的检测方法。

第10章　气候极值

气候变化对人类社会和生态系统的影响主要是通过局地的极端天气气候事件而体现出来的。在一个气候分布中，极端天气气候事件对应小概率的极端值，因而也称为气候极值。本章首先通过近年来一些典型极端事件，说明本章研究的重要意义；其次，引入逐日气候分布的概念，诠释气候极值的含义；再次，介绍常用的气候极值指数和极值分析方法；最后，通过研究案例演示气候极值变化及其成因分析。

10.1　背景问题

近百年全球气候变暖已是不争的事实。最新估计表明，近百年全球陆面气温升高已超过1℃，中国区域更是已达1.5℃左右（图10-1）。

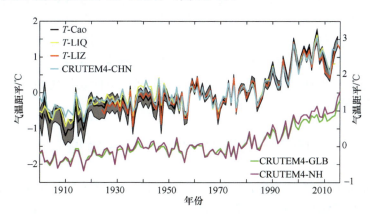

图10-1　基于均一化观测资料计算的中国百年气温序列 *T*-Cao、*T*-LIQ、*T*-LIZ 对比基于 CRUTEM4 全球格点数据集计算的中国（-CHN）、全球（-GLB）、北半球（-NH）陆地平均气温距平序列（阴影代表中国序列的90%置信区间）（严中伟等，2020）

左轴用于中国序列，右轴用于全球和北半球序列。全球陆表气温序列的线性趋势约1℃/100a；中国多个序列的线性趋势在1.3～1.7℃/100a

然而，在百年尺度上变化1℃多的这样一个量值（0.01℃/a）本身很难直接用以恰当评估气候变化的影响。这是因为气候影响更直接地是通过作用于人类和生态个体的局部天气现象实现的。因而，当前一个更受各界关注的话题是：随着全球变暖，各地极端天气气候事件（如热浪/寒潮/强风/暴雨等）是否变得更频繁或更强烈？这也是气候学界的热门研究话题之一。

2003年夏季，一次空前的热浪天气席卷欧洲，持续约两周的30℃上下的"高温"，导致数万人丧生（Conti et al.，2005）。Stott等（2004）首次将这类热浪天气的发生归因于人类活动所致的全球气候变暖，之后开启了极端天气气候事件归因研究的新篇章。近年来，越来越多的研究表明，由于全球变暖，世界各地正在经历更频繁和更强烈的热浪和暴雨事件。2012 年 7·21 北京特大暴雨，罕见地导致首都城区出现淹死事故。2013 年 7~8 月，华东遭遇持续近两月的超级热浪，有研究估计仅南京就损失当地全年 GDP 的 3.43%（Xia et al.，2018）。2018 年夏季北半球多地高温，仅日本就造成 144 人死亡和 8 万余人中暑；中国地区 7 月 14 日~8 月 15 日，连续 33 天中央气象台发布高温预警。

近几年来，全球各地气候灾害愈加频发。以 2021 年为例，亚、欧、非洲多地暴雨成灾，其中包括 2021 年 7·20 郑州特大暴雨，造成郑州市死亡失踪 380 人；河南全省 1478.6 万人受灾，直接经济损失 1200.6 亿元；德国洪水致灾的损失估计达 400 亿美元，成为该国有史以来最昂贵的自然灾害；初夏热天穹（heat dome）笼罩西北美，号称"千年一遇"热浪；意大利西西里岛最高气温创新高，达 48.8℃；8 月常年积雪的格陵兰岛最高点观测史上首次降雨，可能意味着北半球最大陆地冰盖已开启全方位的消融进程。

尽管全球变暖导致低温寒潮事件总体减少减弱，但异常冷事件同样能带来重大灾害。例如，2008 年冬春季中国南方持续低温冷害；2016 年 1 月 21~25 日，"霸王级"寒潮影响下中国东部发生 1951 年以来破纪录的极冷事件等。此类极端事件均给当地交通、电力、农业和人体健康等方面带来灾害性影响。

显然，上述极端事件大多是以"天"为时间单位的天气过程。传统气候学研究常用的月–季平均资料在很大程度上会削弱甚至抹杀这些"天气"信号。因而，要着重研究极端天气气候事件，就必须用到逐日甚至更高分辨率的资料以及相应的统计分析方法。

那么，如何定量地表述极端天气气候事件呢？为解答该问题，就需要用到气候极值的概念，而这又需要先理解逐日乃至瞬时的气候分布。下面我们先回顾一下"气候"的概念，再展开论述。

10.2　气候平均态和气候极值

第 1 章开篇即有定义：气候是所有天气现象的综合表述。统计学上可用一个概率密度函数（PDF）来"综合表述"一系列事件。

对于特定的气象要素（如温度或降水），气候就是所有可能天气值所构成的一个概率分布。该分布刻画了哪些天气是经常发生的，哪些则是异常罕见的。

通过与传统气候概念比较，可进一步理解本书强调的气候概念的意义（表 10-1）。传统气候概念侧重于"平均态"，主要基于月–季平均资料开展研究，因而在一定程度上忽视了极端天气事件。本书强调气候是综合表述所有天气的概率"分布"，可以刻画各种天气的发生概率。

表 10-1　传统气候概念和本书气候概念的比较

传统气候概念	本书
气候是所有天气的平均状态	气候是所有天气的综合表述
$C = \sum W_i / N$	$C = \mathrm{PDF}(W_i)$
侧重于气候平均态及其变化	侧重于各种天气的发生概率及变化
主要基于月–季平均资料	要求逐日及更高分辨率的资料

对于大多数概率分布而言，均值总是最重要的参数。正态分布的均值代表最大概率的现象。很多气候要素（如气温）的分布是近似正态的，其均值代表最可能发生的天气现象。这也是传统气候学强调"平均态"的一个原因。

然而，气候极值恰恰是指那些远离平均态的、小概率的极端天气现象。一般而言，越小概率的事件越极端。统计分析中常把那些位于概率分布第 5 百分位以下或第 95 百分位以上者，称为小概率事件（即其发生概率小于 5%）。在气候变化分析中，还常用稍宽松的第 10/90 百分位阈值来定义"极端"事件，以确保有足够多的气候极值样本，便于呈现其随时间的变化。

这里顺便复习一下百分位值的概念。简单地说，百分位值就是随机变量取值概率均分为 100 份的份间阈值。例如，有 2000 个样本，按大小排列后均分为 100 组，百分位值就近似地存在于这 100 组样本之间（更细致的计算参见第 2 章表 2-1）。

所谓气候极值，为何不直接用样本中最极端的值，而要借助百分位阈值来确定呢？这是因为给定样本量的情况下，百分位阈值是相当稳定的指标，而最大（小）值则随着样本数不同而变化。例如，某地大气污染指标，取 500 个随机观测样本所得的最大（小）值与 1000 个样本的最大（小）值往往大不相同；但基于这两组样本计算的第 5/95 百分位值则相当一致。

10.3 从"分布"的视角看气候变化

气候作为一个"分布"会如何变化呢？先以气温为例来分析一下。假设某地有多年某季的逐日气温观测，近似满足正态分布。如图 10-2（a）中的实线"原气候分布"所示，正态分布的 PDF 中，平均气温对应最大概率，代表当地最常见的天气（气温）值；而分布两端的极冷和极热记录，代表异常少见的极端天气，其"少见"程度取决于 PDF 曲线下的蓝/红面积。通常所谓的气候变暖是指气温的平均值增大，即如图 10-2（a）所示的那样，气候分布整体向右移了。有趣的是，按照既定的极端阈值，如此简单的气候变暖将导致"极热"天气大增[图 10-2（a）中 PDF 线下的红色面积增量显著]，而"极冷"天气的减少却没那么明显（蓝色面积减量较小）。

图 10-2（b）显示另一种气候变化形式，即平均气温不变，但极冷和极热天气都变得更多了。这种情况提醒我们，气候变化可以不体现在平均态，这就更凸显了考察极端天气气候变化的必要性。图 10-2（c）显示了更复杂的一种气候变化形式，即气温分布的正态性发生了变化，导致极冷天气没什么变化，但极热天气增多了。

综上所述，研究气候变化，仅看平均态是不够的；考察气候分布的变化，尤其是极值部分的变化是有益的。

再看一下降水气候变化。逐日降水不是正态分布的，可以用 Gamma 分布来表述。如图 10-3 所示，Gamma 分布的特点是小雨相对较为频发（概率大），大雨则较少见（概率小）。虚线代表过去的气候分布，实线代表当前气候分布。比较两者可见，当前气候态的小雨比过去少了，而大雨则变得比过去频繁了。

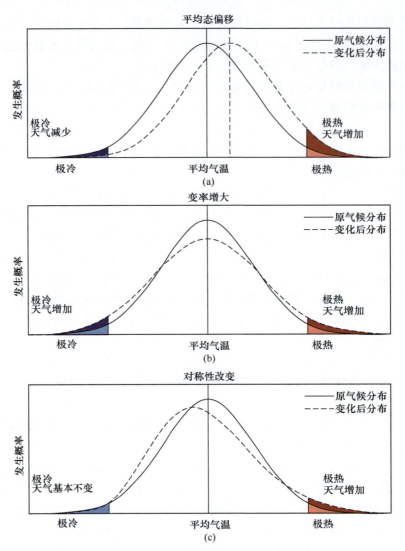

图 10-2　气温的气候分布及其三种变化示意图

（a）平均变暖；（b）变率增大；（c）非对称变化

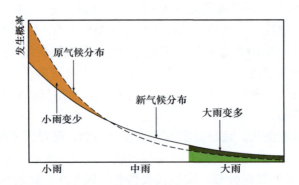

图 10-3　逐日降水气候（分布）变化示意图

由图 10-3 也可见，气候变化是指其整个（降水）分布的结构发生变化，包括极端（降水）值的变化。显然，传统气候分析常见的平均或总降水量变化是难以完善地表达出气候变化的。

10.4 逐日气候分布

传统气候研究常用的逐月资料，很难确切反映极端天气现象。逐日甚至更高分辨的资料是必要的。考虑到各国气象资料的可获得性，目前气候界约定：基于逐日观测，计算气候极值指标，以便于统一比较分析各地气候变化。因而，常用的气候极值指标都是基于某个参考时期的逐日气候分布而计算出来的。有了一系列（366 天）标准的逐日气候分布，就可以确定任意一天的气象记录是属于常态还是极端状态。那么，这个标准的"逐日气候分布"又是怎么计算的呢？

我们先从一个貌似错误的问题说起。2008 年 8 月 8 日是北京奥运会开幕的日子，数年前奥运会组委会就询问"北京 8 月 8 日的气候如何"。从传统气候学的角度来看，8月 8 日不应该问"天气"吗？怎么能问"气候"呢？然而，这确实是一个气候问题，因为天气只能等到 2008 年 8 月初那几天才可能预报。那么，北京 8 月 8 日的气候是什么呢？

按照本书的定义，气候是所有可能天气值构成的分布。8 月 8 日可能出现的天气值是什么呢？

首先，以往各年 8 月 8 日观测到的都应算 8 月 8 日可能出现的。

其次，以往 8 月 7 日或 9 日发生的，也完全可能在 8 日发生，至少可以考虑闰年日期错开一天的因素。

进一步地，考虑天气波动的随机性，按照天气时间尺度（N 天）推算，可以认为以往 8 月 8 日前后各 $N/2$ 天发生的，也都可能在 8 日发生。

按照以往研究（Yan et al.，2001a），北京天气波动的时间尺度可取为 $N=10$，所以 8月 8 日的气候可由以往各年 8 月 3～13 日（每年 11 天）观测到的天气值构成的分布来表示。

如果有 30 年观测，就可以有 $30 \times 11 = 330$ 个样本来反映 8 月 8 日的气候分布。逐日气温近似服从正态分布，可用 330 个样本值估算出均值和方差，从而确定这个正态分布，也即北京 8 月 8 日的气候，进而还可以确定任意百分位的极端冷、热天气阈值。

实际上，当时可用北京观象台 1915～1997 年共计 83 年的逐日观测记录，从中选取$83 \times 11 = 913$（日）气温样本来计算 8 月 8 日的气候。结果表明，北京 8 月 8 日的气温均值为 26℃，第 3 百分位极冷阈值为 21.5℃，第 97 百分位极热阈值为 29.5℃（图 10-4）。在此意义上，发生超出上述极端阈值范围的极冷或极热天气的可能性小于 3%。事后的观测事实是：2008 年 8 月 8 日北京观象台日均气温达 29.9℃（经均一化处理），按照上述过去 83 年观测确定的标准气候分布来判断，恰好属于一个极端热天。

类似地，可以计算一年 366 个逐日的气候分布，每日都可确定一个气候均值和极端冷、热阈值。如图 10-4 所示，北京观象台 1 月 1 日的气温平均态接近–5℃，极端冷天阈值在–10℃以下，极端"热"天阈值略高于冰点。显然，对于北京而言，1 月初日均气温 0℃以上就算异常温暖的天气了；而 8 月初日均气温不到 21℃就算异常偏冷的天气。不同季节和日期的极端冷、热天含义显然是不同的。延伸至不同地点的比较，如北京和广州、中国和欧洲等，各地的异常或极端冷、热含义也必然是各不相同的。

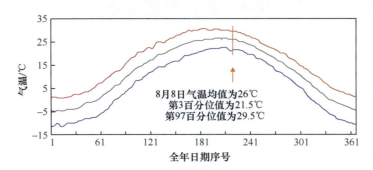

图 10-4　基于北京观象台 1915～1997 年逐日观测计算的 366 个逐日气温分布的均值（黑线）、第 3 百分位极冷阈值（蓝线）和第 97 百分位极热阈值（红线）
框内显示 8 月 8 日的气温均值和极端冷、热阈值分别为 26℃和 21.5℃、29.5℃

　　由上述案例可知，不同日期以及不同地点的标准气候态是可以大不相同的。一个天气气候事件是否属于异常或极端，必须基于局地的、瞬时的标准气候态来加以判断。这是研究气候变化特别是极端天气气候变化所必须具备的认识基础。

10.5　气候极值指数

　　基于标准的逐日气候分布，就可考察极端天气气候变化。较常见的考察方式是：以某个参考期（如 1981～2010 年或所要研究的任一时期）的逐日气候分布为准，确定（366个）逐日的极端阈值；然后确定任意 1 年或 1 季中，超出极端阈值范围的极端记录；进而可计算该年/季的极端天气频数或强度等指数，获得逐年/逐季的气候极值指数序列，即可分析其演变规律。还有一种方式需要足够长的逐日气候序列，每滑动 N 年确定一套（366 个）逐日气候分布，考察分布（包括均值和任意百分位阈值）随时间的演变；也可以运用 GLM 之类的方法来模拟逐日的气候分布及其变化（详见 10.8 节）。

　　一般说来，由于气候极值是小概率的，通常难以把观测到的某个最大或最小值直接作为研究对象，如台风最大风速是很难观测到的。因而，气候极值指数应运而生。运用极值指数还有个现实原因，即当前还难以直接获得全球所有地区的逐日气象资料。基于逐日气象数据计算的气候极值指数，有助于开展全球范围的气候变化研究。

　　气候极值指数大致可分为如下两类。

　　相对极值指数：相对于当地逐日（或瞬时）气候态定义的百分位阈值而计算的指数，如某年或某季极端天气事件的频数、强度、持续时间等各种指标。相对极值指数更适于不同地点的比较，因而在全球和区域气候研究中有着广泛的应用。

　　绝对极值指数：基于某种极大（小）值或特定阈值而计算的极值指数，如每年或季节最大降水、最低温度等。为保持较为稳定的统计意义，可用全年（如 365 个）或全季（如 91 个）样本中的若干极端记录平均或百分位值来表示。一些实用的超特定阈值的极值指数包括：霜冻日数、开春日期、50mm 以上暴雨、35℃以上高温等。

绝对极值指数多具区域特色，常用于特定地区的气候业务系统。例如，35℃是中国气象局定义的高温阈值，而在西北欧 30℃即可谓异常高温；日降水 50mm 对于中国东南部而言属于较为极端的暴雨，但在中国西北干旱区日降水 10mm 就是异常罕见的极端事件了。

为便于全球各地比较研究，国际学术界通过"气候变化检测和指数专家组"（ETCCDI）提出了 27 个较为普适的气候极值指数，包括高温、暴雨等极端事件的强度、频率和持续时间等方面的量化指标。表 10-2 列出常用的气温极值指数。

表 10-2　气候变化研究中常用的气温极值指数

指数	名称	含义	单位
TXx	TX 极大值（最热白天）	每月、季或年中最大的 TX	℃
TNx	TN 极大值（最热夜晚）	每月、季或年中最大的 TN	℃
TXn	TX 极小值（最冷白天）	每月、季或年中最小的 TX	℃
TNn	TN 极小值（最冷夜晚）	每月、季或年中最小的 TN	℃
TX90p	暖昼数比	TX 大于第 90 百分位值的日数占比	%
TN90p	暖夜数比	TN 大于第 90 百分位值的日数占比	%
TX10p	冷昼数比	TX 小于第 10 百分位值的日数占比	%
TN10p	冷夜数比	TN 小于第 10 百分位值的日数占比	%
SU	夏天日数	每年 TX 大于 25℃ 的天数	天
TR	热带夜数	每年 TN 大于 20℃ 的天数	天
ID	冰冻日数	每年 TX 小于 0℃ 的天数	天
FD	霜冻日数	每年 TN 小于 0℃ 的天数	天
WSDI	持续暖期指数	至少连续 6 天 TX 大于第 90 百分位值的全年日数	天
CSDI	持续冷期指数	至少连续 6 天 TN 小于第 10 百分位值的全年日数	天
GSL	生长季长度	每年持续 $T>5℃$ 的日数	天
DTR	气温日较差	TX − TN	℃

注：TX = 日最高气温；TN = 日最低气温；T = 日平均气温。

在实际研究中，可以对这些"推荐"通用的气候极值指数进行修正，以满足特定的区域极端天气气候研究。例如，定义 SU 用到阈值 25℃，根据中国气象局业务标准，改用 35℃为阈值，则该指数即成为适用于中国区域的"高温日数"。又如，GSL 的开始和结束日期，在不同区域研究中也有不同的计算方法。

持续 3 天及以上的异常高（低）温天气，也称热浪（寒潮）。这里的"异常"，普适的做法是基于逐日气候分布的某个百分位阈值来判别。在中国区域热浪研究中，很多人按国家标准将日最高气温≥35℃作为高温日，而把连续 3 天及以上高温定义为热浪。如果把这个定义用到印度等热带地区的话，那很可能整个夏季就是一次"热浪"；而把它用到北欧一带的话，又很可能几乎没有热浪。由此可见，类似这样的基于绝对阈值的气候极值指数只适用于局部地区。要开展全球或跨区域的极端天气气候研究，需要运用更为普适的相对极值指数。

表 10-3 列出 ETCCDI 推荐的常用降水极值指数。其中也包括一些绝对极值指数，如最大日降水量 Rx1day、最大 5 日降水量 Rx5day、日降水不小于给定阈值（10mm、20mm 以及任意大的某个值）的天数等。基于相对阈值的指数包括：R95pTOT 和 R99pTOT（分别代表日降水大于第 95 和第 99 百分位值的年累计降水量）等。CDD 和 CWD 分别代表全年最长的持续无雨（干）期和持续雨（湿）期，也常用于干旱和极端降水气候变化的研究中。

表 10-3　气候变化研究中常用的降水极值指数

分类	指数	名称	意义
	R10 mm	中雨日数	日降水量大于等于 10 mm 的日数
绝对阈值	R20 mm	大雨日数	日降水量大于等于 20 mm 的日数
	Rx mm	日降水大于某一个特定强度的降水日数	日降水量大于等于 x mm 的日数
相对阈值	R95pTOT	强降水量	日降水量大于第 95 百分位值的年累计降水量
	R99pTOT	特强降水量	日降水量大于第 99 百分位值的年累计降水量
持续干湿期	CDD	持续干期	日降水量小于 1 mm 的最大持续日数
	CWD	持续湿期	日降水量大于 1 mm 的最大持续日数
	Rx1day	最大日降水量	每月最大 1 日降水量
其他	Rx5day	最大 5 日降水量	每月连续 5 日最大降水量
	SDII	降水强度	年降水量与湿日日数（日降水量大于等于 1 mm）的比值
	PRCPTOT	年总降水量	日降水量大于 1 mm 的年累计降水量

在实际研究中，同样可以针对具体情况而修正这些"推荐"的降水极值指数，也可以衍生出更多有实用意义的指数。例如，R95pTOT 是超出第 95 百分位值的日降水之总量，类似地可以设计一个 R95pFR 指数，代表超过第 95 百分位值的日降水事件频次。又如，CDD 和 CWD 的定义用到阈值 1mm，意味着少于 1mm 的"毛毛雨"都不算有雨；但如果聚焦于某个干旱区开展研究，则可以去掉这个阈值限制；因为干旱区的"毛毛雨"也是值得重视的降水事件。

10.6　极值理论分布

用极值理论分布来拟合气候数据是有益的。首先，有限的气候样本计算的相对阈值（如第 95 百分位值）或人为设定的绝对阈值（如 35℃、50mm 等）都难以恰当表述那些特别极端的事件，如百年一遇的高温或暴雨等。通过拟合极值理论分布，就可根据理论分布的参数来推算任意极端值。

其次，理论分布有助于进行气候观测和模拟的对比研究，这是因为气候模式不可避免地具有系统误差，很难直接比较某个气候变量（如日降水量），更别提极端（降水）事件了。然而，如果气候动力学模式是近似准确的，那么其模拟的气候变量所遵循的统计分布特征应该和观测的分布特征相比拟。例如，日降水量遵循正偏性的指数型分布，模拟结果也应该遵循这一规则。如果模拟的分布和观测可比拟但有差异，则可调整分布参数来校订模拟结果。

10.6.1 广义极值分布

广义极值分布（GEV）是最常用的一种极值理论分布。GEV 的样本是区段极值，如某地某年或季的最高温、最大日降水等，满足 GEV 分布。GEV 理论证明：从任意分布总体中抽取多组样本，其极大值渐进服从 3 类极值分布（Gumbel、Fréchet、Weibull），其概率密度函数（PDF）可统一表述为 GEV 分布，见第 2 章式（2-16）。这里给出 GEV 分布的累积概率函数（CDF）：

$$G(x;\mu,\sigma,\xi) = \begin{cases} \exp\{-\exp[-(\dfrac{x-\mu}{\sigma})]\}, \xi = 0 \\ \exp\{-[1+\xi(\dfrac{x-\mu}{\sigma})]^{-1/\xi}\}, \xi \neq 0, 1+\xi(\dfrac{x-\mu}{\sigma}) > 0 \end{cases} \tag{10-1}$$

式中，三个参数 μ、σ、ξ 分别为位置、尺度、形态参数。形态参数 $\xi > 0$ 对应重尾的 Fréchet 型，此类极值分布多用于降水、径流和经济数据分析；$\xi = 0$ 对应轻尾的 Gumbel 型，早期很多气候极值研究采用该分布；$\xi < 0$ 对应闭合尾部的 Weibull 型，其也广泛应用于温度、风速与海平面高度等变量的极值分析。一般说来，位置参数代表该分布的中心位置，类似于正态分布的均值；尺度参数描述极端值偏离中心位置的程度，类似于正态分布的标准差。但要注意的是，μ 和 σ 并不是 GEV 分布的均值和标准差。

由累积概率可以推算任意极端事件的重现水平和重现期。假设 p 为一个小概率，代表发生某个异常极值 z_p 及更大极值的可能性，对应累积概率分位数为 $G(z_p) = 1-p$，该分位值 z_p 可由式（10-1）得到：

$$z_p = \begin{cases} \mu - \dfrac{\sigma}{\xi}[1-\{-\ln(1-p)\}^{-\xi}], \xi \neq 0 \\ \mu - \sigma\ln\{-\ln(1-p)\}, \xi = 0 \end{cases} \tag{10-2}$$

式中，z_p 也称为重现水平（或回归水平）；$1/p$ 为重现期（或回归期）。对于逐年取极大值的样本而言，假如 $p = 0.1$，则重现期为 $1/p = 10$ 年；相应的 z_p 就可理解为"10 年一遇"的极端值。要注意的是，"10 年一遇"并非意味着每 10 年必然发生一次，而应该理解为：每年发生这样的极端事件的概率为 $p = 0.1$。

举一个例子，取 1873～2012 年上海每年最高日平均气温作为极值样本拟合 GEV 分布。图 10-5 给出该分布计算的极端气温重现水平。其中实线为拟合结果，虚线为 95% 置信区间，红圈为 1873～2012 年观测到的 140 个最高温。可见，观测值和理论分布拟合得相当好，其中仅一个记录超过了"百年一遇"的水平。把 2013 年 7～8 月上海最高的 6 个日均气温标在拟合线上（蓝星），都接近或超过"百年一遇"的水平，由此可见 2013 年 7～8 月高温天气有多么极端。

用 GEV 分布拟合不同时期的气候极值样本，考察不同时期的 GEV 参数变化，就可定量表述相应的极端天气气候变化。例如，Tu 等（2010）对 1954～2006 年华北 46 站极端降

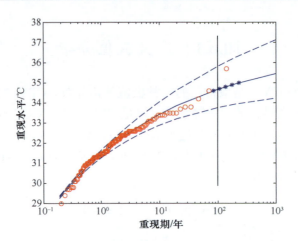

图 10-5　基于 1873~2012 年上海每年最高日均气温的 GEV 分布推算的极端气温重现水平

（Tu and Yan，2021）

竖直线标出 100 年重现期。蓝星为 2013 年 7~8 月最高的 6 个日均气温观测值

水进行了 10 年滑动 GEV 拟合。结果表明，位置参数和尺度参数呈现随时间减小的趋势，说明华北整体上极端降水有减弱趋势。这个结果和图 9-1 所示的华北夏季降水发生多次减少跃变是一致的。然而，GEV 的形态参数却自 20 世纪 60 年代中期开始呈现增大趋势，说明异常极端的降水事件有所增多。图 10-6 对比了 10 年滑动的 GEV 形态参数变化以及华北46 站超 100mm/d 的站次数。可见，两者变化趋势相当一致。近几十年华北一带总体呈现干旱化趋势的背景下，大暴雨事件不减反增，可能反映了全球气候变暖的某种普遍后果。

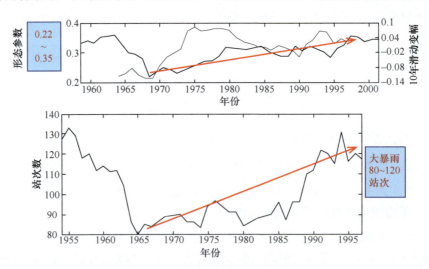

图 10-6　1954~2006 年华北极端降水的 10 年滑动 GEV 分布的形态参数（上）和大暴雨（超 100mm/d）

站次数（下）（Tu et al.，2010）

图旁文字框给出红色箭头所指的数值变化范围

　　GEV 有成熟的理论和软件，已广泛应用于多领域的极端事件分析。然而，很多实际问题中不容易获得足够多的极值样本；因为每组样本（如每年 365 天观测）中只取一个极值，资料应用效率较低。事实上，某个气候要素可能在有的年份呈现较多极端值而在

有的年份几乎没有，这种情况下，每年取一个极值来代表极端天气气候事件或失之偏颇。

10.6.2　广义 Pareto 分布

相对于 GEV 取样的局限性（如每年一个极值），广义 Pareto 分布（GPD）改变了取样规则。设定某个阈值 u，超阈值者（peaks over threshold）皆为样本。例如，每年 35℃ 以上高温、每年 50mm 以上日降水，这些观测样本都可能构成一个 GPD。其累积概率函数为

$$F(x;u,\mu,\sigma,\xi) = 1 - \{1 + \xi(\frac{x-u}{\sigma + \xi(u-\mu)})\}^{-1/\xi}, x > u, 1 + \xi(\frac{x-u}{\sigma + \xi(u-\mu)}) > 0 \qquad (10\text{-}3)$$

式中，u 为设定的阈值；μ 为位置参数；σ 为尺度参数；ξ 为形态参数。不难理解，GPD 的样本数量可随阈值调整而变化，避免了每年只取 1 个样本的问题。

类似地，对不同时期气候极值分别拟合 GPD，就可以分析气候极值的变化。例如，Li 等（2005）为了研究南极涛动不同阶段对澳大利亚西部极端降水的影响，用 1930～1965 年和 1966～2001 年两个时期澳大利亚西部某站的逐日极端降水记录，分别拟合 GPD。图 10-7 对比了两个时期 GPD 计算的极端降水重现期。结果表明，两个时期的极端降水差异明显。例如，10 年一遇极端降水早期接近 80mm/d，近期仅 50mm/d 左右；100 年一遇者早期远超 100mm/d；但近期气候状态下 70mm/d 就可当是"百年不遇"了。

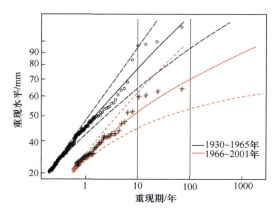

图 10-7　澳大利亚西部某站 1930～1965 年（黑）和 1966～2001 年（红）两个时期极端降水拟合 GPD 分布所得的重现水平、重现期对比（Li et al.，2005）
两条竖直线分别标示 10 年和 100 年重现期

应用 GPD 需要注意的是，选取极值样本的阈值既不能太大，也不能太小。阈值太大，则样本太少拟合结果不确定性较大；阈值太小，则样本过多可能导致拟合结果的极端性被歪曲。

10.7　非平稳极值理论

要分析极端天气气候变化，可对不同时期分别拟合极值理论分布。这种方式假设气

候在一定阶段内是平稳的，分别针对两个相对平稳的气候阶段进行极值分布拟合，进而比较两个时期气候极值之差异。

然而，实际上气候总是在变化的，是一个非平稳过程。对应的极值分布也是随时间不断变化的。以 GEV 为例，假设其参数之一 μ 随时间变化，则可拟合如下非平稳的 GEV 分布：

$$Z(t) = \mathrm{GEV}[\mu(t), \sigma, \xi] \tag{10-4}$$

其中最简单的参数变化形式是线性趋势，即 $\mu(t) = b_0 + b_1 t$。更切实际的一种情况是，局地的气候极值还会受到大尺度气候因素的影响而发生变化。例如，某地极端降水和南方涛动指数（SOI）有关，则可设：

$$\mu(t) = b_0 + b_1 t + b_2 \mathrm{SOI}(t) \tag{10-5}$$

式中，SOI 为随时间变化的大尺度气候指数（如南方涛动指数）。根据实际研究需要，可以设置比式（10-5）更复杂的多元非线性关系。如果研究中发现其他参数变化更有意义，则也可针对其他参数做如上设置来拟合极值分布。

从应用的角度来看，相比平稳 GEV 的拟合，非平稳拟合只是多了若干参数（如 b_0、b_1、b_2 等）。因而，只要有足够多的样本，就可以求得合理的参数，这是不难实现的。

图 10-8 给出上海 1873～2012 年的每年最高日均气温，可见其随时间变化而不断增高。假设其服从非平稳的 GEV 分布，其中参数 μ 随时间线性增长，拟合结果表明，该参数趋势约为 1.3℃/100a。

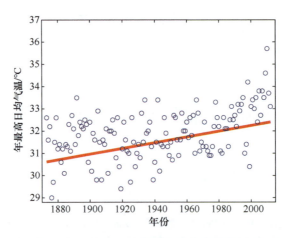

图 10-8　上海 1873～2012 年逐年最高日均气温及其非平稳 GEV 拟合的参数 μ（红线，线性趋势约为 1.3℃/100a）（Tu and Yan，2021）

根据拟合的每年 GEV 的三个参数，可计算每年发生极端高温的重现期。由于上述非平稳性，给定水平的极端高温的重现期随时间迅速变短（图 10-9）。

以 33℃ 为例（图中蓝色实线），早期（1873 年）该重现水平的极端高温的重现期约为 40 年，而近期（2012 年）则缩短至 1.9 年。实际上，由图 10-8 可见，线性趋势或许也低估了上海近年发生的气候极值变化。这意味着 33℃ 的日均气温在 20 世纪初期还属于 40 年一遇的罕见事件，而在当前气候态下已成为几乎每年发生的"准常态"极端天气了。

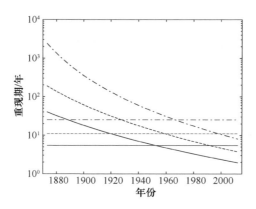

图 10-9 根据非平稳 GEV 拟合计算的上海极端日均温 33℃（蓝色实线）、33.5℃（蓝色虚线）、34℃
（蓝色点画线）的重现期演变（Tu and Yan，2021）
红色水平线代表相应的平稳 GEV 计算结果

10.8 用广义线性模型分析气候极值变化

广义线性模型（GLM）也可以用来模拟极端天气气候变化。原则上，GLM 视每个天气值为某气候分布总体中抽取的样本，通过最大似然回归确定最符合所有样本的分布参数。这样就自然地模拟出了本书定义的"气候"（分布）及其变化，包括确定逐日天气的自回归规律、季节变化以及分布参数随时间、地点和各种可能因子的变化，进而通过 Monte Carlo 法产生任意大量的"天气"样本，从中判断气候极值及其随各种可能因子而发生的变化。

比较而言，10.6 节和 10.7 节的极值理论仅针对个别极值样本开展分析，而 GLM 则是把所有资料同时纳入一个关于分布的非平稳模拟框架，其结果具有优越的统计稳定性。应用 GLM 必须预设气候变量服从某种分布。如果分布选择不恰当，就会影响模拟结果的可靠性。运用 GLM 还需注意把控过拟合现象。

GLM 可有效地模拟逐日气候分布，而这正是气候极值研究所需要的。以表 10-3 中的 CDD（持续干期）指数为例，不适于用一般的极值理论分布来进行分析。CDD 是基于逐日（有无）降水的序列来计算的，为研究 CDD 的长期气候变化规律，可考虑构建一个关于逐日有无降水的 Logistic 回归模型，其也属于一类 GLM，用式（10-6）表示：

$$\mu = g(p) = \ln[p/(1-p)] = a_0 + a_1 X_1 + \cdots + a_k X_k \tag{10-6}$$

式中，p 为某日降水概率；$1-p$ 为无降水概率，两者之比可称为（有无降水的）期望值或胜率，该值大于 1，则其对数也即式（10-6）左端大于 0，表示有降水，否则无降水；右端 a_0 代表气候平均的期望值（对数）；a_k 为第 k 个影响因子 X_k 的回归系数。a_k 由极大似然法确定。在构建 GLM 的过程中，新加入的影响因子是否显著可通过模型的似然比检验（likelihood ratio test，LRT）来判断。

从模拟策略来说，GLM 分析可分为两个部分。首先需要模拟出合理的平稳气候过程；然后再引入"外因"来解释非平稳的气候变化。

关于逐日有无降水的平稳气候过程，一个不可忽视的影响因素是逐日降水过程的持续性或自相关性（Markov 过程，详见第 11 章），即当天有无降水受前一天（甚至前几天）

有无降水的影响。Wang 等（2010）对中国东部 303 站 1961～2007 年夏季 7～8 月的逐日降水序列做了上述 GLM 模拟分析，结果表明，对所有站无一例外，前一天的降水状态（记为 I_{t-1}）有显著影响。然而，前 2～3 天的降水状态有显著影响的站点数迅速减少。这说明用一阶 Markov 过程就可以相当好地描述中国东部盛夏降水过程的持续性特征。

逐日降水气候的另一个基本影响因素是季节循环，可用一对年周期的三角函数（sin 和 cos）作为回归因子来表达。更精细地，还可考虑持续性随季节的变化，可用 I_{t-1} 与季节性因子（sin 和 cos）的乘积作为影响因子。Wang 等（2010）对中国东部 303 站 7～8 月逐日降水气候的 GLM 分析表明，季节性影响在大部分站点是显著的，但降水持续性的季节性变化（仅限于其研究的 7～8 月）不显著。

构建了平稳 GLM 后，Wang 等（2010）拟考察大尺度气候变暖对区域降水气候变化的影响。考虑到近几十年中纬度（35°N 以北）的北方气候变暖剧烈而较低纬度的南方增暖较缓，他们用南–北温差 TD 来代表大尺度气候变暖因子。近几十年来，由于北方增暖剧烈，TD 序列呈现显著的下降趋势（图 10-10），尤其是 1961～1999 年下降趋势达 0.5℃/10a，此后有所回升。把 TD 作为一个"外因"加入基础 GLM，运用 LRT 检验发现在大部分（70%以上）站点有显著影响。TD 与 I_{t-1} 乘积因子也在部分站点有显著影响，说明大尺度气候变暖改变了这些站点逐日降水的持续性，并进而影响逐日降水气候变化，最终获得每个站点的 GLM，可统一表述如下：

$$g(p) = a_0 + a_1 I_{t-1} + a_2 \cos + a_3 \sin + a_4 \mathrm{TD} + a_5 \mathrm{TD} \times I_{t-1}$$

式中，6 个回归系数各站各异。根据此 GLM 计算的逐日有无降水序列可以相当确切地模拟出各地 CDD 等极端气候指数。该模型也定量地刻画了大尺度气候变暖（TD 因子）的影响。

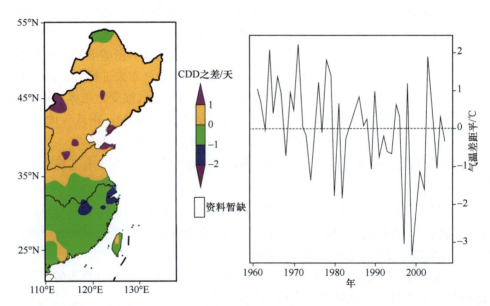

图 10-10　中国东部中低纬气温差 TD 的距平序列（b）及其负值年平均 CDD 和正值年平均 CDD 之差（a）
（Wang et al.，2010）

　　图 10-10 给出 TD 负距平（中低纬温差小，或大尺度偏暖）年的平均 CDD 和 TD 正距平年的平均 CDD 之差，可见中国东部北方普遍呈现 CDD 正差异，而南方多为 CDD 负差异。连续无雨期 CDD 增大（减小）意味着极端干旱加剧（减缓）。因而，图 10-10 从一个侧面说明，大尺度气候变暖，可能是过去几十年中国东部"南涝北旱"气候变化格局的一个重要影响因子。

　　从大气动力学的角度来理解，TD 负距平代表南北热力梯度减弱，这会导致华北一带西风带波动能量减小，从而也减小了降水的可能性；而缺少西风带波动的配合，夏季风降水就很难有效地抵达华北，从而更多地停留在南方导致"南涝"。

思 考 题

　　1. 试问你的家乡盛夏正午是什么气候？如何选取恰当的气象观测资料构造一个盛夏正午的气候分布，进而评估平均和极端状态？

　　2. 气候变暖通常会导致极热天气增多而极冷天气减少，但导致极热天气变多的可能性更大，试从气温的统计特征出发加以解释。

　　3. 气候极值指数可分为哪两大类？请说明各自的应用价值和优缺点。

　　4. 试比较 GEV 和 GPD 运用于气候极值分析的优缺点。

　　5. 试讨论运用 GLM 探索气候极值变化成因的建模策略。

第 11 章　随机天气发生器

同一个气候区的两个临近气象站可以观测到不同天气，如某天 a 站暴雨但 b 站小雨，另一天则是 b 站有雨但 a 站无雨。这说明一种气候状态下特定站点发生的天气具有一定的随机性。随机天气变率的大小也是该区域气候特征的一种表述。气候预测、气候风险评估、气候变率和变化及极端天气气候事件等很多方面的研究中，都需要考虑随机天气变率带来的不确定性。随机天气发生器（SWG）就是用来模拟这类天气变率的。本章首先借助研究案例说明 SWG 的概念及其应用场景，进而通过逐日降水过程的 Markov 链，介绍构建 SWG 的基本思路和方法，并通过剖析中国季节极端降水的可预测性，进一步理解其应用价值。

11.1　定义、实例及应用场景

11.1.1　何谓随机天气发生器？

随机天气发生器（stochastic weather generator，SWG）是一种模拟天气的随机模型，是根据大量天气观测值所遵循的气候分布特征而构建的。SWG 能通过 Monte Carlo 模拟生成任意多的"天气"，它们虽然不是真实发生的天气甚至貌似随机数，但却代表了所模拟地区的气候态下可能发生的各种天气。

构建 SWG 需要大量天气观测，如十年或更长期稳定的天气变量观测序列，以确保模型能体现天气变率的统计特征，包括不同变量之间的统计关系（如降水时气温下降等）。只要有充分多的观测资料，SWM 便可以模拟各种尺度的天气现象，如逐日的和逐小时的天气。

11.1.2　一个启发性的 SWG

图 11-1 展示了用随机天气发生器生成的瑞士 Engelberg 站 7 月第一周的一次逐时天气过程（Peleg et al.，2017）。每次模拟结果都有所不同，如降水时间不同；但大量模拟结果的气候统计特征是一致的（即反映了该站 7 月初的气候特征），甚至每次模拟的天气过程本身的一些天气学特征也是类似的。从图 11-1（a）可以判断，7 月初该站降水通常发生于夜间，有时昼夜连续下雨。对照图 11-1（c）可见，下雨时云量极大，仅有个别白天时段少云。图 11-1（e）显示该站 7 月初的气温波动可介于 10~30℃，降水期间气温偏低。图 11-1（g）是短波辐射，有明显的日变化，白天大、夜晚无，降水期间因云量大而辐射较小。图 11-1（b）、图 11-1（d）、图 11-1（f）、图 11-1（h）反映了大气相

对湿度和风速等其他变量的变化过程。这些特征能得以保持，是因为控制模拟结果的模型参数是根据大量观测确定的。例如，7 月第一周逐小时的气温变率和降水概率以及不同变量间的相关性等，都是研究者基于 30 年的观测记录统计确定的。

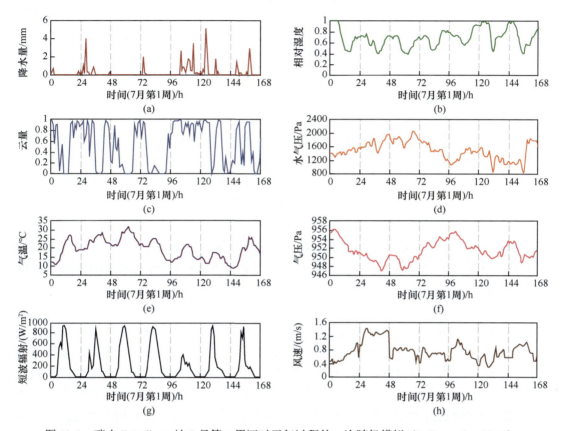

图 11-1　瑞士 Engelberg 站 7 月第一周逐时天气过程的一次随机模拟（Peleg et al.，2017）

值得注意的是，该站 30 年的观测中只有 30 次 7 月初的天气过程，但由此构建的 SWG 可以生成任意多次"7 月初"该地可能发生的天气过程。这些随机生成的"天气"可能和观测到的任何一次天气过程都有所不同，但其气候学特征是一致的。从这个意义来说，SWG 虽然名为天气发生器，但却是用来研究气候的。因为正如本书定义的那样，气候是所有可能天气现象的综合表述。

11.1.3　应 用 场 景

那么，用 SWG 模拟任意多次可能发生的天气有何意义呢？一个最直接的应用场景就是：上述观测到的 7 月初天气过程次数是有限的（如 30 年观测每年一次也就是 30 次），而在一些应用中需要了解当地 7 月初能遭遇怎样的百年一遇的极端天气？针对这个问题，我们可以用上述 SWG 模拟出任意 N 次 7 月初的天气过程，如 N=10000 次，将目标变量（如降水量）按大小排序，就可估算第 1 百分位阈值，用以判断当前气候态下当地

7 月初"百年一遇"的极端（降水）事件。值得说明的是，根据第 10 章介绍的极值理论分布，也可推算"百年一遇"等极端事件，但构建 SWG 可以用到更多的变量和过程约束，因而至少在理论上 SWG 反映的极端事件应该更符合实际。

预估未来的气候变化情景，目前主要是运用全球气候模式（GCM）来做的，而 GCM 很难用来模拟局地的极端天气气候事件。一方面是由于现有模式的物理过程模拟能力有限，另一方面也是提高模式分辨率而导致的计算和存储代价过大。尤其是为评估局地气候变化情景的不确定性还需要多次模拟，过高分辨率的气候模拟所需要的计算和存储量会远远超过现有设施的能力。SWG 可以作为一种统计降尺度的手段，结合 GCM 模拟结果，有效地生成所需要的局地天气气候变化情景。

另外，天气变率会影响我们对更长时间尺度的气候变率的判断。例如，中国每年都要开展汛期季节性降水预测，在事后对照预测结果和实况时，经常会听到类似的感慨：要是这一场雨不下，我们的预测结果就相当准确了。这在一定程度上反映了天气变率导致的季节性气候预测的不确定性。在气候预测中如何考虑天气变率的影响？如果把天气变率视为相对于长期气候变率的一种噪声，则某地气候态所具有的"噪声"越大，那么该地区的气候也就越难以预测。运用 SWG 就可以定量地刻画这种天气噪声，从而帮助我们研究气候变率的可预测性。11.3 节将通过一个具体研究案例，诠释 SWG 在气候可预测性方面的应用。

在开展气候变化对各行各业的影响评估研究中，SWG 有更广泛的应用潜力。例如，为评估气候变化对某种作物收成的影响，需要了解不同气候态下该作物在生长期内会发生怎样的天气。如图 11-2 所示，作物生长有若干阶段。在播种后开始发芽时，如果遭遇寒潮（"倒春寒"），就可能导致毁灭性的损失。那么，不同气候态下，在这个特定时段发生"倒春寒"天气的可能性有多大呢？这是评估不同气候态对该作物收成影响的一个关键问题，可以通过 SWG 产生大量"天气"样本来加以分析。值得指出的是，未来气候变暖可能导致各地冬春季寒潮普遍减弱，但对于气候变暖背景下特定地区作物的生长期而言，遭遇"倒春寒"的概率并非一定减小。

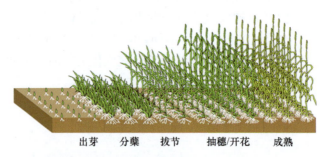

出芽　　分蘖　　拔节　　抽穗/开花　　成熟

图 11-2　作物生长过程示意图（Carter，2013）

还有很多应用领域，如城乡建设、生态系统、流域洪水、城市内涝等，其所面临的气候变化风险大都也是通过一些极端天气过程而形成的。极端天气的影响是决定性的，但其发生概率较小，很难直接利用 GCM 模拟结果来获得足够的研究样本。应用领域的很多模式，如分布式的水文模型等，一般也是基于过程的，如洪水过程等，需要输入局地性的天气过程来加以研究。气候模式很难提供如此高时空分辨率的情景数据。因而，SWG 大有用武之地。

11.2　随机天气发生器的建模

天气变量之间是关联的，针对一系列涉及多个变量的天气过程，如何进行随机模拟呢？

一种模拟策略是先抓关键变量，该变量对其他变量有决定性影响。先模拟这个变量，再根据这个变量的状态来模拟其他变量，有助于保障各种变量之间的关系是合理的。例如，降水通常被视为一个关键变量，因为有、无降水对应的云量、气压、温度、湿度、风速等都很不一样。因而，可以先模拟降水，然后根据降水状态再模拟其他变量。

还有其他模拟策略，如先模拟天气形势（不同类型的大气环流型），然后针对不同的天气形势再模拟局地气象要素的变化。这是气候变化研究领域常用的统计降尺度建模策略。

不论如何，降水都是一个特殊变量，因为它和其他大多数变量不同，是不连续的。要构建一套较为完善的 SWG，通常把降水当作一个关键变量。搞清楚降水的模拟原理，也就理解了其他变量的模拟原理。下面就从逐日降水序列的模拟说起。

11.2.1　逐日降水的 Markov 模型

模拟逐日降水，需要分两步来做。首先模拟当天是否有降水，如果有降水，再模拟降水量的大小。第一步称为降水发生过程，第二步则是降水强度过程。

对于降水发生与否，每天的降水只能是两种状态之一，"有"降水或"无"降水，可用 1 和 0 表达。和纯粹的随机数发生器不同，在随机降水天气过程的模拟中，通常假设当天有无降水与前一天有无降水有关，这就是一阶 Markov 链的含义。这个假设的合理性在于：很多站点观测的降水序列，其滞后一天的自相关是显著的。

对于降水发生过程来说，从前一天到当天，有四种可能的状态转换：从 0 到 0、从 0 到 1、从 1 到 0、从 1 到 1。这四种可能性的大小由四个转移概率 p_{00}、p_{01}、p_{10}、p_{11} 决定。如图 11-3 所示，这四个转移概率不是完全独立的，其间有两个约束条件：

$$p_{00} + p_{01} = 1; \quad p_{10} + p_{11} = 1$$

这两个约束条件是必然的，因为无论前一天有无雨，当天要么无雨，要么有雨，两种可能性的概率之和必然是 1（100%）。因而，要建立一阶 Markov 模型，只需确定其中两个参数即可。

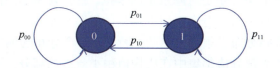

图 11-3　一阶 Markov 链的概率转移示意图

一阶 Markov 过程有一些很实用的统计量的理论公式。例如，长期的降水概率 π 和一阶自相关系数 r_1：

$$\pi = \frac{p_{01}}{1 + p_{01} - p_{11}}$$　　　　　　　　　　　（11-1）

$$r_1 = p_{11} - p_{01}$$

在气候统计分析中，长期的降水概率和降水序列自相关系数是可以通过观测估算的。只要能获得充分多的表征某种气候态的逐日降水观测记录，就可以计算获取式（11-1）中的 π 和 r_1。由此即可求解 2 个转移概率参数，构建一阶 Markov 模型，来模拟该气候态下的逐日有、无降水的时间序列。

还有更复杂的一些统计量关系。例如，在一个总天数为 T 的时期内，有降水的天数 $N(T)$ 的数学期望值是 $E[N(T)] = \pi T$。这是容易理解的一个公式，降水日数等于总天数乘以降水概率。然而，作为一个随机过程，不可能每个 T 时期内都刚好有同样的降水日数，理论上该量值的变率或方差为

$$\text{var}[N(T)] = \pi(1 - \pi)T \frac{1 + r_1}{1 - r_1}$$　　　　　　　　　（11-2）

另外一个常用的量是干湿期的概率分布：

$$\Pr[X = x] = p(1 - p)^{x-1}, x = 1, 2, 3, \cdots$$　　　　　（11-3）

式（11-3）代表连续 x 天有（或无）降水的概率，其中参数 p 和转移概率有关。对于干期，$p = p_{01}$；对于湿期，$p = 1 - p_{11}$。

显然，一阶 Markov 模型的很多统计量可以基于观测样本估算，进而根据统计量公式求解模型参数。然而，由于实际样本有限（且不可能是严格的一阶 Markov 过程），这样估算参数而构建的模型往往并不可靠。

一般的统计模型参数可以通过两种方法来估计，即矩估计和极大似然估计。矩估计就是让模型的一阶矩和二阶矩分别与相应的样本矩相等，联立方程组即可解得待估计的参数。例如，上述关于 π 和 r_1 的联立方程，可用来求解两个转移概率参数。

极大似然估计是更普适的方法，不论是简单模型还是复杂模型都适用。似然函数的构造方法是：在待定模型下将所要模拟的观测序列上每个点的条件概率相乘。对似然函数求极大值优化即可获得模型参数的估计。构造似然函数直观方便，不管模型多复杂，只要有足够多的观测，都能求得所需的模型参数。对于一阶 Markov 模型来说，假定有观测的降水发生过程：0100011⋯，则似然函数可以构造为：$l(p_{01}, p_{10}) = p_0 p_{01} p_{10} p_{00} p_{00} p_{01} p_{11} \cdots$，对其取对数后分别对参数求偏导并令其等于 0，联立方程组即可解出两个参数的极大似然估计。

模拟逐日降水天气的第二步是对降水量的模拟。首先要考虑的问题是：日降水量作为一个随机变量服从怎样的统计分布？日降水量的经验分布（图 11-4）通常表现出明显的正偏性和厚尾性，选择分布必须满足这两个特性。一个分布的偏态性是由三阶矩来衡量的。如果一个分布的大部分值都集中在比均值稍小一点的部分，又有少量数值远大于均值，则这少量大值在计算三阶矩时占据主导地位，使得三阶矩为正，称为正偏性。厚

尾性表现为在分布的大值一端，概率密度没有急剧减小，这就意味着这些很极端的大值虽然发生概率不大，但也不是小得可以忽略，仍然是可能观测到的。

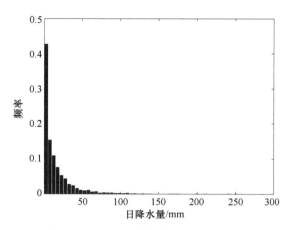

图 11-4　日降水量的频率分布直方图

常用的模拟降水强度的分布有指数分布和 Gamma 分布。这些理论分布都能模拟出日降水强度的正偏性，可以很好地模拟绝大多数日降水样本（主要代表较小的日降水）的概率特征。然而，这些指数式分布在大值一端都会迅速减小到可以忽略的程度，从而难以模拟日降水概率分布的厚尾性。为了改善对厚尾性的模拟，一些研究中用了混合指数分布和混合 Gamma 分布。如下分别是相对简单的两个指数分布和两个 Gamma 分布的混合分布公式。

$$f(x) = \frac{\alpha}{\mu_1}\exp(-\frac{x}{\mu_1}) + \frac{1-\alpha}{\mu_2}\exp(-\frac{x}{\mu_2}) \tag{11-4}$$

$$f(x) = \frac{\alpha}{\Gamma(\alpha_1)\beta_1^{\alpha_1}}x^{\alpha_1-1}\exp(-\frac{x}{\beta_1}) + \frac{1-\alpha}{\Gamma(\alpha_2)\beta_2^{\alpha_2}}x^{\alpha_2-1}\exp(-\frac{x}{\beta_2}) \tag{11-5}$$

一般来说，分布的参数越多越有潜力模拟出实际分布。上述几种分布中，混合 Gamma 分布能最好地反映降水强度的厚尾性。因此，当我们关心极端降水部分的变率时，混合 Gamma 分布是比较合适的选择。

降水强度分布的参数估计同样可以使用矩估计或极大似然估计法。对于经典的理论分布，如指数分布和 Gamma 分布，参数估计方法已很成熟，有成熟的软件包可用以求解所需的参数。但对于混合分布，则一般没有解析解，也没有成熟的软件包可用，需要进行数值计算求得数值解。

值得注意的是，在选择分布时，并不是越复杂的分布越好。分布越复杂，参数越多，越易于导致对数据过拟合，也越难以对参数作出可靠的估计。

要模拟好日降水强度的分布，还需要考虑其与前一日降水状态的关联性，也即类似 Markov 链的一个问题。最简单的假设之一是：前一日有无降水，对应的当日降水量的分布特征是不同的。分别对这两种情况下的观测数据进行模拟，就可以求得两套不同的分布参数。根据观测提出合理的假设，总是有助于改善模拟效果的。

11.2.2　包含其他天气变量的 SWG

逐日降水模拟后再模拟其他变量，其他变量的分布依赖于当天是否有降水（干或湿日）。因此，需要对其他变量的模拟建立两套方程。其他变量通过一阶向量自回归模型进行同步模拟，也就是求得它们的联合分布，并建立一阶自回归模型：

$$z(t) = Az(t-1) + B\varepsilon(t)$$

式中，$z(t)$ 为 $k \times 1$ 待模拟的 t 时刻变量向量，k 个变量可以是温度、风速、太阳辐射等；$z(t-1)$ 为 $t-1$ 时刻的模拟变量；A 和 B 为 $k \times k$ 系数矩阵；$\varepsilon(t)$ 为 $k \times 1$ 的高斯白噪声。这个自回归方程的物理意义为当天每个变量的取值都依赖于前一天其他变量的状态。对于一阶自回归参数的估计，在这些变量服从多元正态分布的情形下，已有较成熟的方法。因此，我们要把每个变量都标准化并尽量把那些不服从正态分布的变量转化成接近正态分布的变量。例如，风速不服从正态分布，但开三次方后就接近正态分布了。

在降水过程和其他变量的过程模型都构建好之后就可以进行 Monte Carlo 模拟了。图 11-5 演示了一种逐日天气模拟流程。具体步骤拆解如下。

（1）设置当天降水概率 p_c，初始赋值为气候平均的降水概率。

（2）产生一个 0~1 均匀分布的随机数 u，当 $u \leqslant p_c$ 时，表示当天有雨，进入步骤（3）；否则无雨，跳到步骤（5）。

（3）基于当天的降水强度分布，随机产生当天的降水量，并用湿日对应的其他变量的随机过程方程组生成其他变量值。

（4）将 p_{11} 赋值给 p_c，回到步骤（1）继续进行下一天的模拟。

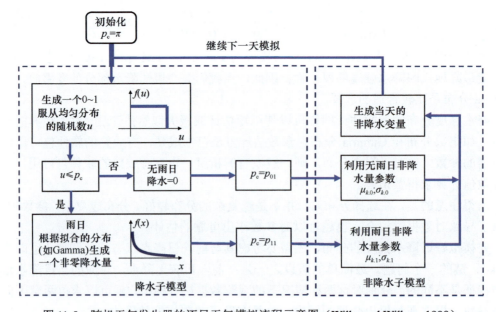

图 11-5　随机天气发生器的逐日天气模拟流程示意图（Wilks and Wilby，1999）

（5）设置当天的降水量为 0，并用干日对应的其他变量的随机过程方程组生成其他变量值。

（6）将 p_{01} 赋值给 p_c，回到步骤（1）继续进行下一天的模拟。

另一种模拟流程是交替模拟干湿期的逐日天气，或称逐期模拟。其流程图如图 11-6 所示，可以从一个干期或湿期开始模拟。下面列出从一个干期开始模拟的具体步骤：

（1）利用干期的几何分布生成一个随机整数 L，表示干期的长度（天数）。

（2）如果 L 不为 0，则表示当前处于干期，令 $L=L–1$，将日降水量置 0，并利用干日的其他气象变量方程组生成其他气象变量值。重复步骤（2），直至 $L=0$，则进入步骤（3）。

（3）利用湿期的几何分布生成一个随机数赋值给 L，表示湿期的长度（天数）。

（4）如果 L 不为 0，则表示当前处于湿期，令 $L=L–1$，基于降水强度分布随机获取一个日降水量，并用湿日的其他气象变量方程组生成其他气象变量值。重复步骤（4），直至 $L=0$，则返回到步骤（1）。

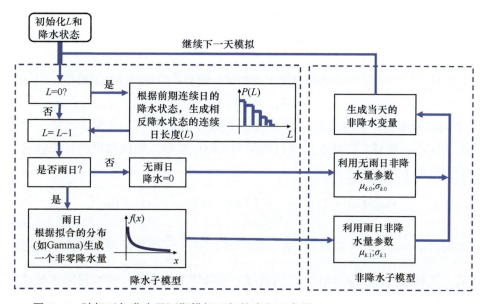

图 11-6 随机天气发生器逐期模拟天气的流程示意图（Wilks and Wilby，1999）

11.2.3 随机天气发生器的改进

可以理解，上述简单的一阶 Markov 模型并不能抓住天气变率的所有特点，从而难以模拟出足够大的天气变率。一个常见的后果是：模拟的时间累积量的年际方差比观测的小，这种现象被称为超散布性（overdispersion）。时间累积量年际方差的表达式为

$$\text{var}[S(T)] = T\pi\sigma^2 + \text{var}[N(T)]\mu^2 \tag{11-6}$$

式中，$S(T)$ 为 T 时间内的累积降水量；T 为累积的时间长度，如一个月或一个季度；$N(T)$ 为 T 时间内累积的降水日数；μ 和 σ^2 分别代表日降水量的均值和方差；π 为气候平均态的降水概率。通常，μ、σ^2 和 π 都能被较准确地模拟，因而超散布性很可能来源于

模型低估了降水日数的方差（$\text{var}[N(T)]$）。降水日数的方差则和降水序列的一阶自相关系数 r 有关，其间的近似关系为（Gabriel，1959）

$$\text{var}[N(T)] \approx T\pi(1-\pi)\frac{1+r}{1-r}$$

可见，r 模拟偏小会导致降水日数方差也偏小。因此，想解决超散布性，须提高降水序列自相关性的模拟。

改进途径 1。首先可以考虑提高 Markov 模型的阶数，阶数越高，当天的降水状态就依赖于越多前期天数的降水状态，产生的降水序列的自相关性从而可以得到改善。阶数越高的 Markov 模型具有越多的独立参数，如一阶模型有两个，二阶有四个，三阶有八个，以此类推。下面分别是一阶、二阶和三阶 Markov 模型对应的转移概率：

$$p_{ij} = \text{Pr}\{J_{t+1} = j \mid J_t = i\}, i, j = 0, 1$$
$$p_{ijk} = \text{Pr}\{J_{t+1} = k \mid J_t = j, J_{t-1} = i\}, i, j, k = 0, 1 \qquad (11\text{-}7)$$
$$p_{ijkh} = \text{Pr}\{J_{t+1} = h \mid J_t = k, J_{t-1} = j, J_{t-2} = i\}, i, j, k, h = 0, 1$$

改进途径 2。对雨期的降水量构建一阶自回归模型。增大雨期降水的自相关性有助于提高时间累积量或平均量的年际方差。连续降水日期间，前后日的降水量也可能存在一定的相关性（图 11-7），因此可对雨期的日降水量构建一阶自回归模型[AR(1)模型]，其表达式为

$$X_{t+1} = \phi X_t + \varepsilon_t$$

式中，X 为日降水量；ε 为残差；ϕ 为自回归系数；t 为时间。如果降水发生过程采用的是一阶 Markov 模型，而降水强度过程采用 AR(1) 模型，则该随机天气模型对应的累积降水量的年际方差的表达式为

$$\text{var}[S(T)] \approx T\{\pi[\frac{1+P_{11}\phi}{1-P_{11}\phi}] + \pi(1-\pi)[(1+r)/(1-r)]\mu^2\} \qquad (11\text{-}8)$$

对比前面的 var 公式可以发现，第一项的因子 $\dfrac{1+P_{11}\phi}{1-P_{11}\phi}$ 即考虑雨期日降水量之间的相关性之后，其对累积降水量年际方差的贡献。连续降水日期间，前后日降水量通常呈现的是正相关关系，因此自回归系数 ϕ 总是大于零的，由此可知该因子始终是一个大于 1 的数，也就意味着考虑连续降水日期间日降水量之间的这种相关性可以提高累积降水量的年际方差。

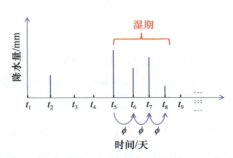

图 11-7　连续降水期间可用一阶自回归模型表示前后日降水的关联，回归系数为 ϕ

改进途径 3。对降水量分布采用条件分布，如干日转为湿日、湿日转为湿日的两种情况下，当日雨量采用不同的分布（图 11-8）。

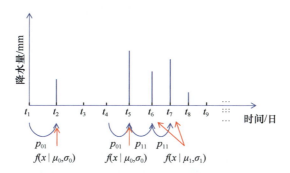

图 11-8　对日降水的分布采用条件分布，在干日转为湿日时拟合一个分布，在湿日转为湿日时拟合另一个分布

p_{01} 代表干日转湿日的概率；p_{11} 代表湿日转湿日的概率

当降水发生过程采用一阶 Markov 模型，且日降水量的分布采用条件分布时，假定日降水的条件期望和条件方差分别表示为

$$\mu_i = E(X_t \mid J_{t-1} = i, J_t = 1), i = 0, 1 \tag{11-9}$$

$$\sigma_i^2 = \mathrm{var}(X_t \mid J_{t-1} = i, J_t = 1), i = 0, 1 \tag{11-10}$$

式中，i 表示降水状态，取值为 0 表示当天无降水，取值为 1 表示当天有降水。此时日降水量的期望和方差分别可以推导为

$$E(X_t) = (1 - \pi) p_{01} \mu_0 + \pi p_{11} \mu_1 \tag{11-11}$$

$$\mathrm{var}(X_t) = (1 - \pi) p_{01} (\sigma_0^2 + \mu_0^2) + \pi p_{11} (\sigma_1^2 + \mu_1^2) - [E(X_t)]^2 \tag{11-12}$$

而累积降水量的年际方差可推导为：

$$\mathrm{var}[S(T)] \approx T\{\mathrm{var}(X_t) + [2\pi(1 - \pi)\mu(p_{11}\mu_1 - p_{01}\mu_0)]/(1 - r)\} \tag{11-13}$$

相较于前面的 var 公式，式（11-13）同样能够提高累积降水量年际方差。

上述三种途径可联合使用，从而构建出更符合实际的模型。当然模型也会更复杂。复杂模型对应的统计量的期望和方差只能通过随机模拟来加以估计。

11.2.4　案 例 分 析

这里给出一个站点降水序列的建模案例（Katz and Parlange，1998），用以比较不同复杂程度模型的性能。研究站点是位于美国加利福尼亚州的 Chico 站，数据是 1907～1988 年 1 月的逐日降水观测。从简单到复杂的模型逐步建模，以考察不同模型对天气变率的模拟能力。

首先比较降水发生过程的不同阶 Markov 模型参数。表 11-1 比较了一至四阶的模型。左侧列为从第 t–3 日到第 t 日的干湿状态，右侧列为不同阶数 Markov 模型对应的从第 t–3 日到第 t 日的不同干湿状态向第 t+1 日为有雨日转移的概率。可以看到，对于一阶模型，第 t+1 日的降水状态只依赖于第 t 日的降水状态。因此，只需要两个转移概率即可描述

一阶模型，即

$$\Pr\{J_{t+1} = 1 \mid J_t = 0\} = 0.2109$$
$$\Pr\{J_{t+1} = 1 \mid J_t = 1\} = 0.5705$$

对于二阶模型，第 $t+1$ 日的降水状态依赖于第 t 和第 $t-1$ 日的降水状态，因此需要四个转移概率来描述该模型，即

$$\Pr\{J_{t+1} = 1 \mid J_t = 0, J_{t-1} = 0\} = 0.1838$$
$$\Pr\{J_{t+1} = 1 \mid J_t = 1, J_{t-1} = 0\} = 0.5882$$
$$\Pr\{J_{t+1} = 1 \mid J_t = 0, J_{t-1} = 1\} = 0.3105$$
$$\Pr\{J_{t+1} = 1 \mid J_t = 1, J_{t-1} = 1\} = 0.5576$$

其他阶数模型的参数个数以此类推（n 阶模型的参数个数为 2^n）。如果低阶模型足够好，那么高阶模型在每一行的转移概率应和低阶模型差不多。该一阶模型的参数和高阶模型的参数差别还是挺大的，说明一阶模型对观测数据的模拟不足。随着阶数增高，其间参数差别减小，说明越高阶模型模拟能力越好。

从表 11-1 可见，一阶模型中前一天无雨到第二天有雨的转移概率（0.2109）和四阶模型中前四天连续无雨到第五天有雨的转移概率（0.1584）差别很大，而一阶模型中前一天有雨到第二天有雨的转移概率（0.57）则和四阶模型中前四天连续有雨到第五天有雨的转移概率（0.59）相差不大（表格最后一行）。由此可见，一阶模型可以较好地模拟连续雨期的次日降水概率，但不能很好地模拟连续干期后出现降雨的转移概率。

表 11-1 由 78 年观测数据估计的 Chico 站 1 月的日降水发生过程的一至四阶 Markov 模型的转移概率

\multicolumn{4}{前期状态}	\multicolumn{4}{$\Pr\{J_{t+1} = 1 \mid J_t, J_{t-1}, J_{t-2}, J_{t-3}\}$}
J_{t-3}	J_{t-2}	J_{t-1}	J_t	一阶	二阶	三阶	四阶
0	0	0	0	0.21	0.18	0.17	0.16
0	0	0	1	0.57	0.59	0.58	0.55
0	0	1	0	0.21	0.31	0.25	0.29
0	0	1	1	0.57	0.56	0.58	0.60
0	1	0	0	0.21	0.18	0.25	0.22
0	1	0	1	0.57	0.59	0.63	0.52
0	1	1	0	0.21	0.31	0.35	0.32
0	1	1	1	0.57	0.56	0.54	0.49
1	0	0	0	0.21	0.18	0.17	0.20
1	0	0	1	0.57	0.59	0.58	0.59
1	0	1	0	0.21	0.31	0.25	0.20
1	0	1	1	0.57	0.56	0.58	0.53
1	1	0	0	0.21	0.18	0.25	0.27
1	1	0	1	0.57	0.59	0.63	0.72
1	1	1	0	0.21	0.31	0.35	0.39
1	1	1	1	0.57	0.56	0.54	0.59

注：0、1 代表干、湿。

其次比较不同方案对降水强度过程的模拟，下面仅考虑两个问题。

（1）日降水量的分布采用独立同分布还是条件分布？独立同分布意味着所有日降水量服从同一个分布，与前期的降水状态无关；而条件分布则表示日降水量的分布与前一天的降水状态有关，前一天有雨和无雨对应的雨日降水量分布不同。

（2）连续雨日时，是否考虑日降水量序列的自相关性？

对这两个问题的不同解答产生不同的降水强度过程模型，对这些模型参数的估计结果如表 11-2 所示。可以看到，当日降水量的分布采用条件分布时，干日次日降水的均值（11.62 mm）和标准差（12.15 mm）都比湿日次日降水的均值（14.84 mm）和标准差（16.28 mm）要小（表 11-2 倒数两行），意味着对日降水量采用独立同分布的模型不能很好地模拟出日降水过程的特点，而对日降水量采用条件分布的模型更符合该站点的日降水强度过程特征。此外，考虑连续湿日之间的自相关时，求得的相关系数为正，明显不等于零（表 11-2 最右列第二行和第四行，自相关系数为 0.15～0.16），意味着连续湿日的日降水量之间存在明显的相关性，应在模型中加以考虑。

表 11-2　不同降水强度过程模型的参数估计结果比较

模型形式		均值		标准差		自相关
同分布	自相关	μ_0 /mm	μ_1 /mm	σ_0 /mm	σ_1 /mm	ϕ
是	否	13.36	—	14.68	—	—
是	是	13.36	—	14.68	—	0.16
否	否	11.62	14.84	12.15	16.28	—
否	是	11.62	14.84	12.15	16.28	0.15

注：同分布模型的日降水均值和标准差分别为 μ_0 和 σ_0。条件分布模型中的干日次日的降水均值和标准差分别为 μ_0 和 σ_0；湿日次日的降水均值和标准差分别为 μ_1 和 σ_1

将降水发生过程和强度过程的不同改进方案进行自由组合后可形成不同的改进模型。表 11-3 展示的是各改进模型对月降水日数和降水量的标准差以及一阶和二阶自相关系数。可以看到，月降水日数的标准差随模型的阶数增大而增大。这说明月降水日数的标准差模拟可通过增加模型的复杂度而改善，但要注意的是模型过于复杂可能出现过拟合。

表 11-3　不同组合模型模拟的月降水日数和降水量的标准差以及一阶、二阶自相关系数

模型形式			导出统计量			
Markov 链阶数	是否同分布	强度是否自相关	月降水日数的标准差	降水量一阶自相关	降水量二阶自相关	月降水量标准差
1	是	否	3.76	0.13	0.05	68.7
1	是	是	3.76	0.19	0.05	71.8
1	否	否	3.76	0.16	0.06	71.4
1	否	是	3.76	0.22	0.06	74.5
2	是	否	4.00	0.13	0.07	71.1
2	是	是	4.00	0.19	0.07	74.5
2	否	否	4.00	0.16	0.07	73.2
2	否	是	4.00	0.22	0.08	76.4
3	是	否	4.23	0.13	0.07	73.5
3	是	是	4.23	0.19	0.07	76.9

模型形式			导出统计量			
Markov 链阶数	是否同分布	强度是否自相关	月降水日数的标准差	降水量一阶自相关	降水量二阶自相关	月降水量标准差
3	否	否	4.23	0.16	0.07	76.5
3	否	是	4.23	0.22	0.08	79.5
4	是	否	4.42	0.13	0.07	75.4
4	是	是	4.42	0.19	0.07	79.4
4	否	否	4.42	0.16	0.08	79.0
4	否	是	4.42	0.22	0.08	80.6
	观测		4.33	0.28	0.11	88.6

由表 11-3 还可见，月降水日数的标准差与是否考虑降水强度的自相关无关（见第 4 列：月降水日数的标准差只与阶数有关，而与其他条件无关）。一阶和二阶自相关系数对模型阶数的增加不敏感，但对是否考虑降水强度自相关很敏感（见第 5 列、第 6 列：只有阶数不同，其他条件相同时，自相关系数不变；而在同一阶数下，自相关系数的估计与是否考虑降水强度自相关有关）。考虑降水强度的自相关后，一阶和二阶自相关系数的模拟都有明显的改进，但依然和观测有差距。月降水量的标准差对所有的改进都很敏感，随着模型复杂度的增加，月降水量的标准差呈总体增加的趋势。尽管如此，这里考虑的最复杂模型模拟的月降水量的标准差（80.6）依然和观测的标准差（88.6）有差距。

11.2.5　如何选择最优模型

一般说来，模型越复杂对观测数据的模拟能力越好，但并不是越复杂模型的实际模拟效果越好。模型太复杂之后很可能出现过拟合的情况。这就需有一种准则来判定模型是否已经足够好，即在"模拟出观测数据的基本特征"和"过拟合"之间取得一个平衡。AIC 和 BIC 就是这样两个信息准则，其公式如下：

$$\text{AIC} = 2k - 2\ln(\hat{L}) + \frac{2k(k+1)}{n-k-1}$$

$$\text{BIC} = \ln(n)k - 2\ln(\hat{L}) \tag{11-14}$$

式中，k 为模型的参数个数；$\hat{L}$ 为用极大似然法对模型的参数进行估计时所求得的参数对应的似然函数值，也即最大似然函数值；n 为样本数。

这两个信息准则可以用来衡量一个模型是否足够拟合数据还是过拟合了数据。最优模型对应的 AIC 或 BIC 最小。根据式（11-14），在样本数 n 固定的情况下，模型越复杂对应的参数个数 k 越大，这会增大 AIC 或 BIC 的值；但模型越复杂，最大似然函数值 $\hat{L}$ 也会越大，从而会减小其值。因而，为求得最小的信息准则，模型的复杂度，即模型的参数个数，既不能太大也不能太小，使信息准则达到最小值的模型即最优模型。

实际分析中，可以逐渐增加模型的复杂度（参数个数），每增加一次模型的复杂度，求出 AIC 或 BIC 的值。在复杂度增加的过程中，确定那个使得 AIC 或 BIC 值达到最小的模型为最适合当前观测数据的模型。

然而很多情况下，即便通过 AIC 或 BIC 准则选择了一个最优的模型，"超散布性"仍然存在。那么怎么解释模拟不出来的那部分方差呢？回顾前面的建模过程会发现，我们是在假定气候不变的前提下来模拟研究时段内的天气变率的，而没有考虑研究时段内更长尺度的气候变率。而实际观测到的气候平均量不仅受天气变率影响，也受更长尺度气候变率的影响。有研究指出，当在 SWG 中引入某些具有更长尺度变率的大尺度环流因子时，超散布性可大大减弱（Katz and Parlange，1998）。在这种情况下，SWG 中丢失的那部分方差可以被认为是由大尺度（年际和年代际）的气候变率引起的，这部分方差是隐藏在"天气噪声"中的（气候变率）信号。通过 SWG 分辨天气噪声和气候信号，也是研究气候可预测性的一种途径。

11.3　运用 SWG 分析季节极端降水的潜在可预测性

极端降水影响巨大，是气候研究领域的一个关注焦点。特别是中国夏季风区的季节性极端降水具有很大的年际变率，是气候预测面临的难题之一。这样大的年际变率是什么因素造成的？从前面的介绍可知，随机天气变率也可能造成气候序列中的年际波动，这部分变率是难以预测的。另外，根据很多研究，对于中国夏季风降水区而言，季节极端降水受到全球变暖、季风系统和 ENSO 等很多气候因素的影响，而这些因素在一定程度上是可预测的。显然，一个区域的随机天气变率越大，则该区域的气候变率就越难以预测。如果能运用 SWG 解释一部分这样的年际变率，那么就可以根据这部分变率的大小，反过来判断季节极端降水气候的可预测性。下面就介绍一个研究案例（Wei et al.，2017），来展示 SWG 在该领域的应用价值。

该研究用 1960~2013 年中国区域 676 个降水观测站的日降水序列，构建了一套随机天气发生器，来估计天气变率对季节极端降水序列之变率的贡献，进而评估季节极端降水的潜在可预测性。

首先定义季节极端降水量（seasonal extreme precipitation amount，SEPA）为：在一个季节内超第 95 百分位阈值的所有日降水的累积量。以某天为中心的前后 45 天定义为一个季节。在一年内滚动"中心"天可以定义出 366 个"季节"的 SEPA。计算一个季节 SEPA 的年际方差，作为实际观测到的该"季节"SEPA 的年际方差。

为估计天气变率对 SEPA 年际变率的影响，可综合以上各种模型拓展方法来构建随机天气发生器，从简单模型逐步拓展到复杂模型，并以 AIC 为标准选择出一个最合适的模型。考虑到天气变率在一年的不同时间内是不一样的，因此还需要考虑季节变化。其解决方式是对每个月甚至每天设定一套参数。为避免参数随着季节变化出现大的抖动，还可以对参数进行傅里叶分析，使得参数随季节平稳变化。因为是对极端降水变率的评估，所以对降水强度分布的选择，采用对厚尾特性拟合得最好的混合 Gamma 分布。

用构建的 SWG 进行 1000 次 Monte Carlo 模拟，可以求得天气变率造成的 SEPA 年际方差的 90%置信区间。如果实际观测的 SEPA 年际方差超出 SWG 模拟的变率置信区间，就可判定 SEPA 存在潜在可预测的气候变率信号。为便于分析，定义潜在可预测性

（potential predictability，PP）为

$$PP = \frac{\sigma_{obs}^2 - \overline{\sigma_{sim}^2}}{\sigma_{obs}^2}$$

式中，σ_{obs}^2 为观测的季节极端降水量方差；$\overline{\sigma_{sim}^2}$ 则为 1000 次模拟的季节极端降水量方差的均值。针对每次模拟，定义该次模拟的潜在可预测性为

$$PP_{sim} = \frac{\sigma_{sim}^2 - \overline{\sigma_{sim}^2}}{\sigma_{sim}^2}$$

式中，σ_{sim}^2 为该次模拟的季节极端降水量方差。1000 次模拟即可计算出 1000 个模拟的潜在可预测性，由此可估算出由随机天气噪声引起的潜在可预测性的 90% 置信区间。当观测的潜在可预测性落入该区间时，季节极端降水量不具有显著的潜在可预测性。

图 11-9 显示了湘西某站 SEPA 的潜在可预测性随着年内日期滚动而发生的变化。图中蓝色区间代表 SWG 计算的天气变率所造成的 SEPA 年际方差的 90% 置信区间，红色实线为观测的潜在可预测性。可见，春末夏初以及初秋时节（图中红线持续超过蓝色区间的部分），SEPA 存在显著的潜在可预测性，其他时节 SEPA 没有显著的潜在可预测性。

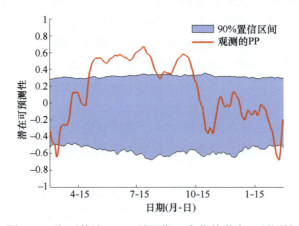

图 11-9　湘西某站 SEPA 随日期而变化的潜在可预测性

红色线为一年内每天对应"季节"的观测潜在可预测性，蓝色区间为 90% 置信区间，由 1000 次 Monte Carlo 模拟估算而得

计算所有站点 PP，把结果显示在地图上，即可看出 SEPA 潜在可预测性的时空分布。首先看四个传统季节的 SEPA 潜在可预测性的分布，如图 11-10 所示，每个季节都有一些区域存在显著的 PP：春季主要分布在新疆西部、河西走廊、华北部分及华南沿海；夏季在新疆西北、河西走廊、东北部分、江淮和华南大部；秋季在新疆西部、江南大部；冬季在新疆西北、华南一带。其中，夏季存在潜在可预测性的区域最多、分布范围最广。

其次，从最大潜在可预测性在一年内的发生时间上看，也存在区域性的差别。例如，河西走廊和华北部分地区的最大潜在可预测性出现在春季；东部夏季风区（华南沿海除外）多在夏季；江南一带在秋季；新疆西北部分地区和华南一带在冬季（图 11-11）。

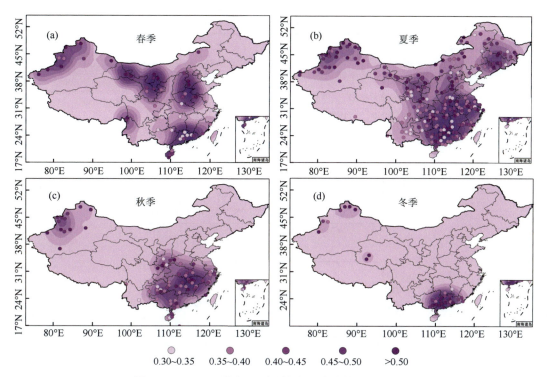

图 11-10 SEPA 潜在可预测性在四个传统季节的分布

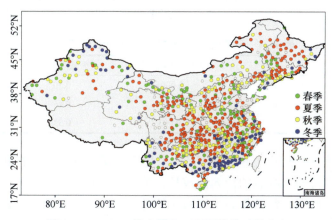

图 11-11 SEPA 最大潜在可预测性的季节分布

绿点表示当地最大潜在可预测性出现在春季，红点表示夏季，黄点表示秋季，蓝点表示冬季，空心点表示该站点全年无显著可预测性

为印证潜在可预测性评估结果的可靠性，对典型站点和区域平均的 SEPA 序列作进一步分析，考察其年际序列是否存在一定的非平稳性（如趋势性和周期性）。因为平稳的随机天气模型是不可能产生年际时间尺度以上的非平稳的 SEPA 年际序列的，那些非平稳特性可以理解为潜在可预测性的源。对于存在显著潜在可预测性的区域，分析其平均 SEPA 序列发现，有些区域确实存在可解释的潜在可预测性。图 11-12 中的三个区域的 SEPA 序列存在长期趋势。由表 11-4 可以看到，由趋势导致的变率在这几个区域中可以占区域平均 PP 的 20%～40%。

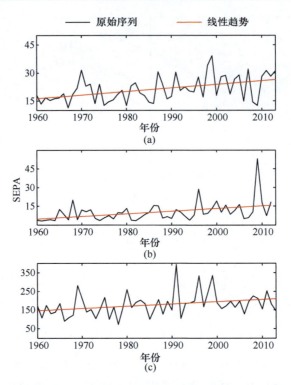

图 11-12　三个区域（夏季新疆西部、夏季长江中下游和冬季新疆西北部）平均 SEPA 序列存在显著趋势（红色趋势线）

表 11-4　三个区域趋势占区域平均 PP 的百分比

回归关系	R^2	P 值（F 检验）	区域平均 PP	R^2/PP/%
SEPA（1）～年	0.20	0.0006	0.50	40
SEPA（2）～年	0.09	0.03	0.45	20
SEPA（3）～年	0.16	0.003	0.53	30

　　一些存在显著 PP 的区域还可能与某些大尺度的缓变气候因子有联系，这些缓变的气候因子由于其维持同一状态的持续性较长，能在同一位相上持续一个季度甚至更长，因而这些缓变的气候因子常常作为大气系统的外强迫，也是一种可预测性的源。例如，夏季长江中下游地区，其区域平均 SEPA 的极端异常正值大多发生于厄尔尼诺年的次年（图 11-13）；冬季华南地区，其区域平均 SEPA 则和冬季风有明显的负相关关系（图 11-14）。这些结论在前人的研究中也有指出，而这里是通过运用 SWG 开展的 PP 分析，从一个新的角度辨识出这些典型区域季节极端降水的可预测性及其与大尺度气候变率的联系。

　　总的来说，中国有一些地区的季节极端降水量存在显著的潜在可预测性，相应的区域平均季节极端降水序列呈现出一定的非平稳性（如长期趋势以及和大尺度的缓变气候过程密切相关等）。相反，没有显著潜在可预测性的区域，其区域平均季节极端降水序列则呈现出白噪声特征，意味着这些区域季节极端降水序列中貌似存在的年际以上尺度的波动主要是由随机天气变率造成的，而缺乏潜在可预测的气候信号。

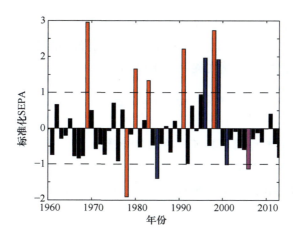

图 11-13　夏季长江中下游 SEPA 与 El Niño 的关系

红色为 El Niño 年次年，蓝色为 La Niña 年次年，黑色为正常年次年

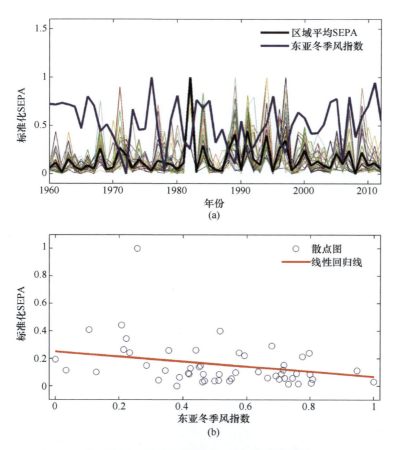

图 11-14　华南冬季 SEPA 和冬季风的关系

（a）黑粗实线为华南冬季极端降水量，细实线为区域内各站冬季极端降水量，蓝粗实线为冬季风指数；（b）华南冬季极端降水量与冬季风指数的散点图和回归线（红色线）

　　潜在可预测性的研究有助于指导人们聚焦于典型地区开展预测研究，而对缺乏潜在可预测信号的地区则意味着只需利用气候态作预测。对于中国夏季风区而言，大多数有

信号的站点，其 PP 值只有 0.3 左右，这不是一个很强的信号。季节极端降水的预测难度由此可见一斑。实践中可针对区域平均的季节极端降水发展预测方法，由此减小天气噪声的影响，突出气候信号，从而提高预报技巧。

思　考　题

1. 简述 SWG 的基本原理及其可能的应用场景。
2. 概述 SWG 的建模思路。
3. 思考如何应用 SWG 评估某种极端气候事件的潜在可预测性。

第 12 章　气候序列的均一化

均一化的气候序列是定量研究气候变化的必要基础。本章从基本概念入手，介绍均一化的基本思路；通过理想的非均一的气候序列及其均一化过程，演示有关公式的意义；通过比较实测气温序列及其均一化，帮助理解气候序列均一化的复杂性，进而简单介绍目前常用的均一化方法；并结合近年研究案例，诠释具体应用问题，并就现有方法普遍面临的难点，讨论进一步的均一化方法。最后介绍一个典型的研究案例：基于均一化资料重新评估近百年中国气候变暖趋势，以帮助读者切实理解均一化的重要性。

12.1　基本概念和理论分析

现代气象观测是衡量气候状态的最精确的数据基础。气候变化可用不同时期的气候状态之差来衡量。观测序列的时间跨度越长，就越有利于描述较长期的气候变化。然而，长期气象观测往往经历过一些系统性的变迁，如观测站点迁移或仪器更新等，致使相应时段观测值相对于其他时段存在系统性的偏差。不同时期观测的系统性偏差，导致一个气候序列在时间上不是一致可比的，因而称之为非一致的，或非均一的（inhomogeneous）。这类系统性偏差也被称为非均一性（inhomogeneity）。毋庸置疑，为描述各地实际发生的气候变化，必须校订当地气候序列中的非均一性，即均一化（homogenization）。

12.1.1　均一化方法：从物理到统计

一般说来，如果已知气象观测序列非均一性的物理成因，那么就可研究相应的物理因素所导致的观测偏差，进而校正这些偏差，即可完成对该观测序列的均一化。这种根据物理原理来校订气候观测序列的做法，可称为均一化的物理方法。

例如，众所周知，气温随着海拔升高而下降，平均而言，每升高 100m 气温下降约 0.65℃。那么，当一个观测站迁移到较高海拔位置后，为保障其之前的气温记录和后续记录可比，就可应用这一物理关系来进行均一化。

又如，常用的日平均气温（记为 T_{m}），理论上应该是全天所有时刻观测值的均值，近年来部署的自动气象站可提供必要的逐时观测记录；但过去多年来我国常规气象观测仅保持每日 4 个时次观测。对于特定站点而言，特定的 4 个时次观测平均的 T_{m} 和全天候观测均值相比，可能存在系统偏差。为保持 T_{m} 的长期观测序列前后可比，需根据当地气温日变化特点分析计算上述系统偏差，并进行均一化。

物理方法的优点是将明确的物理原理作为基础，易于理解，且所计算的"系统偏差"至少在理论上是合理的。

　　然而，实际气候过程的复杂性往往超出理论预期。例如，上述"气温随海拔升高而降低"的物理气候关系，严格地说仅限于近海平面高度上大范围平均情况下才近似成立。台站迁址，在不同地点或不同季节，这个物理关系都有所不同，因而由此估算的非均一偏差不可能是准确的。更何况，台站迁址除了地理位置和海拔有变，往往还伴随着局地环境的改变，如从近城区环境变到近乡村环境，也会导致气温观测值出现系统性偏差（因为城市环境下气温往往偏高）。另外，气象台站不论迁址与否，都会经历观测仪器的更新等一系列其他因素的改变，这些都可能引起系统性的观测偏差。最终反映到气候观测序列的"非均一性"是多种因素的综合效应，很难通过某种特定的物理气候原理来校订。

　　因此，近年来学术界日益倾向于发展基于气候统计分析的均一化方法。统计方法的优越性在于其直接针对由众多因素导致的最终的非均一性，而回避了各种具体的物理成因。因而，统计方法更适用于资料量巨大的气候观测序列集的分析。

　　气候序列均一化的统计方法，一般会用到一个基本的气候学假定，即在一个适当大小的气候区域内，邻近的气象台站所观测到的气候变化是近似一致的。这样的话，当其中某个台站发生观测系统变更后，就可以通过对比邻近台站的观测序列，来判断那个台站观测序列是否具有非均一性。如果其他台站的观测序列都按照某种规律在变化，仅那个站的观测序列出现了异常变化，那这个异常变化就可被视为非均一的偏差。

　　当然，实际气候观测中，即使是十分邻近的台站，其所观测到的"气候变化"也总是有所差异的。这是因为各站遭遇的天气波动和局地观测环境等因素带有随机性。这也是气候序列均一化必须建立在统计分析基础上的原因。下面我们就由简入繁地剖析一下气候序列的均一化问题。

12.1.2　从理想的非均一气候序列说起

　　设有一个气象站 X，要素 T 的逐日观测序列记为 $T_X(i)$，i 代表观测日期。任意时间 t 前后两个时期间的气候变化记为

$$D_X(t) = \sum T_X(i) - \sum T_X(j) \tag{12-1}$$

式中，$\sum$ 表示 t 时刻前（或后）n 个时刻观测的子序列的气候态（这里可简化理解为气候均值，更完整的理解应该是气候分布参数）。理想地，设有一个邻近站 Y，观测序列为 $T_Y(i)$，所记录的气候变率和 X 站几乎一样，即 $D_X(t) \approx D_Y(t)$。或记

$$d(t) = D_X(t) - D_Y(t) \approx 0 \tag{12-2}$$

　　如果 X 站于 t_0 时发生观测系统变更（如迁址），则 $D_X(t_0)$ 除了气候变化外，还可能叠加一个观测系统变更引起的系统性偏差（非均一偏差），即

$$d(t_0) = D_X(t_0) - D_Y(t_0) \tag{12-3}$$

　　式（12-3）就是非均一性的一个简单的定量表述。$d(t)$ 因而也可被视为是表述一个气候序列均一性的函数。在校订 X 站序列时，一般称 X 站序列为待检（candidate）序列，

而 Y 站序列为参考（reference）序列。下面就从均一性函数 $d(t)$ 入手，简析均一化的意义及其复杂性。

假设 T_Y 代表的逐日气温变化序列近似为一个余弦波动，即

$$T_Y(i) = a \cdot \cos(2\pi i / p) \tag{12-4}$$

式中，a 为逐日温度波动的振幅；p 为天气波动周期。

待检序列 T_X 具有和 T_Y 一样的天气波动，但在 t_0 时刻发生了观测系统变更，导致其后观测序列相对于之前有一个系统性偏差 d_0，即

$$T_X(i) = a \cdot \cos(2\pi i / p), i \leqslant t_0$$
$$T_X(i) = a \cdot \cos(2\pi i / p) + d_0, i > t_0 \tag{12-5}$$

为联系实际情况，利用 1977～2006 年北京观象台逐日气温观测序列，去除其中的多年平均季节性，得到更直接反映天气波动的距平序列，这也是气候变化研究领域常用的一个资料处理步骤（参见 10.4 节）。该距平序列的标准差为 2.8℃，经小波分析确定的主要天气波动周期约为 10 天（Yan et al.，2001a），且该序列在 1981 年迁址导致的非均一偏差约为 0.8℃（Yan et al.，2010）。分别代入上述理想的天气序列式（12-5）中的参数 a、p、d_0，就可获得理想情形下的一个待检气温序列以及一个参考序列，如图 12-1（严中伟等，2014）上部的两个时间序列所示。

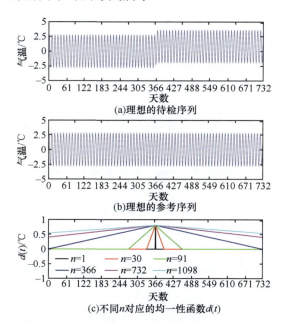

图 12-1　自上而下分别是理想的待检序列 T_X、参考序列 T_Y 及不同 n 对应的均一性函数 $d(t)$

T_X 在 t_0（366 天）发生系统变动，导致序列产生系统性偏差 d_0（0.8℃）

假如事先并不知道观测系统变更的具体时间 t_0，则可通过计算所有时间的 $d(t)$ 值来加以判断。对于上述理想情形，由于在发生观测系统变更前，T_X 和 T_Y 完全一样，所以只需设待比较的子序列长度 $n=1$，则 $d(t) = D_X(t) - D_Y(t) = 0$；而在发生观测系统变更后，

T_X 和 T_Y 只差一个常数，故 $d(t) = D_X(t) - D_Y(t) = 0$ 仍然成立。当且仅当 $t = t_0$ 时，$d(t) = d_0$，也即如图 12-1 下部 $n = 1$ 所对应的 $d(t)$ 计算结果。显然，对于两个具有一致天气波动的站点来说，如果其中一个观测序列存在系统性偏差，只需通过计算 $d(t)$ 及考虑前后 1 天（$n = 1$）记录比较，就可精准地确定待检序列中的非均一偏差，包括偏差出现的时间及其大小。

如果在计算中选不同的子序列长度 n，计算 $d(t)$，则对应不同 n 的 $d(t)$ 函数图形如图 12-1（c）所示，都在 t_0 时达到极大值（即 $d_0 = 0.8\ ℃$）。可见，在上述理想情形下，只需计算 $d(t)$ 这样一个简单的函数，就可精准地判定时间序列的非均一性。

实际观测到的气象变量序列要复杂得多。一个重要原因是，对于特定站点而言，天气波动具有一定的随机性，因而即使是邻近站点观测到的变量值也有所不同。为理解天气波动随机性的影响，我们给上述理想的天气波动（余弦函数）的振幅 a 和位相 i 分别加一个随机扰动，即

$$T_Y(i) = [a + N(0,u)] \cdot \cos\{2\pi[i + N(0,v)]/p\} \qquad (12\text{-}6)$$

式中，$N(0,u)$、$N(0,v)$ 表示均值为 0，标准差为 u、v 的正态分布随机数。根据北京市观象台及其周边站温度距平序列的实际情况对比分析，设 $u = 0.8\ ℃$，$v = 0.3$ 天，这意味着北京市观象台及其邻近气象台站所记录的逐日气温波动振幅相互可差 $1℃$ 上下，而不同台站记录的天气波动位相可差半天左右。在上述理想的 T_X 和 T_Y 序列里加入随机扰动，如图 12-2（a）和图 12-2（b）所示，其比图 12-1 的情形更像实际的逐日气温观测序列。需要指出的是，上述随机天气扰动的参数取值及其结果可以有所不同，但不会改变下面分析中蕴含的基本认识。

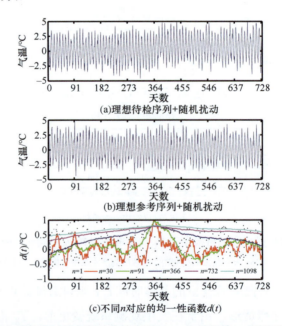

(a)理想待检序列+随机扰动

(b)理想参考序列+随机扰动

(c)不同 n 对应的均一性函数 $d(t)$

图 12-2　自上而下分别是加随机扰动的理想的待检序列 T_X、参考序列 T_Y 及不同 n 对应的均一性函数 $d(t)$

由图 12-2（c）的不同 n 值计算的 $d(t)$ 函数可见，由于随机天气扰动，仅比较 X 站任意时间前后 1 天（$n=1$）的记录，$d(t)$ 呈现出随机函数的特点，完全不能用来判断待检序列中的非均一性。比较前后一个月（$n=30$）记录时，大致可见 d 在 t_0 附近出现一个极大值，但类似大小的极大值还有不少，因而难以由此断言非均一性，从统计学的角度来说，这样的"异常"变化是不显著的（也即说明一些随机因素也完全可以导致类似的"异常"变化）；考虑前后一个季度（$n=90$）记录时，函数 d 在 t_0 出现唯一的极大值，但其量值 0.9℃大于预期（0.8℃）；$n=366$（1 年）或更大时，d 在 t_0 附近达到唯一的极大值（约为 0.8℃）。

图 12-2 的结果说明了以下三个道理：

（1）天气扰动虽然时间尺度有限，却会严重影响长期气候序列的均一化分析；

（2）通常用到的月平均气候序列，不足以消除天气扰动的影响；

（3）非均一性或可在季节尺度上较为合理地加以辨识，但需考虑多年观测对比分析才能取得较为稳妥的非均一偏差估计。

12.1.3　从实际案例进一步看均一化的复杂性

不同气象台站观测到的气象变量序列，除了受随机天气扰动影响而不同外，还存在年际乃至长期气候变化的差异。早期研究认为，用来计算均一性函数 $d(t)$ 的子序列长度越长越好（也即要求 n 越大越好），这样就可避免或减小不同站点之间个别年份气候异常（也即短期气候变率）差异的影响。然而，不同站点的长期气候变化趋势也有局地性，如北京市观象台近 30 年受城市化影响较大，相比周边站具有更大的长期增暖趋势。因而，均一化又要避免用到观测系统变迁前后太长的子序列（也即 n 不能太大），以防把参考序列中的长期趋势强加给待检序列。

那么，n 究竟应该取多大值？为解答这个问题，Yan 等（2010）定义了多年平均的季节订正量：

$$\Delta_n = \sum_{i=1}^{n}(\xi_{1i} - \xi_{2i})/n \tag{12-7}$$

式中，ξ_1 为给定季节迁址日期之后和之前待检站逐日气温距平的均值差；ξ_2 与 ξ_1 意义相同，但是为参考序列的结果；下标 i 范围是 1～n，表示迁址前后第 i 年；n 为用于计算多年平均订正量的年数。通过分析 Δ_n 随着 n 如何变化，就可挑选一个用于计算多年平均季节订正量的最佳 n 值。

以北京市观象台 1997 年迁址为例，图 12-3 给出订正量 Δ_n 随 n 的变化。以密云和密云上甸子为参考站。由于数据可用性的限制，n 值取 1～9。显然，当 $n=1$ 和 $n=2$ 时订正量 Δ_n 的值明显不同。当 n 大于 2 时，Δ_n 的值趋于稳定。这表明年际气候变率的影响明显，因此当 n 值太小时，不适用于计算季节订正量。另外，当 n 大于 5 时，订正量呈现趋势性变化，这是由于 1997 年前后待检站和参考站气温序列具有不同的长期趋势（不同程度的城市化水平所致）。因此，在计算季节订正量时，需要选择适当的 n 值。

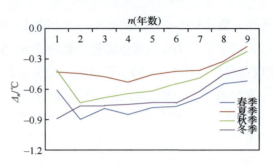

图 12-3　针对北京观象台 1997 年 7 月 1 日迁址计算的 n 年平均季节订正量随 n 的变化（Yan et al., 2010）

　　上述案例中，用迁站前后 3～5 年的观测记录与参考序列进行对比分析，进而估算相应的非均一偏差，既可减小短期气候异常的影响，又可避免把参考站长期趋势强加给待检序列。这个结果对于发展新的以及如何应用已有的均一化方法都具有重要的启发意义。

　　事实上，北京市观象台在 1981 年从大兴区迁至海淀区，于 1997 年又迁回大兴区，即在 1981～1997 年位于更加城市化的地点，所观测的气温也相对偏高。图 12-4 给出该站 1977～2006 年的原始气温序列和均一化的序列。图 12-4 中三个研究采用的均一化方法不同，因而校订量有所不同，但都校订了 1981～1997 年的暖偏差（平均约为 0.8℃）。

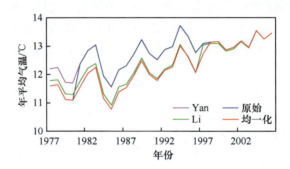

图 12-4　1977～2006 年北京市观象台原始年均气温序列（蓝色）及校订序列（红、绿、粉色分别来自三个研究，详见 Yan et al., 2010）

　　由图 12-4 不难发现，如不校订 1981～1997 年的暖偏差，就会低估研究时段的气温变化趋势。校订后北京市观象台的年均气温趋势约为 0.78℃/10a。对该站有了确切的趋势判断，还有助于和周边乡村站进行合理的比较，从而判断观象台记录中可能存在的城市化效应。Wang 等（2013）基于均一化的北京地区所有台站气温序列判断，观象台气温序列的长期趋势中，城市化导致的局地增暖约占 20%。

　　更为复杂的实际情况是，各地气候观测序列几乎都存在非均一性，且很多观测站不止一次发生系统性变更。先对哪个序列以及其中哪个偏差进行校订呢？不同顺序的均一化结果可能导致最终的均一化序列集有所不同。为此，均一化方法往往还要考虑针对所有气候序列的所有可能断点，设计一致的统计判断准则。下面简单介绍一些常用的基于统计分析的均一化方法。

12.2　常用的均一化方法

12.2.1　标准正态检验法

标准正态检验法（standard normal homogeneity test，SNHT）直译为标准正态的均一性检验，最早由 Alexandersson（1986）发展并应用于瑞典西南部的降水序列分析。SNHT 是一种最大似然检验方法，通过对待检序列和参考序列的比值序列（适用于降水、风速等非正态变量）或差值序列（适用于气温、气压等近似正态变量）开展统计检测，从而确定异常变点再作校订。基本步骤大致如下：

（1）设定一段待检序列 $Y_i, i = 1, 2, 3, \cdots, n$，并构建参考序列 $\overline{X}$，可以是同期一个邻近站序列或多个周边站的平均序列。

（2）计算差值或比值序列 Q_i：$Q_i = Y_i - \overline{X}$ 或 $Q_i = Y_i / \overline{X}$（前者适用于气温或气压等近正态分布的数据，后者适用于降水、风速等非正态分布的数据）；并计算标准化序列 Z_i：$Z_i = (Q_i - \overline{Q}) / \sigma_Q$，其中 $\overline{Q}$ 和 σ_Q 分别表示 Q_i 序列的平均值及标准差。

（3）设置零假设 H_0：$Z_i \sim N(0,1)$，即 Z_i 序列是均一的，其任何部分均服从标准正态分布；备则假设 H_1：Z_i 序列不是均一的，在第 a 年有异常变点，即

$$H_1 : \begin{cases} Z_i \sim N(\mu_1, 1) & i = 1, \cdots, a \\ Z_i \sim N(\mu_2, 1) & i = a+1, \cdots, n \end{cases}$$

（4）对序列 Z_i 中所有可能的 $n-1$ 个时间点分别计算统计检验量并取最大值：

$$T = \max \left\{ a\overline{z_1}^2 + (n-a)\overline{z_2}^2 \right\}, \quad 1 \leqslant a \leqslant n-1$$，其中 $\overline{z_1}$ 和 $\overline{z_2}$ 是变点前 a 年和后 $n-a$ 年的子序列平均值。若 T 值很大，则表明有显著偏离 0 的 μ_1 和 μ_2，H_0 不成立。应用中若 T 超过 0.05 显著水平的临界值，则说明 a 是一个显著变点。

把上述分析步骤分别运用于上述最大变点前后的子序列，可检测子序列中的变点。重复该过程直至不再有显著变点，即可获知原序列中的所有变点。实际应用中如有台站观测系统变化的历史记录[亦称元数据（metadata）]，则可用来帮助验证统计检测出的变点。

在一些研究中，Q_i 序列可以是待检序列本身。由此得到的所谓绝对非均一性（形式上和第 9 章述及的气候跃变类似），对于判断序列中可能存在的系统性偏差也具有参考意义。如果还有对应的台站变迁历史记录，就更能说明问题。

SNHT 是最经典的均一化分析方法之一。很多其他方法是在类似的基本思路上发展起来的。

12.2.2　RHtest 方法

RHtest 方法由加拿大华裔学者 Wang Xiaolan 提出并发展，经其团队多年研究形

成了成熟的应用软件，因而也成为广泛应用的均一化方法。软件及应用说明可上网查阅。

RHtest 方法的特色内容包括惩罚最大 T 检验（PMT）和惩罚最大 F 检验（PMFT），引入经验性的惩罚系数有助于改善气候序列变点检测结果；考虑了时间序列的自相关特征并运用多相线性回归，可检测隐含在长期气候趋势中的多个变点（Wang，2008a，2008b）。针对逐日降水序列的均一化研究，还发展了分位数契合的校订方案（Wang et al.，2010）。

设有一段待检序列 $\{X_t\}$，要检验在 $t=c$ 时刻是否存在异常变点。原假设和备则假设分别为

$$H_0 : X_t = \mu + \beta t + \varepsilon_t, t = 1, 2, \cdots, N$$

$$H_a : \begin{cases} X_t = \mu_1 + \beta t + \varepsilon_t, t \leqslant c \\ X_t = \mu_2 + \beta t + \varepsilon_t, c < t \leqslant N \end{cases}$$

若统计检验确定 H_a 为真，则 $t=c$ 为非均一的断点；$\Delta = |\mu_1 - \mu_2|$ 即非均一的均值偏差。

由上述统计假设的公式可见，RHtest 考虑了气候序列具有长期（线性）变化趋势（β 非零）的情形。这是契合气候变化研究需求的均一化方法层面的重要发展。

作为一个例子，图 12-5 给出上海徐家汇站 1873～2019 年逐月气温距平序列的 RHtest 结果。可见，序列中存在一个贯穿始终的长期增暖趋势，但在 1954 年和 1993 年存在断点。Liang 等（2022）对比该站历史变迁记录后发现，这两年分别调整了气温的观测方案，是上述断点存在的原因。

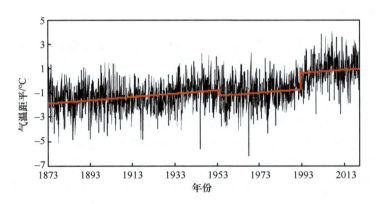

图 12-5　徐家汇逐月气温序列及 RHtest 检测结果（Liang et al.，2022）

红色趋势线中的断点时间发生在 1954 年和 1993 年

近年来，国家气象信息中心发展了多套中国区域台站观测的均一化气候序列集，其大都是基于 RHtest 方法研制的（如 Cao et al.，2016）。

12.2.3　序列均一化的多元分析方法

序列均一化的多元分析方法（multiple analysis of series for homogenization，

MASH）是匈牙利气象统计学家 Szentimrey 发展的一套均一化方法，已建立成熟的软件，因而也获得了广泛应用。软件手册可在匈牙利气象局网站搜索下载（Szentimery，2023）。

MASH 的应用对象是一个气候区域内很多台站的观测序列集。MASH 假设所有序列都可能是不均一的，通过所有序列的相互比较来检测和订正其中的非均一性。每个可用序列的角色（待检或参考）在程序中是逐步变化的。依据待检气候要素的分布特征，可选用加法（如气温）或乘法（如降水）模型。乘法模型也可以通过取对数转化为加法模型。一系列差值序列由待检序列和不同权重的参考序列构成，最优权重取决于差值序列的方差最小化。多变点检测程序考虑了统计检验的显著性和有效性，涉及 I 类误差（检测到错误或者多余的非均一断点）和 II 类误差（忽略了真正的非均一断点）的传统统计计算。

MASH 的结果包括估计的非均一断点和偏差值及相应的置信区间。待检序列是基于断点和偏差估计值进行校订的。把差值序列的统计检验值与 Monte Carlo 随机模拟的分布比较，如果前者超出给定显著水平的随机分布的临界值，则说明存在非均一的断点而需要校订。

MASH 的一个优点在于其假设所有气候序列不必是均一的，而其他方法大都面临如何选择均一的最佳参考序列的话题。另外，很多针对单序列的方法还面临一个难题，即在具有多个变点的情况下，不同的检测和校订顺序可能影响最终结果。MASH 针对所有序列进行对比分析，给出统一的最优检测结果，避免了这个问题。

以风速观测为例，不时需要仪器校订和更新，导致各站风速序列大都存在难以追踪具体原因的非均一性。对于这类资料的均一化，MASH 尤其能发挥独特的优越性。例如，Li 等（2011）运用 MASH 对北京地区各站风速序列进行均一化后，发现近几十年来北京地区风速普遍减弱，并在市区呈现风速减弱中心（图 12-6）。华北一带风速普遍减弱反映了大尺度气候变化，而北京市区由于城市化发展，风速减弱更剧烈，相比大尺度变化有 20%的额外减弱趋势。由图 12-6 还可见，未经均一化的原始观测资料难以呈现合理的风速变化格局。

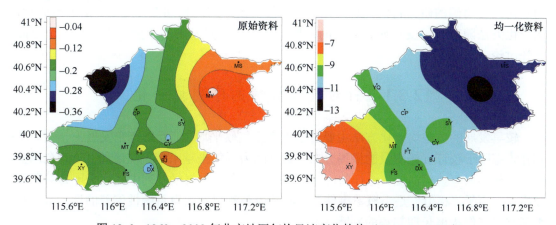

图 12-6　1960～2008 年北京地区年均风速变化趋势（Li et al.，2011）

左为原始观测、右为均一化资料计算的结果；色标数值单位为 m/（s·10a）

最近 MASH 也发展了类似 QM 的校订方法（Szentimrey，2023）。这对于逐日气候要素序列的均一化而言是必要的。Li 等（2015a）在研制北京地区均一化的逐日降水序列集时，在 MASH 的均值校订基础上运用了分布校订，这是有益的尝试。

MASH 已被应用于很多区域气候要素序列集的均一化，包括中国区域的气温（Li and Yan，2009）、北京地区的风速（Li et al.，2011）和降水（Li et al.，2015a）等。基于 MASH 的均一化气候序列集改善了区域气候变化研究的数据基础，正得到越来越广泛应用。

12.2.4　更多可用于均一化的统计检测方法

检测气候序列非均一断点的方法还有很多，这里仅列举两个统计检测方法[已被列入世界气象组织（WMO）推荐的方法，详情参见唐国利（2020）]。

Buishand 范围检验：该方法的统计量见 9.7 节。若气候序列是均一的，该统计量在零值附近波动；如在时间点 K 存在序列均值的跃变性偏差，则该统计量在 K 点达到最大值（负偏差）或最小值（正偏差）。该方法曾用于欧洲气温和降水序列的均一化。

Pettitt 检验：如 9.5 节所述，该方法是一种非参数秩序检验。如果气候序列在时间点 E 附近发生异常大的变化，则其统计量在 E 附近达到最大或最小。Li 等（2020）在分析中国区域相对湿度序列的非均一性时，曾用该方法帮助判断序列中的断点时间。

12.3　进一步的均一化方法发展

气候序列的均一化与一般的气候资料质量控制（quality control，QC）是有本质区别的。QC 是更为基础的、普适的资料处理过程，目的是消除错误资料。例如，北京市观象台日平均气温不可能低于−50℃，通过 QC 即可消除类似的错误记录。

而均一化的对象，即某个气候变量的时间序列，在某种意义上是不存在错误记录的。同样以北京市观象台为例，该站在 1981～1997 年位于西三环观测到的温度记录与其前后时期的记录相比，存在系统性的偏差，但并不是说该段时期的记录是错误的。均一化具有明确的研究目的，如更客观地评估气候序列之长期变化趋势。正因为如此，均一化方法随着气候变化研究需求的发展，还有进一步发展的必要。下面从三个方面展开讨论。

12.3.1　针对气候极值的序列均一化

较早发展的一些均一化方法主要着眼于订正气候平均态，而近年来发展的一些方法则开始着眼于校订气候变量的概率分布。这是因为近年来越来越关注诸如"随着全球变暖各地极端天气如何演变"这样的问题。极端天气在一个气候序列中往往表现为某种气候极值。由于"极值"是小概率事件，因此某段观测记录出现系统性偏差的话，就会严重影响对气候极值长期趋势的判断。

近年来，学术界针对气候极值问题发展的均一化方法包括：HOM（Della-Marta and Wanner，2006）、HOMAD（Toreti et al.，2010）、SPLIDHOM（Mestre et al.，2011）、RHtest 之 QM 校订方案等，其中一个关键环节就是：考虑（逐日）气候要素的概率分布特征来制定均一化方案。

为理解观测系统变更不仅可能导致气候平均态被歪曲，还可能导致气候极值被歪曲，可以设想如下例子：某观测站从山下搬到山上后，一般说来气温平均值将有所降低，而记录到的天气波动将有所增强。这就会导致长期序列中看起来极端偏冷记录有一个明显的增多趋势，而极端偏暖记录却没有同样明显的减少趋势。图 12-7 是一个台站迁址到较高山地而导致逐日气温波动增强的实例。

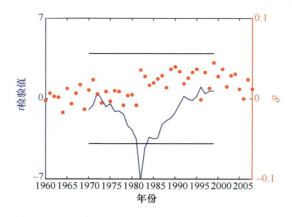

图 12-7 1960～2008 年青海省河南站与参考站华家岭站之间冬季平均的 4 天尺度小波谱功率差值序列（红点）和相应的滑动 t 检验（蓝线，$n_1 = n_2 = 10$）及其 $\alpha = 0.001$ 的阈值线（黑线，±3.92）

（Li et al.，2014）

红色箭头指出该站 1981 年迁至更高山区后天气波动强度增强

由图 12-7 可见，青海省河南站于 1981 年迁至更高山区后，天气尺度的波动强度相对于周边未经变更的华家岭站观测而言，呈现跃变性的增强。可见，气象观测系统变迁所引起的气候序列非均一性，不仅可能导致气候均值的偏差，还可能导致天气波动强度的偏差，而后者将直接影响气候极值（对应寒潮、热浪等极端天气现象）的变化趋势估计。

通过"方差校订"，可在一定程度上解决上述问题，也可被视为一种"均一化"的手段。例如，世界上最长（回溯至 18 世纪早期）的逐日器测气温序列之一，英格兰中部气温序列（CET）就经过这样的校订。根据 Parker 等（1992）的研究，1878 年后 CET 是由英格兰中部三个气象站的气温序列平均得到的，而早期各站记录都不完整，只能由 3 个站的观测拼接而成，相当于单站序列。单站气温序列的方差大于同区域多站平均序列的方差，这是气象界常识。为了使 1878 年前后两段序列可比，对早期序列的方差进行校订，使之等于后期序列的方差。这在一定程度上改善了 CET 的非均一性。

然而，方差校订并未完全解决问题。其原因在于不同尺度的气候变率在不同站点的差异是不同的。例如，在近百年尺度上，北京的气温变化趋势甚至可与上海相一致；但到天气尺度，近邻如京津者，也可能存在相当可观的位相差。因而，多站平均的后果是，短期的逐日天气波动被大大平滑，但那些较长期的气候波动和趋势则较少受影响。上述 CET 例子中，1878 年后的三站平均序列实际上主要减弱了逐日天气波动而几乎不影响长期气候波动。但方差校订却是相当于把 1878 年前所有尺度的天气和气候波动都以同样的程度减弱了。这就人为地引进了新的非均一性。通过小波分解，可以看出 CET 序列中的逐日天气波动的强度在 1878 年前后有一个减小的跃变，如图 12-8 所示。这个结果和上述理论预期完全一致。

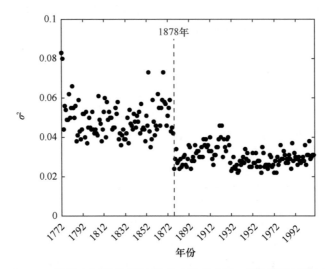

图 12-8　1772～2010 年 CET 序列中年平均逐日变率（代表小于 3 天时间尺度的天气波动强度）的非均一性（Yan and Jones，2008）

　　显然，人为处理资料中出现的问题（也相当于一种"观测系统变更"），导致 CET 序列中 1878 年前的逐日变率普遍偏强，可能造成该时期极端天气事件虚假的偏多。由于极端事件是小概率的，人为引入的偏差将严重影响关于近代气候极值演变的判断。

　　Li 等（2014）的研究表明，即使是国际上近年来针对气候极值而发展的一些均一化方法，也不能完全解决上述问题。因此，他们提出基于小波分析，考察不同时间尺度气候变率来进行气候序列的均一化。以青海省河南站（HN）为例，利用小波分析分别对 HN 原始和 4 套"订正"序列（分别基于 MASH、TPR、HOM 和 QM 四种方法）及参考站华家岭站（HJL）的序列进行分析，并对各季节各尺度 HN 和 HJL 间的小波谱功率差值序列做滑动 t 检验（$\alpha = 0.001$）。

　　由图 12-9 可见，不论是原始序列，还是"订正"序列（QM 除外）中，HN 站和 HJL 站冬季波谱功率差值序列之第 1～5 个尺度的变率都在 1981 年存在显著的断点。这表明尽管 MASH、TPR 和 HOM 方法从均值或高阶矩角度对原始序列做了均一化订正，但这些方法并未能确切地刻画非均一性对不同时间尺度天气波动的影响。也就是说，即使基于现行的一些均一化方法得到均一化序列，在特定时间尺度变率上仍然是不均一的（1981 年迁址造成的天气变率增强的断点犹在）。基于 QM 订正的序列，其天气变率不再有显著的断点。

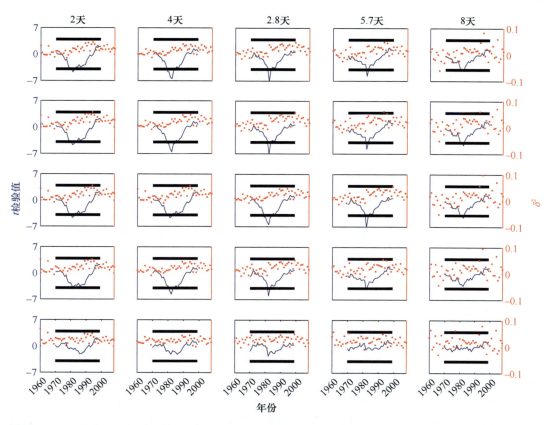

图 12-9　HN 站和 HJL 站冬季气温序列的不同尺度波谱功率差值序列（红点）及其滑动 t 检验（蓝线，$n_1 = n_2 = 10$）和 $\alpha = 0.001$ 的阈值线（黑线，±3.65）（Li et al., 2014）

对上述三种传统方法（MASH、HOM、TPR）获得的 HN 站均一化序列，进行小波变率订正后，计算了 1960~2008 年逐年的极端热天、冷天、热浪、寒潮发生频次序列及其与参考站的差值序列。结果表明，经小波订正后，热天、冷天发生频次的差值可达 -8~2d/a；热浪、寒潮发生频次的差值可达 -2~1 次/年。这说明基于小波分析的均一化是有效的，其结果可以改善对极端天气气候趋势的估计。

综上所述，有必要进一步检验和校订一些传统方法所得的"均一化"逐日气候序列，因为其中的天气变率仍可能存在非均一性。这对于极端天气气候变化研究是尤其重要的。

12.3.2　多要素协同的均一化方法

前面介绍的均一化方法，都是针对某个特定的气候要素序列而发展的。例如，针对逐日平均气温（T_m）的观测序列所做的均一化分析，仅考虑该序列中是否有某一段子序列相对于其前后子序列存在系统偏差，并不考虑 T_m 与其他变量之间的物理关系。然而，在实践中会发现，某个要素序列被校订后，其与其他要素的物理关系可能被颠覆。

例如，一个站观测到的日最低气温（$T_{\min}$）、日最高气温（$T_{\max}$）以及 T_m 之间必然存在如下物理关系：$T_{\max} > T_m > T_{\min}$。然而，对中国区域一些站点 $T_{\max}$、T_m 和 $T_{\min}$ 观测序列分别进行均一化，可以发现，$T_{\min}$ 在统计学上相对而言较为稳定，从而观测系统变更易造成 $T_{\min}$ 序列呈现显著的非均一性；而同样的系统变更却没有在 $T_{\max}$ 序列中造成显著的非均一性；这样一来，均一化将改变某段时期的 $T_{\min}$ 观测值，却不改变同时期的 $T_{\max}$ 观测值。在某些特殊情况下（如该时期内有几天阴天 $T_{\min}$ 和 $T_{\max}$ 的观测值本来就非常接近），均一化序列中某些日子 $T_{\min} > T_{\max}$，这在物理气候学上显然是错误的。

均一化后日值、月值气温记录中出现上述物理矛盾（PI），这是一个普遍的问题。例如，Li 等（2015b）运用 MASH 方法，发展了均一化的中国 545 站 1960 年以来的逐日 $T_{\max}$、T_m 和 $T_{\min}$ 序列集。结果表明，263 个台站中共计有 4409 天 PI，占记录总数的 0.04%。又如，国家气象信息中心发布的基于 RHtest 的 1951～2010 年 825 站逐月 $T_{\max}$、T_m 和 $T_{\min}$ 序列集中，共计有 205 个月出现 PI，占全部月份的 0.035%。在其日值序列集中，该比例更大。

针对均一化气温要素间的 PI 问题，Li 等（2015b）提出了一套解决方案，即保持三个气温变量序列中均一化校订值幅度最小者不变，其他两个变量的校订值减半。重复此过程，直到 PI 消失，从而确保均一化序列集内 $T_{\max} > T_m > T_{\min}$ 的物理关系成立。

为帮助理解 PI 修正方案，这里以陕西省武功站（WG）1960 年 8 月和河北邢台站（XT）1960 年 1 月逐日 $T_{\max}$、T_m 和 $T_{\min}$ 为例。图 12-10 展示了原始序列，基于 MASH 订正的均一化序列及 PI 修正后最终的均一化序列；基于 MASH 估计的非均一性记为 inhom1，即原始序列减去 MASH 的均一化序列；最终估计的非均一性记为 inhom2，即再减去 PI 修正后的最终序列。图 12-10（a）显示 1960 年 8 月中旬有几天观测的 T_m 与 $T_{\min}$ 非常接近，应是多云或阴天所致。MASH 订正后，图 12-10（c）表明有 14 天出现 $T_m < T_{\min}$。图 12-10（g）显示 MASH 估计的 $T_{\max}$ 的非均一性很小（0～0.11℃）；T_m 的非均一性则在 1.15～1.90℃，而 $T_{\min}$ 的非均一性也较明显但为负值（−0.71～−0.41℃）。这表明 MASH 可能高估了该月 T_m 和 $T_{\min}$ 的偏差。为保持逐日气温记录的物理关系的一致性，把 MASH 估计的该月 T_m 和 $T_{\min}$ 的偏差绝对值减半。重复该过程，直到该月 3 个气温日值满足物理关系为止。图 12-10（e）显示了最终的均一化序列，PI 问题不复存在，同时还保持了这些天的多云或阴天所应具有的"最高温与最低温较为接近"的天气特征。

另外一个例子，XT 站[图 12-10（b）、图 12-10（d）、图 12-10（f）、图 12-10（h）]原始序列中，1960 年 1 月 17～20 日 T_m 和 $T_{\min}$ 非常接近，表明阴天的天气特征。经过 MASH 订正后，这 4 天 $T_{\min}$ 高于 T_m 甚至 $T_{\max}$[图 12-10（b）]。基于 MASH 估计的该 T_m 月的非均一偏差（−1.27～−1.07℃）和 $T_{\min}$ 偏差（−2.80～−2.52℃）为负值，而 $T_{\max}$ 偏差为较小的正值（0.51～0.69℃）。把 T_m 和 $T_{\min}$ 的偏差估计绝对值减半，直至 PI 消失，结果也保持了原有的阴天气温特征[图 12-10（f）]。

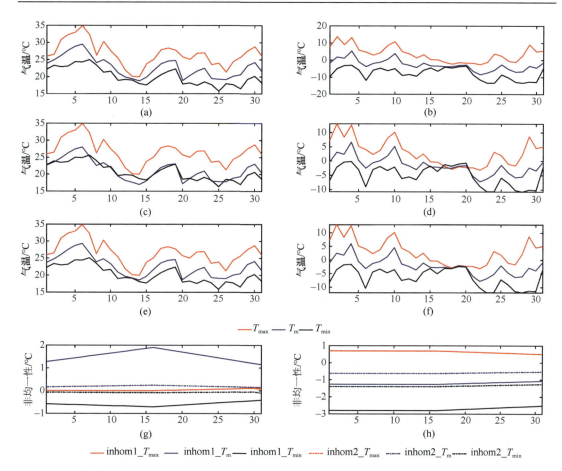

图 12-10　原始序列[（a）和（b）]，基于 MASH 订正的均一化[（c）和（d）]以及 PI 修正后最终的均一化[（e）和（f）] T_{max} / T_m / T_{min} 逐日记录（红/蓝/黑）（Li et al.，2015）

（a）、（c）、（e）、（g）为 1960 年 8 月陕西武功站；（b）、（d）、（f）、（h）为 1960 年 1 月河北邢台站。（g）和（h）分别为 MASH 估计的非均一偏差（inhom1）和最终的非均一偏差（inhom2）

　　从上述两个案例可见，一般而言，某些特殊天气条件下三个气温值很接近时（阴天或者多云的情况），单要素订正后容易出现物理不一致。尽管少量物理不一致的校订对于大尺度区域平均气候趋势的估计几乎没有影响，但无疑改善了气候序列集的内在物理关系，也为考虑多要素间的物理约束、发展多要素序列协同的均一化方法提供了借鉴。上述校订思路也被应用于国家气象信息中心基于 RHtest 方法发展的我国 2419 站气温序列集中（Cao et al.，2016）。

　　总之，考虑多要素之间的物理约束，发展多要素序列协同的均一化方法，是从根本上解决 PI 问题的关键。这是均一化方法发展面临的一个难题，也是该领域取得突破性进展的一个方向。

12.3.3　均一化结果的不确定性

　　首要需要肯定的是，不论利用何种方法，经过均一化处理的气候序列总比原始数据更确切地反映真实气候变化。这是因为一般来说，不同方法都能检测并校订那些较大的非均一偏差。不同方法的分析结果不同，主要体现于那些较不明显的偏差的判别和校订。

然而，毕竟不同方法所产生的均一化气候数据是有差异的。甚至，基于同一个方法，应用者设定的统计显著性检验标准以及参考序列的选择标准都可以有所不同，从而所得的均一化数据也会有所不同。这是统计分析结果固有的不确定性。这种不确定性究竟有多大？应用于气候变化的研究后会有何影响？我们先通过下面的案例分析来做一判断。

Li 等（2016）对比了基于 MASH 的中国均一化气温序列集（CHTM3.0）和国家气象信息中心发布的基于 RHtest 的序列集（CHHTD1.0）。选用两个序列集共有的 751 个台站的气温序列，对比发现，基于 RHtest 检测的断点较少，但估计的非均一偏差及相应的序列变化趋势修改量较大；而基于 MASH 的数据集展示了更为合理的大尺度气候变化结构（图 12-11）。图 12-11 左列的原始 T_{max}、T_m、T_{min} 序列的趋势分布中，存在很多与周边相差甚大的单站趋势；中列基于 RHtest 的均一化序列的结果中上述问题有所改善；而右列基于 MASH 的结果则充分展示了我国的大尺度气候变暖格局：北方变暖显著而南方部分地区变暖较缓。

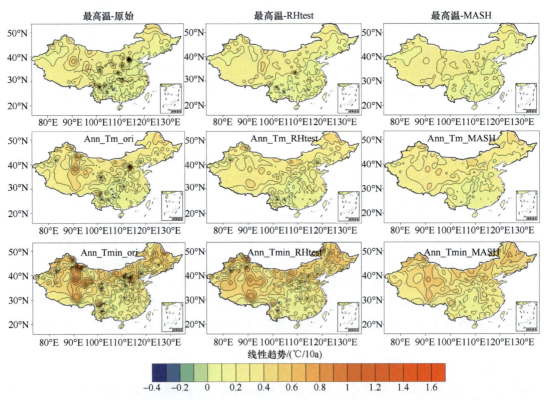

图 12-11 1960～2013 年原始数据集（左）、CHHTD1.0（中）、CHTM3.0（右）的 751 站年均 T_{max}（上）、T_m（中）和 T_{min}（下）线性趋势分布（Li et al.，2016）
蓝空心点：降温不显著；蓝实点：降温显著（$\alpha = 0.05$）

上述两套均一化数据集差异的原因包括：

（1）不同的参考站选择。MASH 应用了更多的周边参考站（一般设置为最近的 9 个站），有助于保持较大尺度的区域气候信号。

（2）不同的订正量计算。RHtest 的订正量较大，部分原因在于利用了较为局地化的参考信息。

（3）不同的断点判断原则。在 CHTM3.0 数据集中 MASH 检测的所有显著断点都订正了，而在国家气象信息中心的数据集中 RHtest 检测到但没元数据支持的一些断点未校订。

综上所述，不同作者基于不同方法获得的非均一断点及偏差估计的大小都可以有所不同。均一化无疑改善了原始数据的品质，但通过了解均一化结果的不确定性，有益于更好地应用均一化的气候数据。

那么，能否通过某种方法减小统计分析本身产生的不确定性，使均一化的结果更稳定呢？有研究者采用多种方法检测非均一性，然后采取某种综合平均结果。另一种做法是运用不同方法对一套资料进行多重均一化（Argiriou et al., 2023）。这些做法都带有主观性。如何发展客观的方法，以消除统计方法本身带有的不确定性是值得探讨的问题，特别是对于降水要素序列的均一化是一个难题。与气温等要素序列相比，降水具有更大的天气气候变率，导致其均一化结果也具有更大的不确定性。这在一定程度上也是人们易于忽视降水序列均一化的原因。一个可能的解决途径是：根据要素序列内在的随机性，进行某种集合均一化分析。

总之，均一化是运用气候资料开展气候变化分析的必要环节。均一化的气候资料能更合理地反映气候变化事实。随着气候变化研究的需求日益更新，均一化方法还有多方面的发展潜力。

12.4　基于均一化资料重新评估近百年中国气候变暖

工业革命处来，全球气候显著变暖。根据最新的全球表面温度观测数据集（Xu et al., 2018）估计，1900～2017 年全球陆地平均气温上升趋势约为 1℃/100a；全球变暖更稳定地体现于海洋（Cheng et al., 2019）：1958～2018 年全球海洋上层 2000m 热含量显著增长并于 20 世纪 90 年代后加速。同期全球冰川、积雪和海冰总体减少，春夏物候普遍提前，多角度反映了近代全球气候变暖的事实。

然而，全球变暖并非到处同步变暖。一般说来，大陆变暖甚于海洋，中高纬陆域变暖甚于低纬地区。例如，西伯利亚到蒙古国一带的北亚大陆就是近百年变暖最剧烈的区域之一，达 2℃/100a 以上（Zhao et al., 2014；Wang et al., 2018）。不同区域生态系统对于气候变暖的响应敏感性有所不同，因而区域气候变化的大小快慢会影响当地的应对决策，定量评估区域气候变化是有益且必要的。

中国地处欧亚大陆东端，主要呈大陆性气候特征。特别是该区域气温年际变率大，主要受控于来自上游的北亚大陆冬季风之强弱变化。近百年北亚大陆增暖剧烈，无疑会极大地影响中国气候变暖趋势。然而，在早期的气候变化国家评估报告（《气候变化国家评估报告》编写委员会，2007；《第二次气候变化国家评估报告》编写委员会，2011）中，近百年中国气温变暖仅为 0.5～0.8℃/100a（延伸至近年也仅约 0.85℃/100a），甚至小于以海洋表面温度变化为主的全球平均变暖速率。

近年来，随着更多观测资料分析，特别是气候序列均一化方面的进展，越来越多研究发现，近百年中国气候变暖趋势远甚于全球平均水平。下面简单介绍这一研究历程，以帮助理解气候序列均一化的重要性。

12.4.1　早期研制的中国百年气温序列

构建中国百年尺度气温序列的研究可回溯至 20 世纪 80 年代。其中的困难主要是由于 20 世纪 50 年代前的观测资料匮乏。作为早期研究的代表作，张先恭和李小泉（1982）把气温观测资料分 7 个区处理并转化为气温等级序列。分区域等级化处理的做法缓解了早期观测资料匮乏的困难。然而，等级处理带有主观性。更重要的是，如果某时段个别站点气温记录存在偏差，特别是战乱期间资料缺失严重的情况下，区域等级化处理有可能放大该时段的区域序列偏差。

王绍武等（1998）进一步综合利用多种资料进行分区分时段处理。把中国分为 10 个区，分别构建区域气温距平序列，再通过区域面积加权获得中国序列。各区域根据观测资料情况在不同时期用到气温等级资料，以及冰芯、树木年轮和历史记载等代用资料。这种分区分时段处理的方法，有利于更充分地利用近期器测资料的定量化优势。然而，对于百年气候变暖的趋势估计而言，不确定性主要源于早期气温等级和代用资料的运用。

21 世纪初以来，随着气候观测数据插补技术的发展，涌现出越来越多的格点化气候数据集。有研究者（唐国利和任国玉，2005；唐国利等，2009）把站点气温观测转化为 5×5 经纬度格点气温距平序列，进而通过格点面积加权平均，形成中国气温序列。相比区域化，格点化也在一定程度上缓解了早年观测站点稀疏的缺陷。从技术层面而言，格点化方法更客观，更易于检验改进。然而，如果站点记录存在偏差（特别是早年站点稀少的情况下），格点化同样可能放大其影响。

上述早期研制的多个中国百年气温序列，都没有对原始资料进行均一化处理。尽管不同研究者的资料处理方法不同，导致结果在细节上有所差异，但其长期趋势和波动特征却十分相近。特别是 20 世纪 40 年代前后各序列都异常偏暖（图 12-12）。这一早期"偏

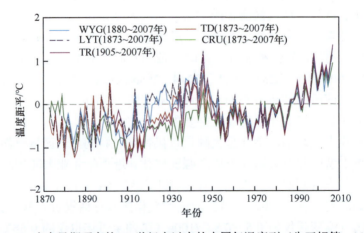

图 12-12　多个早期研究的 19 世纪末以来的中国气温序列（朱亚妮等，2022）

20 世纪 40 年代为异常偏暖峰值

暖"期的存在，导致对近百年序列的长期趋势的低估。虽然有研究述评指出了其中的不确定性（丁一汇和王会军，2016），但早年的气候变化国家评估报告还是采用了这些早期研究结果，即中国近百年气温上升趋势为 0.5～0.8℃/100a。

12.4.2　基于均一化观测的中国百年气温序列

20 世纪 80 年代后，学术界开始广泛重视气候序列的非均一性，因其可能严重影响近代气候变化趋势之评估。一个代表性进展就是 90 年代欧盟耗资数百万欧元支持的 IMPROVE 项目，多国协作研制了西欧十几个长期（回溯至 18 世纪）气象站的逐日气温序列集，为后续研究提供了一套难得的资料基础（Camuffo and Jones，2002；Yan et al.，2002b）。

针对中国早期观测问题，20 世纪 90 年代初中国科学院曾与美国能源部合作，筛选整编了一套中国 60 站长期气候观测序列集（Tao et al.，1991）。这套资料包括台站观测历史变迁记录，就是要用于校订观测序列中的非均一性。但由于种种原因，该项合作并未产生一套均一化的长期气温序列集。Yan 等（2001b）运用这套资料，对北京、上海两站的长期逐日气温序列进行了均一化。两站原始序列的近百年以及近几十年趋势都有明显差异，但校订后则趋于一致，这表明在几十年到百年尺度上，位于中国东部的这两地气候增暖趋势相似。注意两站的均一化是以各自周边站记录为参考的，两站的参考资料没有交集。这说明均一化消除的是原序列中的局地偏差，其结果则更好地反映了大尺度的气候变化。

近年来，随着更多中国早期气象观测资料的收集和整编，Cao 等（2013，2017）发展了一套均一化的中国 32 站长期逐月气温序列集。作者利用迄今最完善的台站历史资料，运用 RHtest 对各站气温序列进行均一化。考虑到软件应用中一些人为规则可能导致部分站点序列中的非均一性没得到充分的校订，Li 等（2018）运用更偏重客观统计检验的 MASH 方法，对该序列集进行进一步校订。如图 12-13 所示，不同作者和方法的校订结果有所差异，但基于均一化的气温序列集所估计的中国长期气温趋势却相当一致，为 1.3～1.7℃/100a。

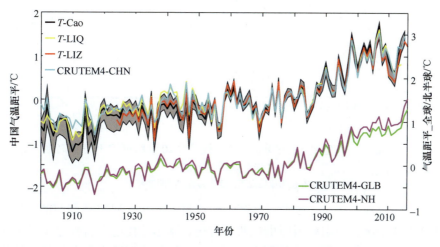

图 12-13　基于均一化观测资料计算的多个中国气温序列，对比全球和北半球陆地气温序列（严中伟等，2020）

阴影代表中国序列的 90% 置信区间

　　图 12-13 中给出了 Cao 等（2017）研究的序列的 90% 置信区间，其是根据 Wang 等（2018）的方法计算的，主要反映站点稀少所致区域均值的不确定性。由图 12-13 可见，早期由于站点资料较少，序列的不确定范围较大；其他作者所得的序列除了早期个别年份外也都被此不确定范围覆盖。根据 Cao 等（2017）的研究，1951 年以来用 32 站和 2419 站计算的中国气温序列相关系数达 0.99，只是前者的部分年际变率略大。这说明由数十站均一化气温序列计算的中国百年气温序列具有相当好的区域代表性。

　　由图 12-13 还可见，近百年来中国气温变化与全球或北半球陆地平均气温变化相当一致，即总体呈上升趋势；20 世纪 40 年代前后有一个微弱偏暖的波动。然而，早期研究的中国气温序列则有一个共同的醒目特点，即 40 年代气温显著偏高。那么，40 年代中国是否普遍偏暖呢？

12.4.3　20 世纪 40 年代中国并不普遍偏暖

　　近年来越来越多研究表明，20 世纪 40 年代前后，中国区域并不普遍偏暖，最关键的论据就与长期气温观测序列的非均一性有关。中华人民共和国成立伊始，各地处于城乡发展进程中，很多气象站从市区迁至郊区。这导致迁址前观测的气温很可能相对偏高。气象站迁址还伴有观测仪器更新和观测规则变更等多种变化，这些变化可加剧或抵消上述观测偏差。在 Cao 等（2017）分析的 32 个长期观测站中，有 13 个站经历了上述"迁址"效应。运用 RHtest 方法进行均一化后，这些站的早期气温记录大都有所降低。如图 12-14 所示，西宁站和酒泉站的情况就是如此，消除早年记录的暖偏差后，这两个西北地区的站点序列呈现出相当一致的长期变暖趋势。基于均一化资料的中国百年气温序列中也就不再有"20 世纪 40 年代暖峰"。

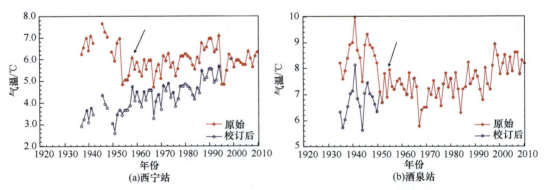

图 12-14　典型站气温序列的非均一性导致 20 世纪 40 年代虚假高温

（朱亚妮等，2022）

红色为原始观测；蓝色为校订后的序列

　　鉴于早期气象观测稀少，参考一些基于代用资料的相关研究是有益的。郑景云等把中国大陆分为 9 个区，分别利用历史记载、树轮、冰芯等代用资料构建了过去 150 年来的气温距平序列。结果表明，很多区域 20 世纪 40 年代前后确实存在年代际的相对偏暖波动，但各地偏暖的时间有所不同，甚至有的区域（如华南）40 年代偏冷（Zheng et al.,

2015）。因而，大范围平均的中国气温不可能呈现一个突出的 40 年代偏暖波动。

运用独立于气温观测的其他气候要素分析，也有助于理解区域气温变化的合理性。童宣等（2018）利用全球格点化的海平面气压场，计算了中国及周边区域的地转风场，并结合格点化的气温观测资料计算了冬季温度平流格局。结果表明，20 世纪 40 年代前后，从中国东南部到西北大部分区域以偏暖平流为主，但从蒙古国到中国东北一带则以偏冷平流为主。这有助于理解同期东北到华北部分区域偏冷的气温分析结果。

近年来发展的"北极暖大陆冷"的理论（Cohen et al.，2014）旨在诠释 1998 年以来北极持续变暖而中纬度一些陆地区域"变暖停滞"。北极偏暖常对应绕极西风环流经向度增强[也即北极涛动（AO）偏弱]，从而极地冷空气活动更易于波及某些陆地区域。事实上，1998 年以来中国东北一带冬季确实存在降温趋势（Li et al.，2015a）。20 世纪早期至 40 年代北极附近区域变暖较明显，或致 AO 减弱（Zeng et al.，2001；龚道溢和王绍武，2003），由此亦可理解当时中国部分区域或有偏冷的事实。

值得注意的是，20 世纪 40 年代前后全球气候呈现相对偏暖波动，大西洋多年代际振荡（AMO）和太平洋年代际涛动（PDO）也处于正位相，表明大洋涛动可能是 40 年代偏暖的直接原因（丁一汇和王会军，2016）。Gao 等（2015）对比分析了观测的和海表温度（SST）强迫大气模式模拟的陆地气温变化，发现 AMO 和 PDO 正好对应陆地气温变化的两个主分量；其中 AMO 正位相期间欧亚大陆包括中国大部偏暖，但 PDO 正位相期间中国有部分区域偏冷。40 年代前后 AMO 和 PDO 都处于正位相，或许其共同作用导致当时中国并非到处偏暖。

12.4.4　城市化加剧局部增暖但对全国平均趋势的影响小

近几十年来，中国经历了快速的城市化发展。尤其是 21 世纪初的十多年内，中国土地利用变化方式以建设用地扩张为主，面积增加 2.46 万 km^2（刘纪远等，2018）。显然，相对于国家尺度而言，城市化占比很小。因而，如果气象站观测受到城市化影响，就需定量判断这类局地信号，才能确切评估大尺度气候变化。相对于大尺度气候变化而言，城市局地观测序列中的"额外"变暖趋势可被视为一类特殊的非均一性。

城市化对观测的气温变化趋势的贡献究竟有多大？迄今已有很多研究，但结论却有很大差异。从一些综述性讨论（Yan et al.，2016）可见，不同研究的地点、时段、方法、资料都各有不同，导致很多结果难以直接比较。

就中国百年变暖趋势而言，Zhao 等（2014）利用统计分析发现，其主要是由大尺度气候变化包括大气环流的演变所致，贡献在 80%以上。进而他们根据人口规模划分不同城市化程度的站点，对比分析后认为，平均而言，城市化效应对中国东部观测到的增暖贡献应在 20%以下。一些研究通过对比近几十年城乡站点观测序列，认为在部分城市站观测到的增暖趋势中城市化效应的贡献可达 20%以上（Ren et al.，2007，2015）；但 Wang 等（2015）考虑城市站代表的范围很小，指出中国区域平均的增暖趋势中城市化效应的贡献不足 1%。

值得注意的是，很多研究者选取所谓的"乡村站"作为大尺度气候变化的背景代表站，由此估算的城市化增暖效应往往都较大（因为有的"乡村站"近几十年几乎没有变暖趋势）。然而，这些"乡村站"并不能代表大尺度气候变化。部分这类站点气温序列由于非均一性而存在变冷的趋势偏差（Peterson，2003）。国际学术界曾提出"观测减再分析"（OMR）的办法消除大尺度气候变化背景（Kalney and Cai，2003）。Wang 等（2017a）利用该方法消除各站的大尺度气候趋势场，然后再利用残差气温记录，结合遥感观测的站点周边城市覆盖度进行回归分析，结果表明，近几十年来城市扩张对中国东部观测的日最低温趋势的贡献约 9%，而对日最高温趋势则几乎没影响。

城市化效应或许在一些极端气温指标的变化中更明显。观测分析表明，城市化可能加剧了近几十年城市群区域的高温热浪。一些模拟研究则为此提供了机理认识，如 Wang 等（2017a）利用高分辨区域模式模拟 2013 年华东超级热浪时发现，城市热岛与热浪天气之间存在正反馈。注意热浪天气往往有利于气溶胶消散，因而能更直接反映城市下垫面效应。

12.4.5　小　　结

在评估近百年中国气候变暖的研究历程中，一个关键进展是近年来研发了一系列均一化的长期气温观测序列集，由此估算的近百年中国气温上升趋势在 1.3～1.7℃/100a。

早期研究没有考虑气候序列的非均一性，特别是 20 世纪 50 年代前后很多气象站迁址等观测系统变化，导致部分站点此前的观测气温偏高，从而导致所得的中国序列都存在一个夸张的"20 世纪 40 年代偏暖"。正是这个虚高的 40 年代偏暖期，才导致对百年变暖趋势的严重低估。

从上述中国百年气候变暖的研究进展不难认识到，可靠的长期观测序列无疑是气候变化研究的重要基础。近年来，针对中国早期观测资料问题而开展的气温序列均一化取得了重要进展，但仍有必要发展更多分辨率更高的均一化的长期气候要素观测序列集。这不仅有助于定量评估区域气候变化特别是极端天气气候变化趋势，也为深入理解区域气候变化机制及其全球联系提供了恰当的数据基础。

思　考　题

均一化的主要目标问题是气象序列由于观测系统变更等而呈现的阶段性偏差。然而，城市化效应往往是缓变的，可能导致台站序列有一个额外的缓变趋势。是否应该把这类趋势性偏差作为非均一性加以校订？请说明"是"或"否"的理由。

第 13 章　气候变化的检测归因

　　气候变化的检测归因是政府间气候变化专门委员会（IPCC）历次评估报告的重要组成部分，旨在回答气候变化或极端天气气候事件是否以及多大程度受气候系统外强迫（特别是人类活动）影响的科学问题。2021 年的诺贝尔奖获得者包括两位在检测归因领域作出重要贡献的先驱，进一步提升了学术界对于气候变化检测归因的关注度。检测归因研究的结果表明，人类活动排放的温室气体是全球变暖的主要原因。正是基于该结论，后续达成了一系列国际协定，旨在减少温室气体排放以控制全球变暖。近年来，中国政府积极应对气候变化，特别是提出"推动绿色发展，促进人与自然和谐共生"的愿景和"积极稳妥推进碳达峰碳中和"的发展路径。相应地，国家重点研发计划曾设立多个有关气候变化的检测归因研究项目，旨在为国家决策充实科学基础。本章简单介绍检测归因的基本概念，并分别介绍长期气候变化的归因和单次极端事件的归因这两大类归因研究的一些常用方法。

13.1　检测归因的概念

　　本章所谓的"检测归因"是根据 IPCC 第五次评估报告第一工作组给出的定义（Bindoff et al.，2013），源自 IPCC 指导性文件的术语（Hegerl et al.，2010）。

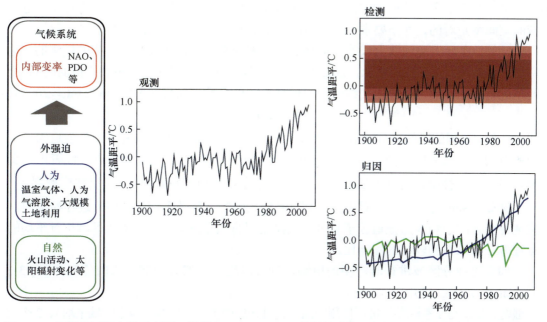

图 13-1　检测归因概念的示意图（根据 Hans von Storch 的课件改编，已用于《第四次气候变化国家评估报告》）

观测的气候变量既可能受到气候系统内部变率[如北大西洋涛动（NAO）、太平洋年代际振荡（PDO）等]的作用，又可能受到人为和自然强迫的影响。气候变化的检测是证明气候（或者受气候影响的系统）在某种统计意义上已发生变化的过程，但并不提供这种变化的原因；如果能证明观测到的某种变化不太可能只是由内部变率随机产生的，就可以说这种变化被检测到了（图 13-1）。

归因是在某种给定的统计信度下估算对某一变化或某一事件起作用的多种可能（外强迫）因子的相对贡献的过程（图 13-1），这和通常理解的"找原因"是不同的概念（钱诚和张文霞，2019）。检测归因的目标是检测并量化由外强迫引起的变化，识别人为和自然强迫对气候变化的相对贡献。归因比检测复杂得多，既有统计分析又有物理理解。

下面分长期气候变化的归因和单次极端事件的归因两类研究，分别介绍各自的归因方法。

13.2   长期气候变化的归因方法

13.2.1   基于气候模式和最优指纹方法

基于气候模式的检测归因方法中有非最优和最优两种方法。非最优方法是简单地比较观测和气候模式模拟的仅有自然强迫、既有自然强迫又有人为强迫下的响应，当观测的变化和包含人为强迫时的模拟一致，而与不包含人为强迫时的模拟不一致时，则定性地认为人为强迫在起作用。但是这种方法假定了模式模拟的对所有外强迫的响应都是正确的。这个假定太强，大部分的归因研究不用这个方法。

国际上目前主流的检测归因研究是用最优指纹方法，它假定模式模拟的对外强迫响应的空间型是对的，并不要求模式模拟的量级和观测一样。只要空间型对了，量级是可以调整的；实际上通过放大或缩小最终的比例因子是可以得到和观测一样的量级的，这称为归因约束（如 Feng et al.，2022）。最优指纹方法通过把观测和模式模拟的时间–空间型进行一一比对，求解广义线性回归模型的回归系数来实现（Allen and Stott，2003）：

$$Y = X\beta + \varepsilon \tag{13-1}$$

式中，Y 为观测的时间序列或者时空型；X 为模式模拟的对单个或者多个外强迫因子响应的时间序列或者时空型；β 为回归系数（常称为比例因子）；ε 为噪声，代表内部变率。当 β 在某种统计信度下显著大于 0 时，则代表相应的外强迫因子可以被检测到。

例如，Sun 等（2014）对中国东部 1955～2012 年夏季平均气温序列进行检测时，发现外强迫因子和人为强迫因子是可以被检测到的（图 13-2）。这种对大区域进行平均的处理方法可以得到较高的信噪比。

如果再细分区域进行时空型的检测，则可以进一步增强检测结果的信度。图 13-3 是 Qian 和 Zhang（2015）对 1950～2004 年北半球中高纬地区地表气温年循环的大小（季节性强弱、夏季与冬季温差）进行检测归因研究时开展的 1 个空间维（整个区域平均）、2 个空间维（分为南北两个纬度带）和 6 个空间维（分为更小的 6 个次大陆区域）的时空型的检测，从中得出人为强迫可以被稳健地检测出。这表明在这些空间维度上模式模拟的空间型和观测是一致的，人类活动使得北半球中高纬度地区四季趋于不分明，特别是在高纬和东亚地区。

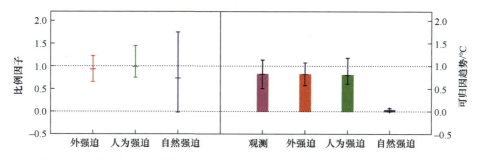

图 13-2　最优指纹方法的检测结果（一维时间序列检测）（Sun et al.，2014）

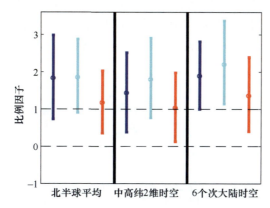

图 13-3　最优指纹方法的检测结果（多维时空型检测）（Qian and Zhang，2015）
"北半球平均"是对北半球中高纬区域平均的一维时间序列进行检测；"中高纬 2 维时空"是对北半球中高纬区域分为高纬度、中纬度两个纬度带的 2 维时空型进行检测；"6 个次大陆时空"是对进一步细分成 6 个次大陆区域尺度的时空型进行检测

　　具体运用该方法的步骤如下：①计算拟进行检测归因的指数；②把观测和模式模拟的指数插值到统一的分辨率（如 5°×5°网格）；③用多模式集合平均代表强迫项，将工业革命前控制试验的等长度切片数据作为内部变率（如果观测有缺测，则把模式数据的时空缺测情况设置成和观测一样）；④计算区域平均的指数进行空间上的滤波，再用 5 年平均序列进行时间上的平滑，如此经过时空滤波处理后的观测数据和强迫项分别为式（13-1）中的 Y 和 X，同样处理后的工业革命前控制试验的数据即为 ε；⑤计算公式（13-1）中的比例因子。

　　上述方法也被用于中国地区气温年循环、冬季和夏季气温长期变化的检测归因研究中，并检测出了人类活动的影响，揭示了外强迫贡献了中国夏季变暖趋势的 100%、冬季变暖趋势的 74%；而人为强迫贡献了中国夏季变暖趋势的 104%、冬季变暖趋势的 100%（Qian and Zhang，2019）。

　　式（13-1）中的 X 也可以是多个外强迫因子，这时假定这些因子的作用是线性叠加的。例如，Sun 等（2016）在 X 中引入了城市化效应的信号，区分了城市化效应和其他外强迫对 1961~2013 年中国变暖趋势的贡献。对于大尺度的气温变化而言，这个假定是成立的，但对于小区域尺度或者其他诸如降水等变量而言，这个假定不一定成立（Bindoff et al.，2013）。这是利用最优指纹方法进行多个外强迫因子联合检测时需要特别注意的。

13.2.2　时间序列方法

由于气候模式存在不确定性[如对于多年代际变率（MDV）的模拟能力不够好]，也有一些研究者在区分外强迫和内部变率引起的气候变化时不用气候模式。例如，通过时间尺度（Schneider and Held，2001；Qian and Zhou，2014；Qian，2016a）或空间型（Thompson et al.，2009）或时空型来区分信号和噪声。尽管用的是不同的假定，但多数研究的结论和最优指纹检测归因是一致的（Hegerl and Zwiers，2011）。

例如，Qian（2016a）用自适应信号处理技术进行 1909～2010 年中国东部区域平均气温的时间尺度分解，得出其中可能和大西洋多年代际振荡（AMO）有关的 60～80 年周期的 MDV 对最近 30 年（1981～2010 年）的快速增温趋势贡献约占 1/3（图 13-4），佐证了人类活动是这段时间中国增温趋势的主要贡献者。

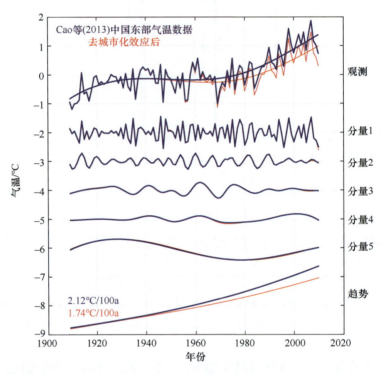

图 13-4　基于集合经验模分解方法分离中国东部区域平均气温长序列的各个时间尺度分量（为便于区分，各分量顺次往下排开，纵坐标并非实际气温）（Qian，2016a）

基于同样的方法，Qian 和 Zhou（2014）发现，在华北干旱化最严重的时段（1960～1990 年），和 PDO 有关的 50～70 年周期的 MDV 主导了这段时间的干旱化趋势（约贡献 70%）。一些研究城市化效应的贡献也用到了时间序列方法。例如，Ren 和 Zhou（2014）通过城市和乡村的时间序列趋势对比的方法，估算了两者的差值所代表的城市化效应对中国区域 1961～2008 年极端气温趋势的贡献。Zhang 等（2021）则用机器学习方法来区分城市站和乡村站，然后用城乡对比的方法估算了全球日平均气温和极端气温中的城市化效应的贡献。此外，一些研究考虑到线性趋势估计本身存在的问题，发展基于非线性趋势的归因方法，进而估算重点城市极端高温事件趋势的城市化效应贡献（Qian，2016b）。

13.3　极端事件的归因方法

由于气候变化的很多影响很可能通过极端天气的形式表现出来，近年来关于人为和其他外强迫对单次重大天气/气候事件影响的定量研究受到越来越多的重视（Bindoff et al.，2013；Stott et al.，2016；Seneviratne et al.，2021；Qian et al.，2022b）。IPCC（2021）第六次评估报告把这种"事件归因"定义为"通过区分人为强迫和自然变率，提供温室气体和其他外强迫已经影响极端天气事件的证据"。这个方向的研究由 Allen（2003）提出，并由 Stott 等（2004）具体实施，即对欧洲 2003 年超级热浪事件开展归因研究。近年来该领域研究发展很快，IPCC 第六次评估报告已总结了全球很多地区极端事件的归因研究，并从中发现人类活动影响的印记（Seneviratne et al.，2021）。

极端事件的归因研究中，问题的提出很关键。目前最常用的一类归因方法是基于风险（概率）分析的方法（Seneviratne et al.，2021；Qian et al.，2022a），它们不是要回答某次事件是不是由人类活动等外强迫引起的，而是要回答外强迫对特定强度以上的这一类事件发生概率的影响[即"可归因的风险（FAR）"]（Stott et al.，2004），或者对类似发生概率的事件强度的影响（Otto et al.，2012）。这种方法被归类为"牛津学派"（Easterling et al.，2016）。其中一个重要的概念就是 FAR，其公式为：$FAR = 1 - P_0/P_1$，P_0 代表没有人为影响下（非现实世界中）事件发生的概率，P_1 代表有人为影响下（现实世界）事件发生的概率。如果 FAR 等于 0.5，则表示有 50%可归因于人为影响。

和 FAR 类似的另一个概念是概率比率（PR）（Fischer and Knutti，2015）。其公式是：$PR = P_1/P_0$。它反映的是人为影响使类似极端事件发生的概率增加了几倍。下面介绍这个基于概率的事件归因方向已有的 4 种研究方法，前两种是基于观测和再分析数据的不用气候模式的方法，后两种是基于气候模式的方法。

13.3.1　经　验　方　法

经验方法被直接用于观测，以估计气候变化是如何影响特殊类别的重大事件的概率或重现期。这种方法可以用来验证基于模式的归因结果，常常被怀疑气候模式模拟能力的研究者所使用；也可以被用于模式模拟很差的事件。它是基于非平稳极值理论，用统计分布（GEV、GPD 等）拟合观测数据。例如，van Oldenborgh 等（2015）在分析 2013/2014 年北美冬季极端低温事件时，用 GEV 分布拟合历史数据，假定 GEV 分布的位置参数是随气候变化而改变的、是低通滤波后的全球平均气温的线性函数；其分析结果表明在全球变暖背景下，这个地区的冷事件发生的概率变小了，由 20 世纪 50 年代的 4 年一遇的重现期变为 2013/2014 年的 12 年一遇。

经验方法虽然考虑了气候变暖趋势对极端事件概率的影响，但是这种趋势本身是人为还是自然引起的，需要通过数值模式模拟分析来加以论证（Stott et al.，2016）。

13.3.2　基于环流相似的方法

最初用于统计预报的"环流相似"方法（Lorenz，1969）近年来被用于极端事件的归因分析，以估计和当前相同的大尺度环流条件下以往类似极端事件的气候特征（Yiou et al.，2007；Jézéquel et al.，2018），它可被用于估算极端事件中大气环流的贡献（Jézéquel et al.，2018）、估算类似环流下气候变化对这类重大事件发生概率变化的贡献（Stott et al.，2016）或者同时估算大气环流和气候变化对重大事件的贡献（Ye and Qian，2021）。

例如，Stott 等（2016）研究了一个发生在 2006/2007 年的欧洲暖秋/冬季的事件例子：从历史上找出前 20 个和当前事件环流最像的日子，这些相似环流下的气温值从统计角度来说是当前环流下的随机"复制品"；由此可以得到早期人为强迫作用较弱时主要由大气环流驱动下的概率（P0）和近期人为强迫作用增强时的概率（P1），进而得出 FAR。再如，Ye 和 Qian（2021）发展了基于环流相似的思路，用于同时估算大气环流和气候变化对重大极端事件贡献的新方法，并将该方法用于 2020 年梅雨季中国长江中下游地区破纪录强降水事件的归因，得出大气环流贡献了这次事件强度的 71%[图 13-5（a）]，而相似环流下气候变化使类似事件发生概率增加了近 5 倍[图 13-5（b）]。基于环流相似的方法也是不用气候模式，但其考虑的是总的气候变化或假定所考虑的时段长度足以抹去长周期内部变率的作用。

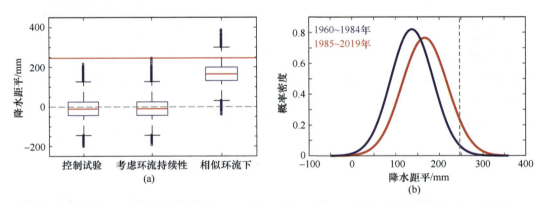

图 13-5　基于环流相似的极端气候事件归因方法量化 2020 年 6~7 月破纪录梅雨事件中大气环流（a）对该次事件强度的贡献以及相似天气型下气候变化对类似事件发生概率（b）的影响（Ye and Qian，2021）
（a）利用不考虑大气环流持续性的控制实验（左箱线图）、考虑大气环流持续性的控制实验（中箱线图）和相似环流（右箱线图）重建的去趋势总降水量异常，上方红色是 2020 年观测的异常（单位：mm）；（b）基于高斯分布拟合得到的过去气候（1960~1984 年，蓝色）和现在气候（1985~2019 年，红色）中，固定环流的条件下重建的总降水异常的概率密度函数，虚线是 2020 年观测的异常（单位：mm）

13.3.3　耦合模式法

耦合模式包含大气、海洋、陆表等多种过程，是对气候系统最全面的模拟。最早 Stott

等（2004）是用单个 HadCM3 耦合模式进行事件归因，近年来很多研究用到最新的全球模式集合模拟（Sun et al.，2014；Song et al.，2015；Qian et al.，2024）。这类研究又分为观测约束和不约束两种方法。

观测约束的方法一般先用最优指纹方法对所研究事件对应的变量长期变化进行归因，重建外强迫引起的变化，然后再在它的上面叠加工业革命前控制实验下的内部变率来模拟实况，最后计算 FAR 进行事件归因（Stott et al.，2004）。例如，Song 等（2015）对 2014 年春季这个中国东北部 20 世纪 50 年代末以来排在第三热的春季进行事件归因时，比较有和没有人为影响下的差异，如图 13-6 所示，人为影响使类似强度的事件发生概率大幅增加。

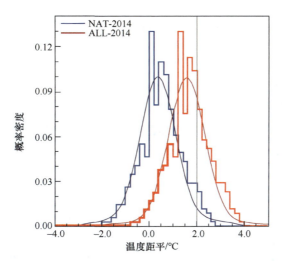

图 13-6　CMIP5 模式重建的 2014 年春季平均气温距平在有人为强迫（ALL-2014）和没有人为强迫
（NAT-2014）下的响应的概率直方图（Song et al.，2015）
图中直线为阈值（观测的事件强度）

另一种不约束的方法是直接用耦合模式的输出结果开展研究（如 Zhou et al.，2014；Qian et al.，2024）。这种方法的优势是可以方便地利用很多现成的模式模拟结果，如耦合模式比较计划第六阶段（CMIP6）的多模式模拟结果等。当然，先对模式模拟结果进行评估是必要的。

13.3.4　大气模式法

为了减小模式误差并提供更多的模拟集合个数，也有很多研究不用耦合模式，而用这次事件发生时的观测海表温度、海冰浓度和辐射强迫驱动的大气模式，来得到所要研究的事件在有和没有人为影响下的模拟对比。典型代表是基于 HadGEM3-A 大气模式的英国气象局哈德利中心事件归因系统（Christidis et al.，2013；Ciavarella et al.，2018）。

图 13-7 是 Qian 等（2018）利用 HadGEM3-A-N216 大气模式，在有和没有人为影响下各 525 组大样本模拟试验基础上开展的 2016 年中国东部破纪录冷事件的归因研究结果。图中显示人为影响使强度不小于 2016 年"霸王级"强度极端冷事件的发生概率大幅减少约 2/3。

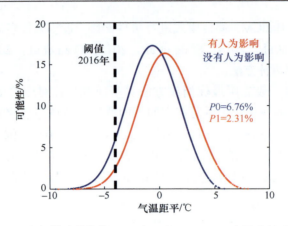

图 13-7　HadGEM3-A-N216 大气模式模拟的 2016 年 1 月 21～25 日中国东部破纪录冷事件在有和没有人为影响下发生概率的比较（Qian et al.，2018）

红线为有人为影响下的模拟；蓝线为没有人为影响下的模拟；竖虚线为阈值（这次事件的实况距平）

图 13-8 是 Qian 等（2022b）利用 HadGEM3-A-N216 大气模式在 2020 年观测的海温、海冰和辐射强迫条件驱动下，有和没有人为影响时各 525 组大样本模拟试验基础上开展的 2020 年 8 月中旬（11～20 日）四川持续性暴雨事件的归因研究结果，揭示了人为气候变化使类似事件发生概率加倍。

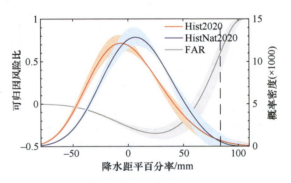

图 13-8　用 HadGEM3-A-N216 大气模式量化人为强迫对类似 2020 年 8 月中旬（11～20 日）四川持续性暴雨事件发生概率的影响（Qian et al.，2022b）

红线是模式模拟的 2020 年全强迫试验下的结果（Hist2020）；蓝线是模式模拟的仅有自然强迫试验下的结果（HistNat2020）；灰色线是以不同的降水距平百分率为阈值计算得到的可归因风险比（FAR）；虚线是 2020 年观测的降水距平百分率；图中阴影代表 5%～95%不确定性区间

这种方法运算速度快，较易得到大量模拟集合，可期望更好地模拟极端事件并且提高信噪比。但是，这种方法没有考虑海气耦合，对于受海气相互作用显著影响的极端事件可能会失之偏颇。

13.4　结　　语

不同归因方法的问题构建是不同的，因此归因结论在量级上并不能严格地进行比较。但如果用不同的方法能得到相似的结论，那么无疑会提高归因结果的信度。

鉴于归因方法的不断发展，及时查阅最新的归因方法综述性文章是有益的。例如，Qian 等（2022a）对最新发展的事件归因方法做了较全面的综述。

思　考　题

1. 最优指纹方法和多元线性回归的区别是什么？
2. 试用一句话总结基于概率的四种极端事件归因方法的区别。

第 14 章　天气气候研究中的机器学习

机器学习算法与统计方法在某种意义上都是对数据的"统计"，但实现"统计"的方式各异。本章简要介绍机器学习在天气气候研究领域的应用背景，分别针对统计机器学习和深度学习两大类，介绍若干经典的机器学习算法与可解释性技术及其在天气气候研究中的应用案例，最后讨论了该领域机器学习应用中存在的问题。

14.1　机器学习及其应用简介

14.1.1　定　　义

机器学习的一个专业定义出自卡内基梅隆大学的 Tom Mitchell 教授在 1997 年出版的 *Machine Learning* 一书：如果一个计算机程序可以在任务 T 上，随着经验 E 的增加，效果 P 也随之增加，则称这个计算机程序可以从经验中学习。机器学习是一种实现人工智能的方法。

深度学习则是利用深度（包含多个隐藏层）神经网络来解决特征表达的一种学习过程。深度学习是一种机器学习方法，并不是一种独立于机器学习之外的方法。可以认为，深度学习是实现机器学习的技术。然而，由于近年来深度学习领域发展迅猛，越来越多的人将其视为一种独立的学习方法。为表述方便起见，本章将机器学习分为深度学习和统计机器学习，两者互无交集。

值得一提的是，尽管机器学习和统计方法都是从数据中得出结论，一般来说，机器学习也是对数据进行"统计"，但它们属于两种不同的建模文化（Breiman，2001）。统计方法假设数据是由给定的随机数据模型生成的，具有很少的参数，并且参数值是从数据中估计的。机器学习使用算法模型，并将数据机制视为未知，其本质是找到一种适合数据的算法，其具有很多参数，参数值通过迭代学习得到。机器学习在统计之外的领域中发展迅速，它既可以用于大型复杂数据集，也可以用于较小数据集上数据建模的更准确和信息量更大的替代方案，机器学习对于科学技术的发展正在变得越来越重要。

14.1.2　机器学习解决天气气候问题的优势

近几十年来，得益于计算机技术的长足进步，人们可以运用大规模的数值模式来模拟研究气候动力学，针对越来越巨量气候数据的气候统计分析方法也得以迅速发展。然而，人们对天气气候系统物理机制的认识总是不足以完美刻画各个具体物理过程的，这就从本质上决定了不论是物理气候模型还是气候统计模型都在应用中存在局限性。

随着人工智能技术的发展和计算科学的进步，机器学习正在引领新一轮的科技革命。机器学习具有数据驱动的特点，在对天气气候系统物理机制了解不够的情况下也可从中获得有益的认识和结果，其与天气气候预测等传统研究的融合是极具发展潜力的一个新兴研究方向。

大量的探索研究表明，机器学习在解决天气气候传统瓶颈问题上具有优势。例如，次网格云微物理和对流过程参数化效果（准确率）欠佳、数值模式求解非线性方程组计算效率低、跨学科的影响评估（如天气气候对疾病的影响）不容易构建物理模型等难点问题的研究中，机器学习都显示出其独特的优势，为相关研究和应用领域带来了新突破的可能性。近年来，世界各国学者已大力开展机器学习在大气科学理论和应用领域的研究，特别体现在如下几个方面。

（1）基于机器学习的天气气候预报技术：如短时临近预报技术的研发，包括强对流的识别与外推预报，精细化气象要素如风、能见度的预报等；短中期天气预报技术，如基于深度学习算法模拟仿真数值天气预报模式做短中期天气预报；数值天气预报的模式后处理技术；短期气候预测技术的研发，包括季节、次季节尺度的气候预报等。

（2）多源数据融合方法的发展及高分辨率气象数据集的研制：数据的质控和均一化方法；缺测数据的插补、时空插值；多源数据融合，如多种降水观测数据的融合；数据反演，如卫星资料反演雷达产品等。

（3）数值模式（物理模拟）与机器学习（数据驱动）融合技术：数值模式物理过程参数化方案的优化；数据同化；模拟仿真：使用机器学习加速数值模式部分组件等。

（4）物理机制解释助力大气科学理论发展：基于机器学习的多尺度气候过程（如季风降水、厄尔尼诺、太平洋年代际振荡等）的物理机制诊断和预测方法等。

（5）天气气候的影响和辅助决策模型的构建：利用机器学习数据驱动的优势，刻画天气气候变化特别是极端事件对自然、社会、经济等的影响，构建影响评估和辅助决策模型，为专业气象用户提供决策支持。

14.2　统计机器学习

较为常见的统计机器学习算法包括线性模型（Lasso 回归、岭回归等）、树模型（决策树、随机森林）、支持向量机（SVM）、贝叶斯、集成学习，以及聚类、降维等（周志华，2016）。考虑气候领域的应用特点，下面主要介绍树模型的原理和应用，这对认识其他方法也有启发性。

近年来，树模型在气候研究中的应用较为广泛。一是由于树模型都是以决策树算法为基础的算法模型，其求解问题的思路类似于人做决策的思路，即其模拟了人类在面临问题时的一些处理机制。对于基于神经网络的被称为"黑箱"的深度学习模型而言，树模型的结果更容易被气象专家理解和认同。二是由于树模型通过 N 棵树的组合可以很好地处理天气气候过程中的非线性问题，提供了解决各种非线性问题的一种相对简易的途径。三是气候数据相对匮乏，使得很多功能强大但需海量数据的深度学习算法难以被有效应用，而树模型在缺乏海量数据的情况下也往往具有不错的效果。

常见的树模型包括以下几种算法。

（1）决策树。决策树是一种树形结构，其中每个内部节点表示一个属性上的测试，每个分支代表一个测试输出，每个叶节点代表一种类别。决策树学习采用的是自顶向下的递归方法，其基本思想是以信息熵为度量构造一棵熵值下降最快的树，到叶子节点处，熵值为 0。其具有可读性、分类速度快、可以处理多种类型数据的优点，是一种监督学习。决策树易于理解和实现，在学习过程中不需要使用者了解很多的背景知识。对于决策树，数据的准备往往是简单的，而且能够同时处理多种类型的基于大型数据源构建的决策树模型往往具有良好的预测能力。

图 14-1 显示了一个基于雷达反射率、下降气流速度标准偏差、雷暴持续时间、最大抬升凝结高度、850 hPa 比湿、平均上升气流速度等构建的决策树模型，以预报有无冰雹发生事件（Gagne，2016）。

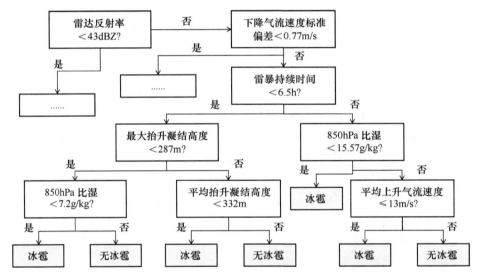

图 14-1　使用决策树算法构建冰雹识别模型示意图

（2）随机森林。Bagging 决策树算法是并行式决策树集成学习方法。随机森林是 Bagging 决策树算法的扩展变体。随机森林在以决策树为基础学习器构建 Bagging 集成的基础上，进一步在决策树的训练过程中引入随机属性选择，即对样本进行有放回采样，对属性进行无放回采样。随机森林计算代价小，在很多实际问题中都展现出强大的性能，被誉为"代表集成学习技术水平的方法"。随机森林中基学习器的多样性不仅来自样本的扰动，还来自属性扰动，这就使得最终集成的算法泛化性能可通过个体学习器之间差异度的增加而进一步提升，可以更好地求解非线性问题。图 14-2 直观地显示了随机森林的算法。

（3）梯度提升决策树。梯度提升决策树（gradient boosting decision tree，GBDT）是梯度提升框架下使用较多的一种模型。在梯度提升决策树中，其基学习器是分类回归树 CART，使用的是 CART 树中的回归树。GBDT 可以显著提高决策树的泛化能力。

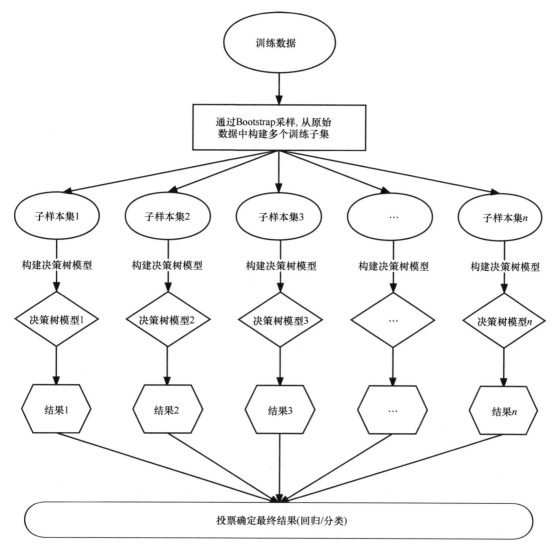

图 14-2　随机森林算法示意图

（4）极端梯度提升（XGBoost）。该算法的思想就是不断添加树，不断地进行特征分裂来生长一棵树，每次添加一棵树，其实是学习一个新函数，去拟合上次预测的残差。当训练完成得到 k 棵树后，要预测一个样本只需了解这个样本的特征在每棵树中会落到对应的一个叶子节点，每个叶子节点对应一个分数，将每棵树对应的分数加起来就是该样本的预测值。

（5）LightGBM。LightGBM 是直接选择获得最大收益的节点来展开（基于直方图算法构造决策树），而 XGBoost 是通过按层增长的方式来做，这样 LightGBM 能够在更小的计算代价上建立所需要的决策树。当然，在这样的算法中，也需要控制树的深度和每个叶子节点的最小数据量，从而避免或减少过拟合。其运行速度相较 XGBoost更快。

14.3　深　度　学　习

传统机器学习算法在构建较为庞大的模型时，其速度、复杂度、灵活程度，以及处理大数据的能力等与深度学习相比较弱。当然，深度学习算法功能的强大需要以对应的海量有效数据为基础。

14.3.1　神　经　网　络

一个神经元例子：深度学习是利用深度神经网络来解决特征表达的一种学习过程。深度神经网络可大致理解为包含多个隐藏层的神经网络结构，其中每个隐藏层由多个神经元组成。神经元是组成神经网络的最基本结构。一个神经元示意图如图 14-3。

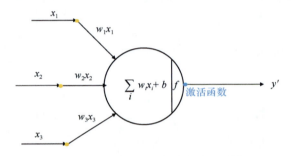

图 14-3　一个神经元（3 个输入对应 1 个输出的神经元）示意图

如图 14-3 所示，以 3 个输入对应 1 个输出的神经元为例，其中（x_1，x_2，x_3）为输入的各个预报因子；（w_1，w_2，w_3）组成神经元各个输入对应的权值；b 为偏置；f 为激活函数；y' 为神经元（模型的）的输出，代表预报量（后文出现的 y 代表实际观测值或称真值标注）。该人工神经元模型可表述为

$$y' = f(w_1 x_1 + w_2 x_2 + w_3 x_3 + b) \tag{14-1}$$

或

$$y' = f(\sum_i w_i x_i + b) \tag{14-2}$$

或向量形式[其中 w 为（w_1，w_2，w_3）的向量表达，x 为（x_1，x_2，x_3）的向量表达]：

$$y' = f(wx + b) \tag{14-3}$$

需要说明的是，这里设置该神经元的输入有 3 个预报因子，可视为对应气候变化预测中的预报因子，如对于副热带高压的预报，这 3 个预报因子可选择印度洋海温、西北太平洋海温、赤道中东太平洋海温。当然，神经元输入的预报因子数量可为其他正整数。

公式中的激活函数 f 一般为非线性函数，激活函数包括 sigmoid 函数、relu 函数、tanh 函数等。如果没有 f 的非线性作用，多层大量神经元堆叠（深度神经网络）之后，相当于对输入数据进行了若干线性计算的复合，其结果仍旧是线性的，那么它们对输入数据的效果就可以被一个全链接层替代，这样就无法对输入预报因子和输出预报量之间复杂的非线性关系进行拟合。

多层大量神经元：3 个输入对应 1 个输出的神经元是由一个多元线性回归和一个激活函数构成的，其拟合能力较为有限。多层大量神经元堆叠之后的深度神经网络理论上可以逼近任意非线性函数，如图 14-4 所示。

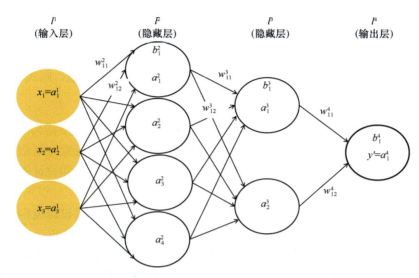

图 14-4　多层大量神经元构成的网络结构示意图（涌井良幸和涌井贞美，2019）
每个字母的上标表示神经网络的第 i 层，下标表示第 j 个神经元

该神经网络结构共包括四层：输入层 l^1、隐藏层 l^2、隐藏层 l^3、输出层 l^4。其中，输入层 l^1 的输入变量（x_1，x_2，x_3）和输出变量（a_1^1，a_2^1，a_3^1）相等；隐藏层包括 l^2、l^3 两层，各层的神经元数量分别为 4、2；输出层 l^4 只有 1 个神经元，该层的输出为 a_1^4，也就是预报量 y'。

对应公式表示为

$$y' = f\left[w^4 f\left[w^3 f(w^2 a^1 + b^2) + b^3 \right] + b^4 \right] \tag{14-4}$$

式中，w^i 和 b^i 为神经网络第 i 层（l^i）参数的向量表达。

如果使用如式（14-4）所代表的深度学习网络结构，理论上可以拟合少量预报因子（3 个预报因子）和预报量之间的非线性关系。这样计算出模型各层参数（w^i，b^i），即获得使模型预报量 y' 最接近真值标注 y 的参数组合，便可得到确定的深度学习模型。

需要说明的是，一般描述网络是多少层的神经网络结构，并不包括输入层。例如，图 14-4 中的网络结构一般被认为是三层神经网络。这里和后文为表述方便，将输入层视为一层，该层的输入变量（x_1，x_2，x_3）和输出变量（a_1^1，a_2^1，a_3^1）相等。

14.3.2　深度学习步骤

深度学习包括三个大步骤：确定深度神经网络结构（相当于确定拟合函数）、计算代价函数、模型优化。

（1）确定深度神经网络结构。首先需要构建一个合适的深度神经网络结构，简言之，这个深度神经网络结构可以看作是拟合预报因子 x 和预报量 y 的函数。图 14-4 和式（14-4）所确定的是一个全连接的前馈神经网络（feedforward neural network，FNN），也称为多层感知机（multi-layer perceptron，MLP）。严格说来，这个神经网络结构并不"深"，神经网络的隐藏层，以及每个隐藏层的神经元都很多时，才可称为"深度"，才有拟合复杂非线性关系的能力。使用相对浅层的网络结构只为示意。令该神经网络结构隐藏层的激活函数全部采用 relu 函数，其输出层不用激活函数，即可直接输出任意值，则式（14-4）变为

$$y' = w^4 f\left[w^3 f(w^2 a^1 + b^2) + b^3 \right] + b^4 \tag{14-5}$$

需要说明，解决一个具体的天气气候问题，到底用什么样的网络结构（如有多少个隐藏层、每层使用多少神经元）、是否用激活函数或用哪种激活函数等这些超参数，还是需要人为设定的，在一定程度上是经验性的，需要通过参考文献和设计不同方案进行试验来确定，并没有标准的方法。

确定好网络结构后，需要初始化深度神经网络结构的参数。预设深度神经网络结构的参数（w 和 b），即对参数进行赋值，如可以给各个参数赋予服从正态分布（均值为 0、方差为 1）的随机数。这是一种常用的参数初始化方法，当然也可以采用其他的概率分布做参数初始化。然后使用该神经网络结构进行前向传播计算，即将一组样本输入该网络结构并进行计算。举例如下：

首先，如表 14-1 所示的案例收集一组数据。案例问题是用 3 个预报因子（格点温度 x_1，格点风速 x_2，格点相对湿度 x_3）作为输入，1 个预报量即站点温度作为输出，可理解为一个天气预报数值模式的温度订正问题，也可当作是将格点温度降尺度为站点温度的问题。

表 14-1　深度学习训练集数据样本示例（每行为 1 个样本，共 7305 个样本）

日期（年.月.日）	预报因子			预报量
	格点温度 x_1/℃	格点风速 x_2/（m/s）	格点相对湿度 x_3/%	站点温度 y/℃
2001.1.1	−4.5	2.5	24.4	−2.2
2001.1.2	−3.3	1.4	18.5	−3.4
2001.1.3	0.6	1.0	29.7	−0.8
2001.1.4	−1.1	0.9	37.2	−2.1
2001.1.5	−6.1	3.3	40.0	−3.3
⋮	⋮	⋮	⋮	⋮
2020.12.27	−5.8	3.0	44.1	−6.4
2020.12.28	−6.2	4.5	38.9	−8.1
2020.12.29	−8.4	6.8	37.6	−11.0
2020.12.30	−0.8	2.3	28.7	1.5
2020.12.31	−2.5	4.1	58.2	−2.0

注：数值模式数据包括 2001 年 1 月 1 日至 2020 年 12 月 31 日数值预报模式预报的格点未来 24h 逐日平均温度 x_1、风速 x_2、相对湿度 x_3；站点的逐日平均温度 y。其中，2001 年 1 月 1 日至 2016 年 12 月 31 日的数据作为训练集，共 5844 个样本，占全部数据的 80%；2017 年 1 月 1 日至 2020 年 12 月 31 日的数据作为测试集，共 1461 个样本，占全部数据的 20%。

随机选取 1 个样本（如 2001 年 1 月 5 日）的 3 个特征值（x_1，x_2，x_3）＝（−6.1，3.3，40.0）代入式（14-5），并逐层进行计算：

$$输入层 l^1:\ a^1 = (a_1^1, a_2^1, a_3^1)$$
$$隐藏层 l^2:\ a^2 = f(w^2 a^1 + b^2)$$
$$隐藏层 l^3:\ a^3 = f(w^3 a^2 + b^3) \tag{14-6}$$
$$输入层 l^4:\ a^4 = f(w^4 a^3 + b^4)$$

逐层进行计算的过程就是前向传播过程，是相对比较简单的计算，每一层（第 i 层）的计算包括将上一层（第 $i-1$ 层）的输出 a^{i-1} 与本层的 w^i 进行矩阵乘法运算，再加上偏置项 b^i，然后通过一个非线性函数（激活函数）f，最后得到本层输出 a^{i-1}。按层依次计算，得到最终结果 y'。

（2）计算代价函数。因为参数（w，b）的初始值是随机赋值的，所以在模型训练阶段，将样本（如 2001 年 1 月 5 日的样本）输入模型中经过前向传播得到的 y' 与真实值 y 之间存在较大差距。可以使用代价函数（也称损失函数）来体现这种差距。代价函数的作用可以理解为：当前向传播得到的预测值与真实值接近时，取值较小；反之取值较大。代价函数是以参数（权重 w，偏置 b）为自变量的函数，可表示为

$$C(w,b) = \|y(x) - y'(x)\|^2 \tag{14-7}$$

式中，$y(x)$ 为一个样本的实际观测值。$\|y(x) - y'(x)\|^2$ 为对模型输入一个样本（如只取 2001 年 1 月 5 日这 1 个样本）进行前向传播计算得到的预测值与真实值之间的差距。

在实际应用中，由于只取 1 个样本可能受个别极端值的影响而对模型的训练产生不稳定的影响，所以一般取 m 个样本计算其平均代价，如

$$C(w,b) = \frac{1}{m} \sum \|y(x) - y'(x)\|^2 \tag{14-8}$$

式中，m 为样本个数，即该代价函数 $C(w,b)$ 表示的是 m 个样本的预测值与真实值之间的平均差距。

（3）模型优化。已知代价函数 C [式（14-7）] 是以参数 (w,b) 为自变量的函数，建模目的是获得最优的参数 (w,b)，使得到的代价函数 C 最小。为求使函数取得最小值的 (w,b)，可以采用一般函数 $z = f(x,y)$ 求解最小值的方法，即 x、y 满足以下关系：

$$\frac{\partial f(x,y)}{\partial x} = 0,\quad \frac{\partial f(x,y)}{\partial y} = 0 \tag{14-9}$$

值得注意的是，代价函数 C 可理解为函数 z 的一种特例，参数 (w,b) 是参数 (x,y) 的一种特例。

然而，在实际应用中，联立公式（14-9）通常不容易求解，尤其是在深度神经网络的计算中，其需要处理庞大数量的变量，直接求解方法更不可实现。梯度下降法是一种具有代表性的替代方法。

　　梯度下降法的思路为：每对深度神经网络模型进行一次训练（输入一次样本），更新一次参数，使得到的 z 变得更小；经过多次训练，z 越来越小直到相对最小。一个形象的理解是，下山时一步一步朝着坡度最陡的山坡往下，即可较快到达山谷底部。众所周知，向量场的最大梯度指向的方向是其函数上升最快的方向，其反方向即下降最快的方向。计算梯度的方式就是求偏导。

　　根据以上讨论可知，如果做出函数 $z = f(x, y)$ 的图像，从点 (x, y) 向点 $(x + \Delta x, y + \Delta y)$ 移动时，若满足以下关系，则函数 $z = f(x, y)$ 减小得最快：

$$(\Delta x, \Delta y) = -\eta \left[\frac{\partial f(x, y)}{\partial x}, \frac{\partial f(x, y)}{\partial y} \right] \tag{14-10}$$

式中，$\left[\dfrac{\partial f(x, y)}{\partial x}, \dfrac{\partial f(x, y)}{\partial y} \right]$ 为函数 $f(x, y)$ 在点 (x, y) 处的梯度，表示最陡的坡度方向；η 为正的微小常数；$(\Delta x, \Delta y)$ 或 $-\eta(\dfrac{\partial f(x, y)}{\partial x}, \dfrac{\partial f(x, y)}{\partial y})$ 表示与最陡的坡度方向相反的方向。

点 (x, y) 沿着最陡的坡度方向相反的方向移动至点 $(x + \Delta x, y + \Delta y)$，这就更新了一次参数：参数 (x, y) 变成了参数 $(x + \Delta x, y + \Delta y)$，也即完成了一次"梯度下降"。为了使得函数 z 取得最小值，需要反复进行这种点 (x, y) 到点 $(x + \Delta x, y + \Delta y)$ 的移动同时寻找最陡坡度方向的操作，经过一次次的点移动（训练），z 越来越小直到相对最小。

　　式（14-10）是二变量函数的梯度下降法的基本公式，该基本公式可以很容易推广到三个变量以上的情形，其数学原理和两个变量的情形是相同的：

$$(\Delta x_1, \Delta x_2, \cdots, \Delta x_n) = -\eta (\frac{\partial f}{\partial x_1}, \frac{\partial f}{\partial x_2}, \cdots, \frac{\partial f}{\partial x_n}) \tag{14-11}$$

　　利用式（14-11），可以在 n 维空间中算出坡度最陡的方向，经过一次次点的移动，找到最小值点，这就是 n 变量情形的梯度下降法。

　　类似地，使用梯度下降法可以求得深度神经网络中的参数 (w, b)，使得到的代价函数 C 最小。其中，代价函数 C 相当于式（14-11）中的函数 f，参数 (w, b) 相当于变量 $(x_1, x_2, \cdots, x_n)$。

　　在实际应用中，如何确定 η（也称学习率）的大小是一个大问题。η 可以理解为往最低点移动时的"步长"或者"速率"。如果 η 过大，可能会找到最小值，也有可能会跨过最小值；而如果 η 过小，则有可能在局部最小值滞留。η 的确定方法没有明确的标准，只能通过反复试验获得。

　　以上介绍了神经网络如何使用梯度下降法来更新学习权重 w 和偏置 b。然而，在实际计算中，由于神经网络的变量、参数和函数错综复杂，直接使用梯度下降法需要进行非常繁杂的导数计算，也是不现实的。于是就出现了求解梯度的一种方法：误差反向传播法。误差反向传播法的特点是将繁杂的导数计算替换为数列的递推关系式。

误差反向传播法的目的是计算代价函数 C 关于 w 和 b 的偏导数，反向传播其实是对权重和偏置变化影响代价函数过程的理解。最终极的含义就是计算偏导数 $\dfrac{\partial C}{\partial w_{ji}^l}$ 和 $\dfrac{\partial C}{\partial b_j^l}$。

w_{ji}^l 是从 $l-1$ 层的第 i 个神经元到第 l 层的第 j 个神经元的连接上的权重，b_j^l 是从 $l-1$ 层到第 l 层的第 j 个神经元的连接上的偏置。

误差反向传播法的步骤大致可描述如下。

（1）定义神经单元误差 δ_j^l：

$$\delta_j^l = \frac{\partial C}{\partial z_j^l} \quad (l = 2,\ 3,\ \cdots) \tag{14-12}$$

式中，z_j^l 为第 l 层的第 j 个神经元的加权输入的变量。从这个定义可知，δ_j^l 表示神经单元加权输入 z_j^l 给平方误差带来的变化率。

（2）利用链式法则，可得到 δ_j^l 与平方误差 C 关于权重和偏置的偏导数的关系：

$$\frac{\partial C}{\partial w_{ji}^l} = \delta_j^l a_i^{l-1} ,\quad \frac{\partial C}{\partial b_j^l} = \delta_j^l \quad (l = 2,\ 3,\ \cdots) \tag{14-13}$$

式中，a_i^{l-1} 为第 $l-1$ 层的第 j 个神经元的输出变量。

（3）根据链式法则，可计算出神经网络输出层（最后一层 L 层）的神经单元误差 δ_j^L：

$$\delta_j^L = \frac{\partial C}{\partial a_j^L} a'(z_j^L) \tag{14-14}$$

式中，L 为输出层的层编号。

（4）使用下一层的神经单元误差来表示当前层的神经单元误差：

$$\delta_i^l = (\delta_1^{l+1} w_{1i}^{l+1} + \delta_2^{l+1} w_{2i}^{l+1} + \cdots + \delta_m^{l+1} w_{mi}^{l+1}) a'(z_i^l) \tag{14-15}$$

式中，m 为第 $l+1$ 层的神经单元的个数；l 为 2 以上的整数。

（5）通过式（14-14）和式（14-15）可以计算任何层的神经单元误差 δ_j^l，如此一步一步地将误差反向传播完整个网络。有了 δ_j^l，即可根据式（14-13）求得偏导数 $\dfrac{\partial C}{\partial w_{ji}^l}$ 和 $\dfrac{\partial C}{\partial b_j^l}$。

综上所述，深度神经网络经过前向传播之后，得到的预测值与先前给出的真实值之间存在的差距是通过损失函数来体现的；梯度下降是找损失函数极小值的一种优化方法，而反向传播则是求解梯度的一种算法。

14.3.3　构成深度神经网络的组件

14.3.2 节介绍了完整的使用神经网络进行训练获得网络参数的步骤。其中深度学习的网络结构是重叠了若干层的隐藏层，这些隐藏层可以设计为具有一定的特殊结构，以更有效地学习数据中的特征，即由多层大量神经元以不同的结构组织起来构成不同的网络结构，可以解决不同的问题。其可以类比人脑的不同组织，因结构不同而负责不同的功能（语言中枢、视觉中枢、运动中枢等）。

而组成这些不同网络结构的最基本的组织单元包括一般的前馈神经网络（FNN）、可处理时间序列的循环神经网络（RNN）或长短期记忆网络（LSTM），以及自适应提取图像特征的卷积神经网络（CNN）等。将这些不同特点的网络进行有目的的组合得到的网络结构可从数据中学习到更复杂的非线性关系。例如，将 LSTM 和 CNN 进行有效的组合，可同时学习到数据的空间分布特征和时间变化特征，这对于如雷达图像外推等具有时空连续性的问题是一种较优的解决方案（Shi et al.，2015）；另外还有很多其他的网络结构如生成对抗网络（GAN），可以很好地学习数据的空间分布，也可以用于解决空间数据缺失值插补、图像锐化等问题（Chen et al.，2017）；而 U 型神经网络（U-Net）可通过编码解码阶段相同空间尺度的融合，学习到图像不同空间尺度的特征，以用于预测（Agrawal et al.，2019）或者是反演（Duan et al.，2021）。

在这些组件中，CNN 是一种最为流行的构建隐藏层网络结构的基本部件，被应用于各种图像特征（空间特征）的提取。将 CNN 经过特殊设定的组合后也可以提取天气气候系统中的"时序"信息。下面详细介绍 CNN。

传统的神经网络（如 FNN）使用矩阵乘法来建立输入与输出的连接关系。其中，参数矩阵中每一个单独的参数都描述了一个输入单元和一个输出单元的交互。这意味着每一个输出单元与每一个输入单元都产生交互。例如，当处理一个气象要素场数据时，输入的数据可能包含成千上万个数据点，如果使用 FNN，就需要使用大量的参数。而 CNN可以通过只占用几十到上百个像素点的核来检测一些小的有意义的特征。这样，所需要存储的参数更少，可以减少模型存储的需求，大幅提高运算效率。更重要的是，这种局部连通性的显示编码可以对气象要素场的局部特征（例如环流几何形状）进行提取和利用，获取更多更有效的信息。

CNN 是指那些至少在网络的一层中使用卷积运算来代替一般矩阵乘法运算的神经网络。一般地，传统模型中的卷积层会同时包括卷积和池化两种运算，即包括卷积层和池化层。其中，池化运算主要是用来进行信息压缩（这必然带来信息的损失），以减少运算量。然而，随着近年算力的大幅提升，很多人在构建模型时已将池化层去掉。

先举一个简单的例子来说明卷积运算，如图 14-5。

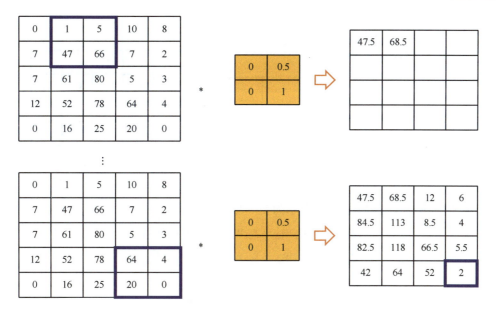

图 14-5　卷积运算个例示意图

如图 14-5 所示，最左一列为输入数据，以相对湿度数据（数据范围 0%～100%）为例，中间一列为卷积核（2×2 大小），最右一列为经过卷积运算后的输出数据。

输出数据中的每个数据计算为输入数据中蓝框中的 4 个数字与卷积核中的 4 个数字对应相乘再相加（如图 14-5 中的*为卷积运算符）：

$$0\times0+1\times0.5+7\times0+47\times1=47.5$$
$$1\times0+5\times0.5+47\times0+66\times1=68.5$$
$$\cdots$$
$$64\times0+4\times0.5+20\times0+0\times1=2$$

上述简单例子可归纳为更一般的表达，如图 14-6 所示。

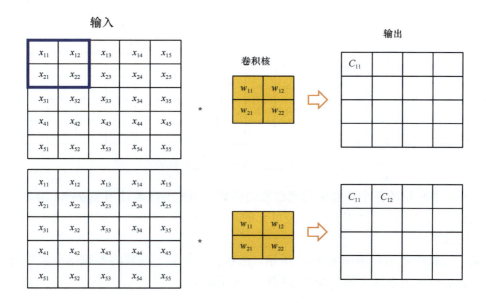

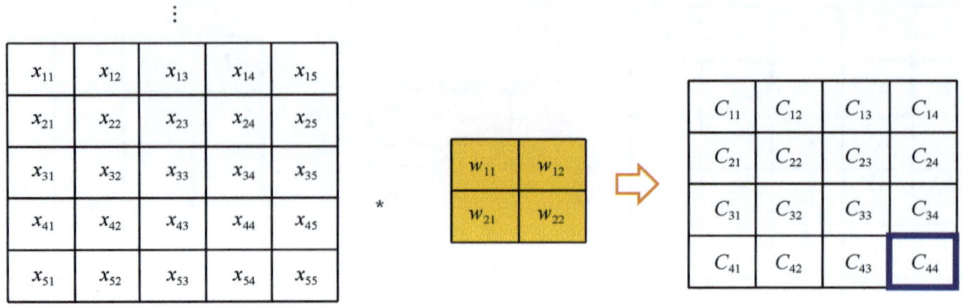

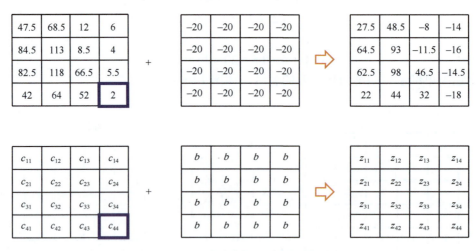

图 14-6　卷积运算示意图

如图 14-6 所示，卷积运算可表示为更一般的表达：

$$x_{11}w_{11} + x_{12}w_{12} + x_{21}w_{21} + x_{22}w_{22} = C_{11}$$

$$x_{12}w_{11} + x_{13}w_{12} + x_{22}w_{21} + x_{23}w_{22} = C_{12}$$

$$\cdots$$

$$x_{44}w_{11} + x_{45}w_{12} + x_{54}w_{21} + x_{55}w_{22} = C_{44}$$

这里卷积核也可以被称为过滤器，输出结果可以被称为特征映射。输入层数据通过过滤器后得到特征映射，这是对原始输入层数据的特征表达，可以认为是过滤器过滤掉了某些信息，而强化另外一些未被过滤掉的信息，并通过特征映射（C_{ij}）表达出来。这个滤波器也就是要获得的模型参数 w_{ij}。

卷积后得到的值再加上偏置 b 即可得到加权输入 z_{ij}，如图 14-7 所示。

图 14-7　卷积层的神经单元的加权输入

进而，卷积层的各个神经单元通过激活函数（如激活函数使用 sigmoid 函数）来处理加权输入，并将处理结果作为神经单元的输出，如图 14-8 所示，这样这个卷积层的处理就完成了。

整个运算流程示意图如图 14-9 所示。在卷积层之后一般要将卷积结果展平为一维向量，之后再接全连接前馈神经网络结构，直至输出。

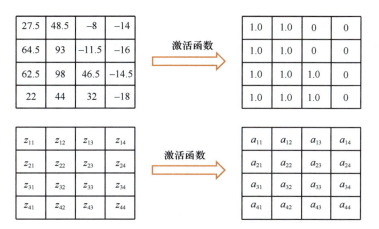

图 14-8　卷积层神经单元通过激活函数将加权输入转换为输出

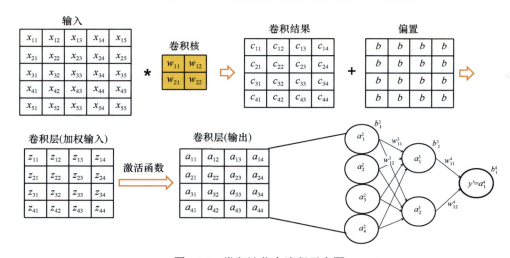

图 14-9　卷积池化全流程示意图

　　在实际应用过程中，卷积神经网络的结构更为复杂。气象要素场数据较为庞大，所以在设计卷积神经网络时，卷积核的大小（本示例是 2×2，实际可以是 3×3 或 5×5）、卷积核的个数、激活函数的选择（本示例是 sigmoid 函数，也可以用 relu、tanh 函数等）等超参数的设置都没有特定的标准，需要从文献、经验中获取。

14.4　气候研究中的应用案例

　　近年来，已有很多工作将机器学习应用于气候研究中，如 14.1 节中所示，包括数据构建、气候预报、与数值模式融合、物理机制解释等。一般来说，作为一种工具，机器学习可被应用于绝大多数气候问题的解决。这里仅对几个气候变化中常见的问题进行举例说明。

14.4.1　运用树模型对降水进行诊断

　　在众多统计机器学习模型中，树模型有着广泛的应用。树模型可以用来对分类问题或者回归问题进行建模。尤其对于深度学习算法来说，树模型在处理相对不那么多的气候数据时具有更大的优势。例如，只有几十个或者几百个样本时，使用深度学习算法可能很难学到预报因子与预报量之间的关系。

例如，对于季节降水预报问题，使用再分析数据进行模型构建或者降水诊断预报分析时，常常只有几十年（即几十个样本）。为了解决样本匮乏导致的问题，一方面需要做一些数据预处理的工作，如对预报因子进行优选；另一方面要选择合适的模型，如树模型。

Tong 等（2019）使用环流指数数据诊断同期华北降水，原始预报因子有 88 个环流因子，该研究通过判断因子间共线性程度的方法筛选出 9 个环流因子，再使用随机森林和决策树算法分别构建降水诊断模型和决策路径分析模型。

如图 14-10 所示，使用决策树辨别对华北降水有决定性影响的环流因子，结果表明，北非副高异常偏南对应华北降水偏少；北非副高不是很偏南、极涡不是很偏南、极地欧亚型偏弱对应华北降水偏多；北非副高不是很偏南、极涡偏北、极低欧亚型偏强对应华北降水偏多。

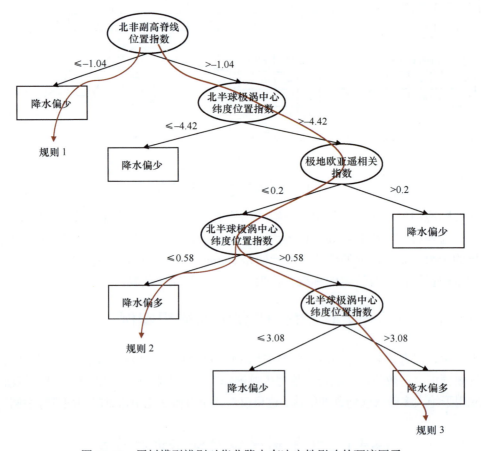

图 14-10　用树模型辨别对华北降水有决定性影响的环流因子

14.4.2　运用 CNN 检测极端天气气候事件

相对于树模型，基于 CNN 等深度神经网络的算法在解决类似的问题时有着本质的区别。深度学习算法通过隐式地、自适应地学习预报因子与预报量之间的关系，但其前提是有海量的数据作为训练样本。

例如，检测极端天气气候事件是气候变化科学研究中一项具有挑战性的工作。大多数常用方法是建立在专家经验基础上，使用一些相关物理变量的主观阈值进行极端事件的检测。主观阈值检测导致不同方法对同一组数据的分析结果也可能相差很大。

Liu 等（2016）设计了一个基于 CNN 的检测极端事件的方法，可以从复杂的多变量气候数据中学习，避免主观阈值检测带来的问题。表 14-2 给出了该研究设计的基于 CNN 的深度神经网络结构，以此来分别检测热带气旋、大气河、锋面这三种极端事件。这个架构给出了 4 个需要参数学习的层：卷积层 1（Conv1）、卷积层 2（Conv2）、全链接层 1（Fully1）、全链接层 2（Fully2）。该网络结构是一个小型网络结构。一般认为，网络层数更深和更大的网络结构可以学习更多的信息，以获得更好的结果。然而，即便该研究中的样本已经达到了 1 万~2 万的数据量（表 14-3），但在深度学习研究中，仍算不上"海量"。受限于数据量较小，该研究中设计了小型网络结构以避免过度拟合。

表 14-2　卷积神经网络 CNN 结构和各层参数

	Conv1	池化	Conv2	池化	Fully1 第一层链接层	Fully2 第二层链接层
热带气旋	5×5-8	2×2	5×5-16	2×2	50	2
锋面	5×5-8	2×2	5×5-16	2×2	50	2
大气河	12×12-8	3×3	12×12-16	2×2	200	2

注：5×5-8 中的 5×5 表示卷积核大小，8 表示特征图像数量。

表 14-3　三个极端事件的特征和数据描述

极端事件	输入大小	预报因子	样本量大小
热带气旋	32×32	海表气压、200hPa 温度、500hPa 温度、垂直液态水含量、850hPa 纬向风、850hPa 经向风等	正样本：10000 负样本：10000
大气河	148×224	垂直液态水含量、陆地海洋掩码	正样本：6500 负样本：6800
锋面	27×60	2m 温度、降水、海表气压	正样本：5600 负样本：6500

表 14-3 给出关于三类极端事件的预报因子和数据描述。例如，对于热带气旋，一般认为热带气旋是一个快速旋转天气系统（rapid rotating weather system），对应的是海平面气压较低和对流层上层温度较高的一个核心结构（core structure）及近地表大风等现象。然而，气候专家对"低"气压和"暖"温度的解释不同，这就使得设置的主观阈值不同。而 CNN 可以相对容易地对这种特征进行学习并客观表达。

该研究结果显示，对这三种极端事件的分类准确率可达 89%~99%。通过分析错误个例发现，对热带气旋的分类错误的主要原因是 CNN 无法分辨弱系统的热带气旋（如热带低压）（图 14-11）；而对大气河的分类错误也源于一部分弱系统（弱的狭窄水汽走廊）难以分辨，还有些分类错误的个例则可能受到急流和温带气旋的影响（图 14-12）。

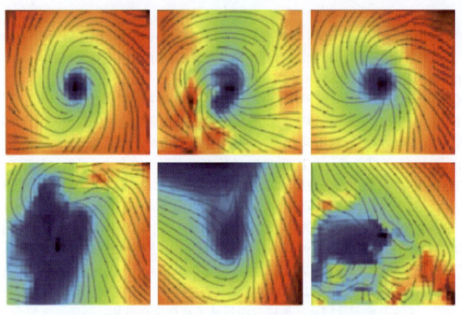

图 14-11　深度 CNN 模型对热带气旋的检测

第一行为 CNN 分类正确的热带气旋；第二行为 CNN 分类错误的热带气旋

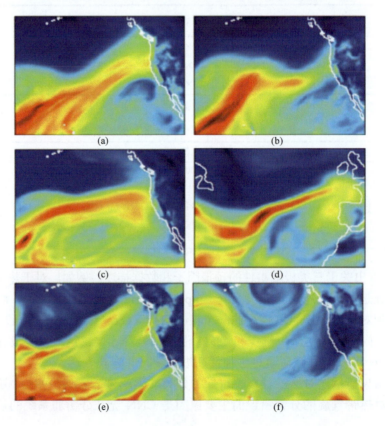

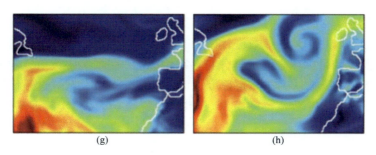

图 14-12　深度 CNN 模型对大气河的检测

图（a）～（d）为 CNN 分类正确的大气河，图（e）～（h）为 CNN 分类错误的大气河

上述研究表明，基于 CNN 的深度神经网络结构可相当准确地检测不同极端天气气候事件，避免了传统方法依赖于专家主观经验的局限性。

14.4.3　运用 CNN 进行季节预测

上述极端天气气候事件的研究中，如果 (x, y) 数据对中的预报因子 x 的发生时刻早于 y，则也可以认为构建的模型是预测模型。这里定义的预测问题则是针对更一般的情形，即 x 中含有多个时序的数据。

例如，提前期为 N 个月的 ENSO 预报问题。Ham 等（2019）以典型的 ENSO 预报为目标，构建了深度学习模型，以实现 ENSO 的季节预报。该研究使用的模型框架是典型的 CNN 结构：主要由三个卷积层构成，前两个各接一个最大池化层，最后一个卷积层则结合最后一层全链接层，如图 14-13 所示。

在这个例子中，模型主要使用 CNN 结构对预报因子场进行特征的隐式提取。另外，因为输入场同时包括 $\tau-2$、$\tau-1$、$\tau-0$ 三个时刻全球范围的海表温度（sea surface temperature，SST）和海洋热容量（oceanic heat content），所以这个模型是利用 CNN 组件提取空间特征的能力来对时序特征进行提取。这个模型的结果相对于传统方法有显著提升。

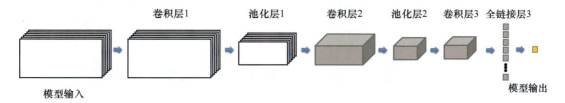

图 14-13　预报 ENSO 的 CNN 模型框架示意图

另外，与降水等其他季节预报问题一样，ENSO 季节预报也存在着样本数据匮乏的问题。为了解决这个问题，该研究还使用了迁移学习方法：使用大量数值气候模式（CMIP5 耦合模式）预报的资料进行深度学习模型的预训练，得到一个初步的深度学习模型；然后基于实际观测的数据（再分析资料）中的一部分样本对这个深度学习模型进行微调 "fine tune"，最后将另一部分样本用于检验最终的深度学习模型。

这类迁移学习的方法常用于解决研究对象样本匮乏的问题。在得到预训练模型之后，使用少量的实际观测数据对模型所有的参数进行微调，也有针对深度学习模型中的部分层（如网络的后几层）的参数进行微调的迁移学习方法。另外，使用迁移学习方法的一个前提是源域和目标域之间数据分布存在相似性，在本例中数值气候模式具有对大尺度信号模拟的能力，被认为在一定程度上可以模拟 ENSO 信号，这是可以使用迁移学习将模型从源域（CMIP5 数值气候模式）迁移至目标域（可替代实际观测的再分析资料）的一个前提。

14.4.4　运用 ConvLSTM 进行海温预报

上述研究中采用的预报模型是基于 CNN 提取数据时序特征，还有一类基于循环神经网络（RNN）或长短期记忆网络（LSTM）提取数据时序特征的模型。Shi 等（2015）发展了 ConvLSTM 方法，该方法融合了 CNN 对空间特征学习能力和 LSTM 对时序特征学习能力的优点，对天气气候预报（如雷达图像短临外推）这种具有空间结构的时序预测问题具有较强的建模能力。

例如，基于 ConvLSTM 网络架构，Zu 等（2023）发展了南海 SST 深度学习预报模型，其输入场为前期的 12 个时次（天）的 SST 实况，给出未来 7 个时次（天）的预报场。如图 14-14 所示，ConvLSTM 网络架构包含两个模块：Encoder 和 Forecaster。其中，Encoder 包含 2 个 ConvLSTM 结构和两个卷积层，对数据进行编码，获得包含更多通道的高维数据，以提取不同时间和空间尺度的信息；Forecaster 包含两个 ConvLSTM 结构、2 个反卷积和 1 个卷积层，将 Encoder 的编码信息进行解码，同时将不同时空尺度的信息恢复到指定的尺寸大小。

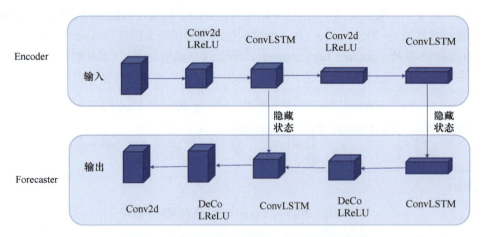

图 14-14　海温 SST 预报 ConvLSTM 的网络结构
Conv2d 表示二维卷积；LReLU 表示 Leaky ReLU；DeCo 表示反卷积

如图 14-15 所示，在 1～7 天的预报时效内，深度学习模型的表现超过了国际主流的预报系统，均方根误差（RMSE）最低。另外，值得注意的是，这些国际主流海洋业务预报系统包括同化系统、数值预报模式及数值预报后处理模块，其业务应用花费计算资源较大且计算效率较低。而深度学习 SST 预报模型则需要更少的计算资源以及计算时间，具有更明显的优势。以上结果说明，该研究发展的南海 SST 深度学习预报模型具有与国际主流海洋业务预报系统相当的技巧，也具有很高的应用价值。

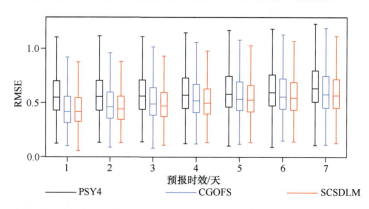

图 14-15　深度学习模型与两个国际主流海洋业务预报系统的 RMSE 随预报时效的变化

PSY4 为法国 Mercator 国际海洋中心的两个预报系统；CGOFS 为中国国家海洋环境预报中心的预报系统；SCSDLM 为深度学习预报模型。盒须图中五条横线分别表示极小值、下四分位数、中位数、上四分位数和极大值。评估时段为 2015 年 1 月 1 日至 2021 年 12 月 31 日

14.4.5　运用可解释性技术对机器学习模型进行解释

虽然高度的非线性特征赋予了人工智能技术（尤其是深度学习）极高的模型表示能力，但人们无法像理解线性回归那样通过简单的统计学假设分析来理解基于神经网络得到的模型。深度学习模型的不可解释性带来的对预报结果的不信任，也在一定程度上妨碍了人工智能技术在气候变化研究中的应用，尤其在气候变化研究中，人们更倾向于分析气候变化的机理。基于深度神经网络构建的天气气候预测模型为"端到端"的黑箱系统，很难使人们接受。

例如，虽然在现有历史数据的训练和测试试验中机器学习可以得到高于传统统计方法的评分，但由于历史数据的有限性，无法代表所有可能出现的情况，尤其是未来可能发生的历史上不曾出现的极端事件，而导致预测模型"失败"。而一个良好的可解释性模型可以帮助人们充分地研究和验证可能出现的场景，掌握其中的物理规律，从而改善模型预测能力。实际上，在深度学习气候模型表现不完美的情况下，人们更愿意相信和使用具有物理可解释性的预测模型。

目前在计算机科学领域，对深度学习模型的可解释性研究还处于初级阶段。现有可解释性方法包括特征选择解释技术：排序重要性（permutation importance）、顺序选择（sequential selection）等，以及特征可视化解释技术：反向优化（backward optimization）、逐层相关传播（layer-wise relevance propagation）、梯度加权类激活映射（Grad-CAM）、激活最大化（activation maximization）等（纪守领等，2019；华盈盈等，2020）。

已有若干研究将可解释性技术应用至气候变化研究，如类激活映射（Ham et al.，2019；Tong et al.，2023）、逐层相关传播（Toms et al.，2020；Mayer and Barnes，2021）等，这两种方法简介如下：

　　类激活映射（class activation mapping，CAM）。首先利用全局平均池化操作输出 CNN 最后一个卷积层每个单元的特征图的空间平均值，并通过对空间平均值进行加权求和得到 CNN 的最终决策结果。同时，CAM 通过计算最后一个卷积层的特征图的加权和，得到 CNN 模型的类激活图，而一个特定类别所对应的类激活图则反映了 CNN 用来识别该类别的核心图像区域。最后，以热力图的形式可视化类激活图得到最终的解释结果。例如，可根据给定的预测类别结果，量化气象要素输入场的每个空间网格点的影响。

　　逐层相关传播（layer-wise relevance propagation，LRP）。假设分类模型可以被分解为多个计算层，每一层都可以被建模为一个多维向量并且该多维向量的每一维都对应一个相关性分值，其核心是利用反向传播将高层的相关性分值递归地传播到低层直至传播到输入层。LRP 可以用于计算单个像素对分类模型预测结果的贡献。

　　例如，Tong 等（2023）利用类激活映射 CAM 方法计算得到的海表温度对华北夏季降水年代际变化的相对重要性，如图 14-16 所示。主要是通过使用 CAM 方法将模型决策路径投影回原始数据输入维度，通过可视化的方式推断出神经网络对输入数据中敏感度最高的位置，即对输入要素场进行可视化，突出显示关键区。结果表明，北半球海洋地区存在两个显著的重要性高值区（关键区），它们分别位于北太平洋和北大西洋，这说明这两个地区对华北夏季降水年代际变化起着重要影响。进一步地，本研究通过合成分析方法，根据对应的环流场异常特征证明了 CAM 方法对华北夏季降水的调制作用。

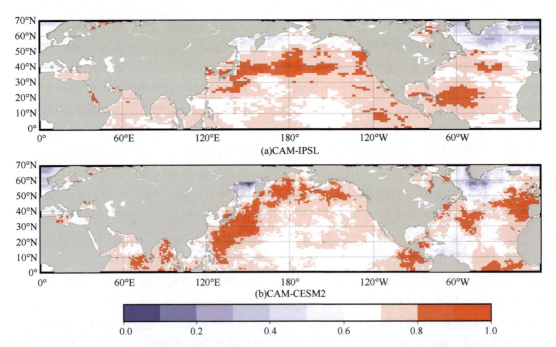

图 14-16　基于 CAM 方法计算的全球气候模式 IPSL（a）和模式 CESM2（b）中海表温度年代际变化
对华北夏季降水的相对重要性（归一化数值范围 0～1）
CESM2：美国国家大气研究中心的通用地球模式第二代；IPSL：法国国家科学研究中心的全球耦合气候模型

　　又如，Mayer 和 Barnes（2021）使用逐层相关传播（LRP），对基于热带出射长波辐射（outgoing longwave radiation，OLR）预测北大西洋上空 z500 异常迹象的神经网络模型进行可解释性分析。该问题是一个已知问题，即已有很多研究表明，梅登-朱丽叶振荡（Madden-Julian oscillation，MJO）会在次季节时间尺度上影响北大西洋上空 z500 出现异常。这可以使我们能够在已知知识背景下探索深度学习模型的水平及可解释性技术的能力。他们的结果表明，LRP 可精确定位该模型用于准确预测的相关热带特征，确定了与已知的中纬度遥相关有利区域相对应的热带敏感区，如对应北大西洋上空 z500 正异常和负异常分别包括四个敏感区，如图 14-17 标识位置所示。

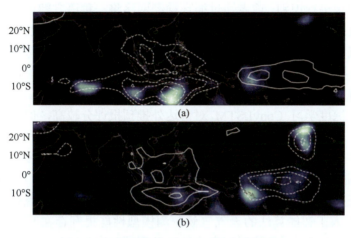

图 14-17　通过 LRP 获得的热图（敏感区）

（a）为北大西洋上空 z500 正异常对应的热图；（b）为北大西洋上空 z500 负异常对应的热图

值得注意的是，在应用可解释性技术对机器学习模型进行研究分析时，需要平衡机器学习模型的可预测性和可解释性。由于机器学习模型并不是天生能够对物理问题进行建模，从而可能会以难以解释的模型为代价获得具有更好预测能力的解决方案（McGovern et al.，2019）。例如，不同的机器学习模型固有地学习不同类型的解决方案，如果其中一种方案具有更好的预测技能并选择了不同的重要预测变量，则不一定意味着其他预测变量（在物理解释上）不重要。这也说明，在对机器学习模型进行可解释性研究时，最好使用多种可解释性技术进行综合分析。

14.5　未来发展与思考

近年来，将机器学习应用于气象领域的研究案例众多，但大多数成功的应用是针对天气尺度而非气候尺度。一般说来，机器学习算法对类似的输入、输出的数据结构无差别对待，将其应用于天气事件或者气候事件的识别和预测并没有方法的差异。一个重要的原因是气候事件的样本数量相对较少，而大多数机器学习算法尤其是深度学习算法对有效样本数量有较高的要求，即需要大量的训练数据训练模型。因而，将机器学习应用于气候变化研究，气候事件样本少是一个重要的有待解决的问题。在以往机器学习应用于气候变化研究中，大量工作是针对数据匮乏问题展开的，如对输入特征进行压缩使其适用于几十年气候样本数据、使用迁移学习方法首先学习气候模式中的数据特征或使用多种方法进行集合预报等。

另外,目前绝大多数应用于大气科学中的人工智能算法使用的都是计算机科学领域专家研发的算法,即现成的算法包。例如,循环神经网络是基于自然语言处理(NLP)研发的,而相应地,大气的变量和维度与自然语言处理(单一要素单一维度的序列)有所不同。虽然很多的算法(UNet、GAN、Diffusion、PINN 等)在大气科学中的应用初期也取得了不错的效果,但模拟"人"与模拟"大气"具有本质的区别:人工智能算法的初衷是实现模拟人的视觉、听力、语言、控制、决策等能力,如通过卷积神经网络模拟视觉对一张图像进行识别,或者通过循环神经网络将一种语言翻译为另一种语言完成时序预测,其数据维度相对简单,且没有相互作用;而大气科学问题则往往涉及时空多维度特征和多气象要素相互作用导致的天气气候演变规律,不仅要考虑各要素本身的时空变化特征,还要考虑不同时空尺度的多要素物理过程的相互作用。其复杂程度加之样本有限,导致现有的人工智能算法难以有效地揭示其中的物理规律。

例如,虽然深度学习 ConvLSTM 对雷达外推预报评分较高,但因为该网络结构无法提取更为深层的数据信息,依然不能模拟诸如雷暴生成和消散过程,其进一步的发展存在局限性。另外,现有算法多基于平面图像的处理,虽然已有深度学习算法(如基于 Transformer 网络结构)进展开始对"球面"进行处理,但大气实为"空心球体",现有的传统图像特征提取算法并不能完全满足气象应用,只是"拿来"现有人工智能算法的做法,这是基于人工智能算法的天气气候预测模型性能提升存在明显天花板的一个原因。这就需要依据大气科学数据时空变化特征及不同时空尺度的多气象要素之间相互作用的物理过程,研究不同人工智能技术(深度学习算法)在气象预报模型构建中的适用性,发展适用于大气科学的"大气智能"算法,才能"深度"解决大气科学问题。

思 考 题

1. 机器学习应用于气候研究有哪些优势和局限性?可以通过何种方法解决这种局限性?

2. 概述使用深度学习构建气候预测模型的步骤。

3. 如何利用卷积神经网络 CNN 组件实现对气象要素场时序特征的提取?

主要参考文献

丁一汇, 王会军. 2016. 近百年中国气候变化科学问题的新认识. 科学通报, 61(10): 1029-1041.

符淙斌, 王强. 1992. 气候突变的定义和检测方法. 大气科学, 16(4): 482-493.

龚道溢, 王绍武. 2003. 近百年北极涛动对中国冬季气候的影响. 地理学报, 58(4): 559-568.

华盈盈, 张岱墀, 葛仕明. 2020. 深度学习模型可解释性的研究进展. 信息安全学报, 5(3): 1-12.

黄嘉佑. 2004. 气象统计分析与预报方法. 北京: 气象出版社.

黄嘉佑, 李庆祥. 2015. 气象数据统计分析方法. 北京: 气象出版社.

纪守领, 李进锋, 杜天宇, 等. 2019. 机器学习模型可解释性方法、应用与安全研究综述. 计算机研究与发展, 56(10): 2071-2096.

梁苏洁, 丁一汇, 赵南, 等. 2014. 近50年中国大陆冬季气温和区域环流的年代际变化研究. 大气科学, 38(5): 974-992.

梁苏洁, 赵南, 丁一汇. 2019. 北极涛动主模态下北极冷空气的优势路径和影响地区的研究. 地球物理学报, 62(1): 19-31.

林学椿, 于淑秋, 唐国利. 1995. 中国近百年温度序列. 大气科学, 19(5): 525-533.

刘纪远, 宁佳, 匡文慧, 等. 2018. 2010-2015年中国土地利用变化的时空格局与新特征. 地理学报, 73(5): 789-802.

钱诚, 严中伟, 符淙斌. 2011. 1960～2008年中国二十四节气气候变化. 科学通报, 56(35): 3011-3020.

钱诚, 张文霞. 2019. CMIP6检测归因模式比较计划(DAMIP)概况与评述. 气候变化研究进展, 15(5): 469-475.

任福民, 高辉, 刘绿柳, 等. 2014. 极端天气气候事件监测与预测研究进展及其应用综述. 气象, 40(7): 860-874.

宋连春, 巢清尘, 朱晓金, 等. 2019. 2019年中国气候变化蓝皮书. 北京: 中国气象局气候变化中心.

唐国利. 2020. 气候序列均一化研究和应用. 北京: 气象出版社.

唐国利, 丁一汇, 王绍武, 等. 2009. 中国近百年温度曲线的对比分析. 气候变化研究进展, 5(2): 71-78.

唐国利, 任国玉. 2005. 近百年中国地表气温变化趋势的再分析. 气候与环境研究, 10(4): 791-798.

唐伟, 周勇, 王喆, 等. 2017. 气象预报应用人工智能的现状分析和影响初探. 信息化研究, 11: 223-225.

童宣, 严中伟, 李珍, 等. 2018. 近百年中国两次年代际气候变暖中的冷暖平流背景. 气象学报, 76(4): 554-565.

王绍武. 1994. 近百年气候变化与变率的诊断研究. 气象学报, 52(3): 261-273.

王绍武, 叶瑾琳, 龚道溢, 等. 1998. 近百年中国年气温序列的建立. 应用气象学报, 9(4): 392-401.

魏凤英. 2007. 现代气候统计诊断与预测技术. 北京: 气象出版社.

吴洪宝, 吴蕾. 2005. 气候变率诊断和预测方法. 北京: 气象出版社.

徐小峰. 2018. 从物理模型到智能分析-降低天气预报不确定性的新探索. 气象, 44(3): 341-350.

严中伟, 丁一汇, 翟盘茂, 等. 2020. 近百年中国气候变暖趋势之再评估. 气象学报, 78(3): 370-378.

严中伟, 季劲钧, 叶笃正. 1990. 60年代北半球夏季气候跃变-降水和温度变化. 中国科学, (1): 97-103.

严中伟, 李兆元, 王晓春. 1993. 历史上10年到100年尺度气候跃变的分析. 大气科学, 17: 663-672.

严中伟, 李珍, 夏江江. 2014. 气候序列的均一化 - 定量评估气候变化的基础. 中国科学: 地球科学, 44(10): 2101-2111.

严中伟, 杨赤. 2000. 近几十年中国极端气候变化格局. 气候与环境研究, 5(3): 267-272.

涌井良幸, 涌井贞美. 2019. 深度学习的数学. 杨瑞龙译. 北京: 人民邮电出版社.

曾昭美, 严中伟, 叶笃正. 2003. 20 世纪两次全球增暖事件的比较. 气候与环境研究, 8(3): 319-330.

张先恭, 李小泉. 1982. 本世纪我国气温变化的某些特征. 气象学报, 40(2): 198-208.

周志华. 2016. 机器学习. 北京: 清华大学出版社.

朱亚妮, 赵平, 曹丽娟, 等. 2022. 中国 1940 年代"偏暖"的资料问题. 气候与环境研究, 27(2): 230-242.

《第二次气候变化国家评估报告》编写委员会. 2011. 第二次气候变化国家评估报告. 北京: 科学出版社.

《第四次气候变化国家评估报告》编写委员会. 2022. 第四次气候变化国家评估报告. 北京: 科学出版社.

《气候变化国家评估报告》编写委员会. 2007. 气候变化国家评估报告. 北京: 科学出版社.

Agrawal S, Barrington L, Bromberg C, et al. 2019. Machine learning for precipitation nowcasting from radar images. arXiv: 1912.12132.

Alexandersson H. 1986. A homogeneity test applied to precipitation data. Journal of Climatology, 6: 661-675.

Allen M. 2003. Liability for climate change. Nature, 421: 891-892.

Allen M R, Stott P A. 2003. Estimating signal amplitudes in optimal fingerprinting, part I: theory. Climate Dynamics, 21: 477-491.

Argiriou A A, Li Z, Armaos V, et al. 2023. Homogenised monthly and daily temperature and precipitation time series in China and Greece since 1960. Advances in Atmospheric Sciences, doi: 10.1007/s00376-022-2246-4.

Ault T R, Cole J E, Overpeck J T, et al. 2014. Assessing the risk of persistent drought using climate model simulations and paleoclimate data. Journal of Climate, 27: 7529-7549.

Barnston A G, Livezey R E. 1987. Classification, seasonality and persistence of low-frequency atmospheric circulation patterns. Monthly Weather Review, 115: 1083-1126.

Bates B C, Chandler R E, Charles S P, et al. 2010. Assessment of apparent non-stationarity in time series of annual inflow, daily precipitation and atmospheric circulation indices: a case study from southwest Western Australia. Water Resources Research, 46: W00H02.

Bayazit M, Önöz B. 2007. To prewhiten or not to prewhiten in trend analysis? Hydrological Science-Journal-des Scienes Hydrologiques, 52(4): 611-624.

Berger A, Loutre M F. 1991. Insolation values for the climate of the last 10 million years. Quaternary science reviews, 10(4): 297-317.

Berger W H, Labeyrie L D. 1987. Abrupt Climatic Change. Netherlands: Springer.

Beskow S, Caldeira T L, de Mello C R, et al. 2015. Multiparameter probability distributions for heavy rainfall modeling in extreme southern Brazil. Journal of Hydrology: Regional Studies, 4: 123-133.

Bindoff N L, Stott P A, Achutarao K, et al. 2013. Detection and attribution of climate change: from global to regional//Stocker T F, Qin D H, Plattner G K, et al. Climate Change 2013: The Physical Science Basis. Contribution of Working Group I to the Fifth Assessment Report of the Intergovernmental Panel on Climate Change. Cambridge UK and New York USA: Cambridge University Press.

Breiman L. 2001. Statistical modeling: the two cultures. Statistical Science, 16(3): 199-231.

Buell C E. 1979. On the physical interpretation of empirical orthogonal functions// Preprints, 6th Conference on Probability and Statistics in the Atmospheric Sciences. American Meteorological Society: 112-117.

Camuffo D, Jones P D. 2002. Improved Understanding of Past Climatic Variability from Early Daily European Instrumental Sources. Dordrecht: Kluwer Academic Publishers.

Cao J, Yan Z W, Zhao P, et al. 2017. Climatic warming in China during 1901-2015 based on an extended dataset of instrumental temperature records. Environmental Research Letters, 12(6): 064005.

Cao L J, Zhao P, Yan Z W, et al. 2013. Instrumental temperature series in eastern and central China back to the 19th century. Journal of Geophysical Research, 118(15): 8197-8207.

Cao L J, Zhu Y N, Tang G L, et al. 2016. Climatic warming in China according to a homogenized dataset from 2419 stations. International Journal of Climatology, 36: 4384-4392.

Carter T R. 2013. Agricultural impacts: multi-model yield projections. Nature Climate Change, 3(9): 784-786.

Chandler R, Scott M. 2011. Statistical Methods for Trend Detection and Analysis. Wiley.

Chandler R, Wheater H. 2002. Analysis of rainfall variability using generalized linear models: a case study from the west of Ireland. Water Resources Research, 38(10): 1192.

Chandler R. 2015. A multisite, multivariate daily weather generator based on generalized linear models: user guide.

Chen Z, Jin M W, Deng Y, et al. 2017. Improvement of a deep learning algorithm for total electron content maps: image completion. Journal of Geophysical Research: Space Physics, 124: 790-800.

Cheng L J, Abraham J, Hausfather Z, et al. 2019. How fast are the oceans warming? Science, 363(6423): 128-129.

Christidis N, Stott P A, Scaife A A, et al. 2013. A new HadGEM3-A-based system for attribution of weather- and climate-related extreme events. Journal of Climate, 26: 2756-2783.

Ciavarella A, Christidis N, Andrews M, et al. 2018. Upgrade of the HadGEM3-a based attribution system to high resolution and a new validation framework for probabilistic event attribution. Weather and Climate Extremes, https://doi.org/10.1016/j.wace.2018.03.003.

Cohen J, Screen J A, Furtado J C, et al. 2014. Recent Arctic amplification and extreme mid-latitude weather. Nature Geoscience, 7: 627-637.

Coles S. 2001. An Introduction to Statistical Modeling of Extreme Values. Berlin: Springer.

Conti S, Meli P, Minelli G, et al. 2005. Epidemiologic study of mortality during the summer 2003 heat wave in Italy. Environmental Research, 98(3): 390-399.

Crutcher H L. 1975. A note on the possible misuse of the Kolmogorov-Smirnov test. Journal of Applied Meteorology, 14: 1600-1603.

Dai A. 2013. Increasing drought under global warming in observations and models. Nature Climate Change, 3: 52-58.

Dai A, Trenberth K E, Qian T. 2004. A global dataset of Palmer Drought Severity Index for 1870-2002: relationship with soil moisture and effects of surface warming. Journal of Hydrometeorology, 5: 1117-1130.

Della-Marta P M, Wanner H. 2006. A method of homogenizing the extremes and mean of daily temperature measurements. Journal of Climate, 19: 4179-4197.

DelSole T, Banerjee A. 2017. Statistical seasonal prediction based on regularized regression. Journal of Climate, 30(4): 1345-1361.

Deni S M, Jemain A A, Ibrahim K. 2010. The best probability models for dry and wet spells in Peninsular Malaysia during monsoon seasons. International Journal of Climatology, 30: 1194-1205.

Döös K, Engqvist A. 2007. Assessment of water exchange between a discharge region and the open sea-A comparison of different methodological concepts. Estuarine, Coastal and Shelf Science, 74: 709-721.

Duan M S, Xia J J, Yan Z W, et al. 2021. Radar reflectivity of convective storms reconstruction based on deep learning and Himawari-8 observations. Remote Sensing, 13(16): 3330.

Easterling D R, Kunkel K E, Wehner M F, et al. 2016. Detection and attribution of climate extremes in the observed record. Weather & Climate Extremes, 11: 17-27.

Fatichi S, Ivanov V Y, Caporali E. 2011. Simulation of future climate scenarios with a weather generator. Advances in Water Resources, 34(4): 448-467.

Feng X, Qian C, Materia S. 2022. Amplification of the temperature seasonality in the Mediterranean region under anthropogenic climate change. Geophysical Research Letters, 49: e2022GL099658.

Fischer E M, Knutti R. 2015. Anthropogenic contribution to global occurrence of heavy-precipitation and high-temperature extremes. Nature Climate Change, 5: 560-564.

Fraedrich K, Jiang J, Gerstengarbe F, et al. 1997. Multiscale detection of abrupt climate changes: Application to river Nile flood levels. International Journal of Climatology, 17: 1301-1315.

Franzke C. 2010. Long-range dependence and climate noise characteristics of Antarctic temperature data. Journal Climate, 23: 6074-6081.

Franzke C. 2012. Nonlinear trends, long-range dependence, and climate noise properties of surface temperature. Journal Climate, 25: 4172-4183.

Fu C B, Qian C, Wu Z H. 2011. Projection of global mean surface air temperature changes in next 40 years: Uncertainties of climate models and an alternative approach. Science China Earth Sciences, 54: 1400-1406.

Gabriel K R, 1959. The distribution of the number of successes in a sequence of dependent trials. Biometrika,46(3/4): 454-460.

Gagne II D J. 2016. Coupling Data Science Techniques and Numerical Weather Prediction Models for High-impact Weather Prediction. Norman: University of Oklahoma.

Gao L, Wei F, Yan Z, et al. 2019. A study of objective prediction for summer precipitation patterns over eastern China based on a multinomial logistic regression model. Atmosphere, 10(4): 213.

Gao L H, Yan Z W, Quan X W. 2015. Observed and SST-forced multidecadal variability in global land surface air temperature. Climate Dynamics, 44(1): 359-369.

Gong D Y, Shi P J, Wang J A. 2004. Daily precipitation changes in the semi-arid region over northern China. Journal of Arid Environments, 59: 771-784.

Goodfellow I, Bengio Y, Courville A. 2016. Deep Learning. Cambridge: MIT Press.

Greenwood J A, Durand D. 1960. Aids for fitting the gamma distribution by maximum likelihood. Technometrics, 2: 55-65.

Ham Y G, Kim J H, Luo J J, et al. 2019. Deep learning for multi-year ENSO forecasts. Nature, 573: 568-572.

Hameed M, Ahmadalipour A, Moradkhani H. 2018. Apprehensive drought characteristics over Iraq: results of a multidecadal spatiotemporal assessment. Geoscience, 8(2): 58.

Hartmann D L, Klein-Tank A M G, Rusticucci M, et al. 2013. Observations: atmosphere and surface// Stocker T F, Qin D H, et al. Climate Change 2013: The Physical Science Basis. Contribution of Working Group I to the Fifth Assessment Report of the Intergovernmental Panel on Climate Change. Cambridge UK and New York USA: Cambridge University Press: 159-254.

Hegerl G C, Hoegh G O, Casassa G, et al. 2010. Good practice guidance paper on detection and attribution related to anthropogenic climate change//Stocker T F, et al. Meeting Report of the Intergovernmental Panel on Climate Change Expert Meeting on Detection and Attribution of Anthropogenic Climate Change. Bern: University of Bern: 8.

Hegerl G, Zwiers F. 2011. Use of models in detection and attribution of climate change. WIREs Climate Change, 2: 570-591.

Hirakawa K. 1974. The comparison of powers of distribution-free sample test. TRU Mathematics, 10: 65-82.

Hoerling M, Kumar A, Dole R, et al. 2013. Anatomy of an extreme event. Journal Climate, 26: 2811-2832.

Huang J B, Zhang X D, Zhang Q Y, et al. 2017. Recently amplified arctic warming has contributed to a continual global warming trend. Nature Climate Change, 7: 875-879.

Huang N E, Shen Z, Long S R, et al. 1998. The empirical mode decomposition and the Hilbert spectrum for nonlinear and nonstationary time series analysis. Proceeding of the Royal Society of London, Series A: Mathematical Physical and Engineering Sciences, 454(1971): 903-995.

Huang N E, Wu Z. 2008. A review on Hilbert-Huang transform: method and its applications to geophysical studies. Reviews of Geophysics, 46: RG2006.

IPCC. 2021. Summary for policymakers//Masson-Delmotte V, Zhai P M, et al. Climate Change 2021: The Physical Science Basis. Contribution of Working Group I to the Sixth Assessment Report of the Intergovernmental Panel on Climate Change. Cambridge: Cambridge University Press.

Jézéquel A, Yiou P, Radanovics S. 2018. Role of circulation in European heatwaves using flow analogues. Climate Dynamics, 50: 1145-1159.

Ji F, Wu Z, Huang J, et al. 2014. Evolution of land surface air temperature trend. Nature Climate Change, 4: 462-466.

Jiang F Q, Hu R J, Li Z. 2008. Variations and trends of the freezing and thawing index along the Qinhai-Xizang railway for 1966-2004. Journal of Geographical Sciences, 18: 3-16.

Johnson N C, Xie S P, Kosaka Y, et al. 2018. Increasing occurrence of cold and warm extremes during the recent global warming slowdown. Nature Communications, 9: 1724.

Jolliffe I T. 2002. Principal Component Analysis. Second ed. Berlin: Springer.

Jones P D, Lister D H, Li Q X. 2008. Urbanization effects in large-scale temperature records, with an emphasis on China. Journal of Geophysical Research, 113: D16122.

Jones P D, Lister D H, Osborn T J, et al. 2012. Hemispheric and large-scale land surface air temperature variations: an extensive revision and an update to 2010. Journal of Geophysical Research, 117: D05127.

Kaiser H F. 1958. The varimax criterion of analytic rotation in factor analysis. Psychometrika, 23: 187-200.

Kalnay E, Cai M. 2003. Impact of urbanization and land-use change on climate. Nature, 423: 528-531.

Karl T R, Arguez A, Huang B Y, et al. 2015. Possible artifacts of data biases in the recent global surface warming hiatus. Science, 348: 1469-1472.

Katz R W, Parlange M B. 1998. Overdispersion phenomenon in stochastic modeling of precipitation. Journal of Climate, 11(4): 591-601.

Katz R W, Parlange M B, Naveau P. 2002. Statistics of extremes in hydrology. Advances in Water Resources, 25: 1287-1304.

Kendall M G. 1955. Rank Correlation Methods(second edition). London: Charles Griffin.

Kwon M H, Jhun J G, Ha K J. 2007. Decadal change in east Asian summer monsoon circulation in the mid-1990s. Geophysical Research Letters, 34: L21706.

LaMarche V C. 1974. Frequency-dependent relationship between tree-ring series along an ecological gradient and some dendroclimatic implications. Tree-Ring Bulletin, 34: 1-20.

LaMarche V C, Fritts H C. 1972. Tree-rings and sunspot numbers. Tree-Ring Bulletin, 32: 19-33.

Li H C, Yu C, Xia J J, et al. 2019. A Model output machine learning method for grid temperature forecasts in the Beijing Area. Advances in Atmospheric Sciences, 36(10): 1156-1170.

Li J, Xie S P, Cook E, et al. 2011. Interdecadal modulation of El Niño amplitude during the past millennium. Nature Climate Change, 1: 114-118.

Li Q X, Huang J Y, Jiang Z H, et al. 2014. Detection of urbanization signals in extreme winter minimum temperatures change over northern China. Climatic Change, 122: 595-608.

Li Q X, Yang S, Xu W H, et al. 2015. China experiencing the recent warming hiatus. Geophysical Research Letters, 42: 889-898.

Li Q X, Yang Y J. 2019. Comments on "Comparing the current and early 20th century warm periods in China". Earth-Science Reviews, https: //doi.org/10.1016/j.earscirev.2019.102886.

Li Q X, Zhang L, Xu W H, et al. 2017. Comparisons of time series of annual mean surface air temperature for China since the 1900s: observations, model simulations and extended reanalysis. Bulletin of the American Meteorological Society, 98: 699-711.

Li Y, Cai W, Campbell E P. 2005. Statistical modeling of extreme rainfall in southwest Western Australia. Journal of Climate, 18: 852-863.

Li Y Z, Wang L, Zhou H X, et al. 2019. Urbanization effects on changes in the observed air temperatures during 1977-2014 in China. International Journal of Climatology, 39(2): 251-265.

Li Z, Cao L J, Zhu Y N, et al. 2016. Comparison of two homogenized datasets of daily maximum/mean/ minimum temperatures in China during 1960-2013. Journal of Meteorological Research, 30(1): 53-66.

Li Z, Tu K, Yan Z W. 2015a. Changes of precipitation and extremes and the possible effect of urbanization in the Beijing Metropolitan Region during 1960-2012 based on homogenized observations. Advances in Atmospheric Sciences, 32(9): 1173-1185.

Li Z, Yan Z W. 2009. Homogenized daily mean/maximum/minimum temperature series for China from 1960-2008. Atmospheric and Ocean Science Letters, 2(4): 237-243.

Li Z, Yan Z W, Cao L J, et al. 2014. Adjusting inhomogeneous daily temperature variability using wavelet analysis. International Journal of Climatology, 34: 1196-1207.

Li Z, Yan Z W, Cao L J, et al. 2018. Further-Adjusted Long-Term Temperature Series in China Based on MASH. Advances in Atmospheric Sciences, 35(8): 909-917.

Li Z, Yan Z W, Tu K, et al. 2011. Changes in wind speed and extremes in Beijing during 1960-2008 based on homogenized observations. Advances in Atmospheric Sciences, 28(2): 408-420.

Li Z, Yan Z W, Wu H Y. 2015b. Updated homogenized China temperature series with physical consistency. Atmospheric and Oceanic Science Letters, 8(1): 17-22.

Li Z, Yan Z W, Zhu Y N, et al. 2020. Homogenized daily relative humidity series in China during 1960-2017. Advances in Atmospheric Sciences, 37: 318-327.

Liang P, Yan Z W, Li Z. 2022. Climatic warming in Shanghai during 1873-2019 based on homogenised temperature records. Advances in Climate Change Research, 13(4): 496-506 .

Lilliefors H W. 1967. On the Kolmogorov-Smirnov test for normality with mean and variance unknown. Journal of the American Statistical Association, 62: 399-402.

Liu Y, Huang G, Huang R H. 2011. Inter-decadal variability of summer rainfall in Eastern China detected by the Lepage test. Theoretical Applied of Climatology, 106: 481-488.

Liu Y J, Racah E, Prabhat M, et al. 2016. Application of deep convolutional neural networks for detecting extreme weather in climate datasets. International Confidential on Advances in Big Data Analytics, ABDA'16.

López-Moreno J I, Vicente-Serrano S M. 2008. Positive and negative phases of the winter North Atlantic Oscillation and drought occurrence over Europe: a multitemporal-scale approach. Journal of Climate, 21: 1220-1243.

Lorenz E N. 1956. Empirical Orthogonal Functions and Statistical Weather Prediction. Technical Report, Statistical Forecast Project Report 1, Department of Meteorology.

Lorenz E N. 1963. Deterministic nonperiodic flow. Journal of the Atmospheric Sciences, 20(2): 130-141.

Lorenz E N. 1969. Atmospheric predictability as revealed by naturally occurring analogues. Journal of the Atmospheric Sciences, 26: 636-646.

Luo M, Lau N C. 2017. Heat Waves in Southern China Synoptic Behavior, Long-Term Change, and Urbanization Effects. Journal of Climate, 30: 703-720.

Mann H B. 1945. Nonparametric tests against trend. Econometrica, 13: 245-259.

Mayer K J, Barnes E A. 2021. Subseasonal forecast of opportunity identified by and explainable neural network. Geophysical Research Letters, 48: e2020GL092092.

McGovern A, Lagerquist R, Gagne II D J, et al. 2019. Making the black box more transparent: understanding the physical implications of machine learning. Bulletin of the American Meteorological Society, 100(11): 2175-2199.

McKee T B, Doeskin N J, Kleist J. 1993. The relationship of drought frequency and duration to time scales//Proceedings 8th Conference on Applied Climatology. American Meteorological Society. 179-184.

Mestre O, Prieur C, Gruber C, et al. 2011. A method for homogenization of daily temperature observations. Journal of Applied Meteorology and Climatology, 50(11): 2343-2358.

Mielke Jr P W, Berry K J, Brier G W. 1981. Application of multi-response permutation procedures for examining seasonal changes in monthly mean sea-level pressure patterns. Monthly Weather Review, 109: 120-126.

Mitchell T M. 1997. Machine Learning. McGraw-Hill Education.

Mudelsee M. 2010. Climate Time Series Analysis: Classical Statistical and Bootstrap Methods. London: Springer.

North G R, Bell T L, Cahalan R F. 1982. Sampling errors in the estimation of empirical orthogonal functions. Monthly Weather Review, 110: 699-706.

Obukhov A M. 1947. Statistically homogeneous fields on a sphere. Uspethi Mathematicheskikh Nauk, 2: 196-198.

Otto F E L, Massey N, van Oldenborgh G J, et al. 2012. Reconciling two approaches to attribution of the 2010 Russian heat wave. Geophys. Research Letters, 39: L04702.

Overland J E, Preisendorfer R W. 1982. A significance test for principal components applied to a cyclone climatology. Monthly Weather Review, 110: 1-4.

Parker D E, Legg T P, Folland C K. 1992. A new daily Central England temperature series 1772-1991. International Journal of Climatology, 12: 317-342.

Pearson K. 1902. On lines and planes of closest fit to systems of points in space. Philosophical Magazine, 2: 559-572.

Peleg N, Blumensaat F, Molnar P, et al. 2017. Partitioning the impacts of spatial and climatological rainfall variability in urban drainage modeling. Hydrology and Earth System Sciences, 21(3): 1559.

Peterson T C. 2003. Assessment of urban versus rural in situ surface temperatures in the contiguous United States: no difference found. Journal of Climate, 16: 2941-2959.

Petit J R, Jouzel J, Raynaud D, et al. 1999. Climate and atmospheric history of the past 420.000 years from the Uostok ice core, Antarctica. Nature, 399(6735): 429-436.

Preisendorfer R W, Zwiers F W, Barnett T P. 1981. Foundations of Principal Component Selection Rules. SIO Reference Series 81-4, Scripps Institution of Oceanography.

Qian C, Fu C B, Wu Z H, et al. 2009. On the secular change of spring onset at Stockholm. Geophysical Research Letters, 36: L12706.

Qian C, Fu C B, Wu Z H, et al. 2011a. The role of changes in the annual cycle in earlier onset of climatic spring in northern China. Advances Atmospheric Sciences, 28(2): 284-296.

Qian C, Fu C B, Wu Z H. 2011b. Changes in the amplitude of the temperature annual cycle in China and their implication for climate change research. Journal of Climate, 24(20): 5292-5302.

Qian C, Wang J, Dong S, et al. 2018. Human influence on the record-breaking cold event in January of 2016 in eastern China//"Explaining Extreme Events of 2016 from a Climate Perspective". Bulletin of the American Meteorological Society, 99(1): S118-S122.

Qian C, Wu Z, Fu C B, et al. 2010. On multi-timescale variability of temperature in China in modulated annual cycle reference frame. Advances Atmospheric Sciences, 27(5): 1169-1182.

Qian C, Wu Z, Fu C, et al. 2011c. On changing El Niño: a view from time-varying annual cycle, interannual variability, and mean state. Journal of Climate, 24: 6486-6500.

Qian C, Yan Z W, Fu C B. 2012. Climatic changes in the Twenty-four Solar Terms during 1960-2008. Chinese Science Bulletin, 57: 276-286.

Qian C, Ye Y B, Chen Y, et al. 2022a. An updated review of event attribution approaches. Journal of Meteorological Research, 36(2): 227-238.

Qian C, Ye Y, Jiang J, et al. 2024. Rapid attribution of the record-breaking heatwave event in North China in June 2023 and future risks. Environment Research Letters, 19: 014028.

Qian C, Ye Y, Zhang W, et al. 2022b. Heavy rainfall event in mid-August of 2020 in southwestern China: contribution of anthropogenic forcings and atmospheric circulation. Bulletin American Meteorological Society, 103(3): S111-S117.

Qian C, Zhang X. 2015. Human influences on changes in the temperature seasonality in mid- to high-latitude land areas. Journal of Climate, 28(15): 5908-5921.

Qian C, Zhang X. 2019. Changes in Temperature Seasonality in China: human influences and Internal variability. Journal of Climate, 32: 6237-6249.

Qian C, Zhang X, Li Z. 2019. Linear trends in temperature extremes in China, with an emphasis on non-Gaussian and serially dependent characteristics. Climate Dynamics, 53(1): 533-550.

Qian C, Zhou T. 2014. Multidecadal variability of North China aridity and its relationship to PDO during 1900-2010. Journal of Climate, 27(3): 1210-1222.

Qian C. 2016a. Disentangling the urbanization effect, multi-decadal variability, and secular trend in temperature in eastern China during 1909-2010. Atmospheric Science Letters, 17(2): 177-182.

Qian C. 2016b. On trend estimation and significance testing for non-Gaussian and serially dependent data: quantifying the urbanization effect on trends in hot extremes in the megacity of Shanghai. Climate Dynamics, 47: 329-344.

Reichstein M, Camps-Valls G, Stevens B, et al. 2019. Deep learning and process understanding for data-driven Earth system science. Nature, 566: 195-204.

Ren G Y, Chu Z Y, Chen Z H, et al. 2007. Implications of temporal change in urban heat island intensity observed at Beijing and Wuhan stations. Geophysical Research Letters, 34(5): L05711.

Ren G Y, Ding Y H, Tang G L. 2017. An overview of mainland of China temperature change research. Journal of Meteorological Research, 31(1): 3-16.

Ren G Y, Li J, Ren Y Y, et al. 2015. An integrated procedure to determine a reference station network for evaluating and adjusting urban bias in surface air temperature data. Journal of Applied Meteorology and Climatology, 54(6): 1248-1266.

Ren G Y, Zhou Y Q. 2014. Urbanization effect on trends of extreme temperature indices of national stations over mainland of China, 1961-2008. Journal of Climate, 27: 2340-2360.

Renssen H, Goosse H, Fichefet T. 2002. Modeling the effect of freshwater pulses on the early Holocene climate: the influence of high-frequency climate variability Paleoceanography, 17(2): 10-11.

Richman M B. 1986. Rotation of principal components. Internal Journal of Climatology, 6: 293-335.

Safari B. 2012. Trend analysis of the mean annual temperature in Rwanda during the last fifty two years. Journal of Environmental Protection, 3: 538-551.

Schneider T, Held I M. 2001. Discriminants of twentieth-century changes in earth surface temperatures. Journal of Climate, 14: 249-254.

Sen P K. 1968. Estimates of the regression coefficient based on Kendall's Tau. Journal of the American Statistical Association, 63: 1379-1389.

Seneviratne S I, Zhang X, Adnan M, et al. 2021. Weather and Climate Extreme Events in a Changing Climate//Masson-Delmotte V, Zhai P M. Contribution of Working Group I to the Sixth Assessment Report of the Intergovernmental Panel on Climate Change. Cambridge: Cambridge University Press: 1513-1766.

Shi X J, Chen Z R, Wang H, et al. 2015. Convolutional LSTM Network: a machine learning approach for precipitation nowcasting. The arXiv: 1506.04214.

Sillmann J, Kharin V V, Zwiers F W, et al. 2013. Climate extremes in indices in the CMIP5 multimodel ensemble: Part 2. Future climate projections. Journal of Geophysical Research: Atmospheres, 118: 2473-2493.

Slingo J, Palmer T. 2011. Uncertainty in weather and climate prediction. Philosophical Transactions of The Royal Society A Mathematical Physical and Engineering Sciences, 369(1956): 4751.

Sneyers R. 1990. On the Statistical Analysis of Series of Observations. Geneva: WMO Technical Note.

Song L, Sun Y, Dong S, et al. 2015. Role of anthropogenic forcing in 2014 hot spring in Northern China//"Explaining Extreme Events of 2014 from a Climate Perspective". Bulletin of the American Meteorological Society, 96(12): S111-S115.

Stott P A, Christis N, Otto F E L, et al. 2016. Attribution of extreme weather and climate-related events. Wiley Interdisc. Revision: Climate Change, 7: 23-41.

Stott P A, Stone D A, Allen M R. 2004. Human contribution to the European heatwave of 2003. Nature, 432: 610-613.

Sun Y, Zhang X B, Francis W Z, et al. 2014. Rapid increase in the risk of extreme summer heat in Eastern China. Nature Climate Change, 4: 1082-1085.

Sun Y, Zhang X B, Ren G Y, et al. 2016. Contribution of urbanization to warming in China. Nature Climate Change, 6: 706-710.

Sun Y, Zhang X, Zwiers F W, et al. 2014. Rapid increase in the risk of extreme summer heat in Eastern China. Nature Climate Change, 4: 1082-1085.

Szentimrey T. 2023.Overview of mathematical background of homogenization, summary of method MASH and comments on benchmark validation. International Journal of Climatology, 43(13): 6314-6329.

Tao S Y, Fu C B, Zeng Z M, et al. 1991. Two long-term instrumental climatic data bases of the People's Republic of China, ORNL/CDIAC-47, NDP-039. Oak Ridge, Tennessee: Carbon Dioxide Information Analysis Center, Oak Ridge National Laboratory.

Theil H. 1950. A rank-invariant method of linear and polynomial regression analysis. Knoinklijke Nederlandse Akademie Van Wetenschappen, 53: 386-392, 521-525, 1397-1412.

Thom H C S. 1958. A note on the gamma distribution. Monthly Weather Review, 86: 117-122.

Thompson D W J, Wallace J M, Jones P D, et al. 2009. Identifying signatures of natural climate variability in time series of global-mean surface temperature: Methodology and insights. Journal of Climate, 22: 6120-6141.

Toms B A, Barnes E A, Ebert-Uphoff I. 2020. Physically interpretable neural networks for Earth system variability. Journal of Advances in Modeling Earth Systems, 12(9): e2019MS002002.

Tong X, Yan Z W, Xia J J, et al. 2019. Decisive atmospheric circulation indices for July-August precipitation in North China Based on tree models. Journal of Hydrometeorology, 20(8): 1707-1720.

Tong X, Yan Z W, Zhou W, et al. 2023. Multidecadal Oceanic Modulation of Summer Precipitation in North

China in 1200-Year Global Climate Simulations. Journal of Climate, 36(17): 6125-6138.

Toreti A, Kuglitsch F G, Xoplaki E et al. 2010. A novel method for the homogenization of daily temperature series and its relevance for climate change analysis. Journal of Climate, 23: 5325-5331.

Torrence C, Compo G P. 1998. A practical guide to wavelet analysis. Bulletin of the American Meteorological Society, 79: 61-78.

Tu K, Yan Z W, Dong W J. 2010. Climatic jumps in precipitation and extremes in drying North China during 1954-2006. Journal of Meteorological Society of Japan, 88(1): 29-42.

Tu K, Yan Z W. 2021. Nonstationary climate changes in summer high temperature extremes in Shanghai since the late 19th century. International Journal of Climatology, 41(Suppl. 1): E718-E733.

Tukey J W. 1977. Exploratory Data Analysis Addison-Wesley, Reading, MA. 688pp.

van Oldenborgh G J, Haarsma R, de Vries H, et al. 2015. Cold extremes in North America Vs. mild weather in Europe the winter of 2013-14 in the context of a warming world. Bulletin of the American Meteorological Society, 96: 707-714.

von Storch H, Zwiers F W. 2002. Statistical Analysis in Climate Research. Cambridge: Cambridge University Press.

Wang F, Ge Q S, Wang S W, et al. 2015. A new estimation of urbanization's contribution to the warming trend in China. Journal of Climate, 28(22): 8923-8938.

Wang J, Tett S F B, Yan Z W. 2017a. Correcting urban bias in large-scale temperature records in China, 1980-2009. Geophysical Research Letters, 44(1): 401-408.

Wang J, Yan Z W. 2016. Urbanization-related warming in local temperature records: a review. Atmospheric and Oceanic Science Letters, 9(2): 129-138.

Wang J, Yan Z W, Li Z, et al. 2013. Impact of urbanization on changes in temperature extremes in Beijing during 1978-2008. Chinese Science Bulletin, 58: 4679-4686.

Wang J, Yan Z W, Quan X W, et al. 2017b. Urban warming in the 2013 summer heat wave in eastern China. Climate Dynamics, 48: 3015-3033.

Wang J F, Xu C D, Hu M G, et al. 2018. Global land surface air temperature dynamics since 1880. International Journal of Climatology, 38(s1): e466-e474.

Wang X L. 2008a. Accounting for autocorrelation in detecting mean-shifts in climate data series using the penalized maximal t or F test. Journal of Applied Meteorology and Climatology, 47: 2423-2444.

Wang X L. 2008b. Penalized maximal F-test for detecting undocumented mean-shifts without trend-change. Journal of Atmospheric and Oceanic Technology, 25: 368-384.

Wang X L, Chen H, Wu Y, et al. 2010. New techniques for detection and adjustment of shifts in daily precipitation data series. Journal of Applied Meteorology and Climatology, 49: 2416-2436.

Wang X L, Swail V R. 2001. Changes of extreme wave heights in Northern Hemisphere oceans and related atmospheric circulation regimes. Journal of Climate, 14: 2204.

Wang Y, Yan Z W, Chandler R E. 2010. An analysis of mid-summer rainfall occurrence in eastern China and its relationship with large-scale warming using generalized linear models. International Journal of Climatology, 30(12): 1826-1834.

Waymire E, Gupta V K. 1981. The mathematical structure of rainfall representations. 1. a review of stochastic rainfall models. Water Resources Research, 17: 1261-1272.

Wei W, Yan Z W, Jones P D. 2017. Potential predictability of seasonal extreme precipitation accumulation in China. Journal of Hydrometeorology, 18: 1071-1080.

Wijngaard J B, Klein Tank A M G, Können G P. 2003. Homogeneity of 20th century European daily temperature and precipitation series. International Journal of Climatology, 23: 679-692.

Wilks D S. 1999. Interannual variability and extreme-value characteristics of several stochastic daily precipitation models. Agricultural and Forest Meteorology, 93(3): 153-169.

Wilks D S. 2019. Statistical Methods in the Atmospheric Sciences: An Introduction. San Diego: Academic Press.

Wilks D S, Wilby R L. 1999. The weather generation game: a review of stochastic weather models. Progress in Physical Geography, 23(3): 329-357.

Wood S N. 2006. Generalized Additive Models: An Introduction with R. CRC Press.

World Meteorological Organization(WMO). 2019. WMO Statement on the State of the Global Climate in 2018. WMO-No. 1233, Chairperson, Publications Board.

Wu B, Zhou T, Li T. 2016. Impacts of the Pacific-Japan and circumglobal teleconnection patterns on the interdecadal variability of the East Asian summer monsoon. Journal of Climate, 29: 3253-3271.

Wu Z, Huang N E, Chen X. 2009. The multi-dimensional ensemble empirical mode decomposition method. Advanced Adaptive Data Analysis, 3: 339-372.

Wu Z, Huang N E, Wallace J M, et al. 2011. On the time-varying trend in global-mean surface temperature. Climate Dynamics, 37: 759-773.

Wu Z, Huang N E. 2009. Ensemble empirical mode decomposition: a noise-assisted data analysis method. Advanced Adaptive Data Analysis, 1: 1-41.

Xia Y, Li Y, Guan D, et al. 2018. Assessment of the economic impacts of heat waves: a case study of Nanjing, China. Journal of Cleaner Production, 171: 811-819.

Xu W H, Li Q X, Jones P D, et al. 2018. A new integrated and homogenized global monthly land surface air temperature dataset for the period since 1900. Climate Dynamics, 50: 2513-2536.

Xu Z, Fan K, Wang H. 2015. Decadal variation of summer precipitation over China and associated atmospheric circulation after the late 1990s. Journal of Climate, 28: 4086-4106.

Yamamoto R, Iwashima T, Sanga N K, et al. 1986. An analysis of climatic jump. Journal of the Meteorological Society of Japan, 64(2): 273-281.

Yan Z W, Bate S, Chandler R, et al. 2002a. An analysis of daily maximum wind speed in northwestern Europe using generalized linear models. Journal of Climate, 15: 2073-2088.

Yan Z W, Ding Y H, Zhai P M, et al. 2020. Re-assessing climatic warming in China since 1900. Journal of Meteorological Research, 34: 243-251.

Yan Z W, Ji J J, Ye D Z. 1990. Northern hemispheric summer climatic jump in the 1960s-rainfall and temperature. Science in China Series B, 33: 1092-1101.

Yan Z W, Jones P D, Davies T D, et al. 2002b. Trends of extreme temperatures in Europe and China based on daily observations. Climatic Change, 53(1-3): 355-392.

Yan Z W, Jones P D. 2008. Detecting inhomogeneity in daily climate series using wavelet analysis. Advances in Atmospheric Sciences, 25(2): 157-163.

Yan Z W, Jones P D, Moberg A, et al. 2001a. Recent trends in weather and seasonal cycles, an analysis of daily data from Europe and China. Journal of Geophysical Research, 106(D6): 5123-5138.

Yan Z W, Li Z, Li Q X, et al. 2010. Effects of site-change and urbanization in the Beijing temperature series 1977-2006. International Journal of Climatology, 30(8): 1226-1234.

Yan Z W, Li Z, Xia J J. 2014. Homogenization of climate series: the basis for assessing climate changes. Science China - Earth Sciences, 57: 2891-2900.

Yan Z W, Wang J, Xia J J, et al. 2016. Review of recent studies of the climatic effects of urbanization in China. Advances in Climate Change Research, 7(3): 154-168.

Yan Z W, Yang C, Jones P D. 2001b. Influence of inhomogeneity on the estimation of mean and extreme temperature trends in Beijing and Shanghai. Advances in Atmospheric Sciences, 18(3): 309-322.

Yan Z W, Ye D Z, Wang C. 1992. Climatic jumps in the flood/drought historical chronology of Central China. Climate Dynamics, 6: 153-160.

Yang X C, Leung L R, Zhao N Z, et al. 2017. Contribution of urbanization to the increase of extreme heat events in an urban agglomeration in east China. Geophysical Research Letters, 44: 6940-6950.

Ye Y, Qian C. 2021. Conditional attribution of climate change and atmospheric circulation contributing to the record-breaking precipitation and temperature event of summer 2020 in southern China. Environmental Research Letters, 16: 044058.

Yiou P, Vautard R, Naveau P, et al. 2007. Inconsistency between atmospheric dynamics and temperatures during the exceptional 2006/2007 fall/winter and recent warming in Europe. Geophysical Research Letters, 34: L21808.

Yonetani T, McCabe Jr G J. 1994. Abrupt changes in regional temperature in the conterminous United States,

1895-1989. Climate Research, 4: 13-23.

Zeng Z M, Yan Z W, Ye D Z. 2001. The regions with the most significant temperature trends during the last century. Advances in atmospheric sciences, 18(4): 481-496.

Zhang P, Ren G, Qin Y, et al. 2021. Urbanization effects on estimates of global trends in mean and extreme air temperature. Journal of Climate, 34: 1923-1945.

Zhang X, Vincent L A, Hogg W D, et al. 2000. Temperature and precipitation trends in Canada during the 20th century. Atmosphere Ocean, 38: 395-429.

Zhao P, Jones P D, Cao L J, et al. 2014. Trend of surface air temperature in eastern China and associated large-scale climate variability over the last 100 years. Journal of Climate, 27(12): 4693-4703.

Zheng J Y, Hua Z, Liu Y, et al. 2015. Temperature changes derived from phenological and natural evidence in South Central China from 1850 to 2008. Climate of the Past, 11: 1553-1561.

Zhong L H, Hua L J, Yao Y, et al. 2021a. Interdecadal aridity variations in Central Asia during 1950-2016 regulated by oceanic conditions under the background of global warming. Climate Dynamics, 56: 3665-3686.

Zhong L H, Hua L J, Yao Y, et al. 2021b. Moisture transport to a typical transitional climate zone in North China forced by atmospheric and oceanic internal variability under the background of global warming. International Journal of Climatology, 41(5): 2962-2982.

Zhou L T, Huang R H. 2010. Interdecadal variability of summer rainfall in Northwest China and its possible causes. International Journal of Climatology, 30: 549-557.

Zhou T, Ma S, Zou L. 2014. Understanding a hot summer in central eastern China: summer 2013 in context of multimodel trend analysis. Bulletin of the Americal Meteorological Society, 95: S54-S57.

Zu Z Q, Xia J J, Zhu X, et al. 2024. How do the deep learning forecasting models perform for the surface variables in the South China Sea compared to the operational oceanography forecasting systems? Advances in Atmospheric Sciences, DOI: 10.1007/s00376-00024-03264-00371.

Zwiers F W. 1987. Statistical considerations for climate experiments. Part II: multivariate tests. Journal of Climate and Applied Meteorology, 26: 477-487.